U0248027

鱿鱼资源节能高效捕捞装备与加工技术

黄洪亮　著

中国水产科学研究院东海水产研究所

上海科学技术出版社

图书在版编目（CIP）数据

鱿鱼资源节能高效捕捞装备与加工技术 / 黄洪亮著.
-- 上海 : 上海科学技术出版社, 2021.6
ISBN 978-7-5478-5382-5

Ⅰ. ①鱿… Ⅱ. ①黄… Ⅲ. ①柔鱼-捕捞-设备-节能②柔鱼-水产品加工 Ⅳ. ①S977②TS254.4

中国版本图书馆CIP数据核字(2021)第113396号

鱿鱼资源节能高效捕捞装备与加工技术

黄洪亮　著

中国水产科学研究院东海水产研究所

上海世纪出版（集团）有限公司
上 海 科 学 技 术 出 版 社　出版、发行
（上海钦州南路71号　邮政编码200235　www.sstp.cn）
上海中华商务联合印刷有限公司印刷
开本 889×1194　1/32　印张 10
字数 300 千字
2021年6月第1版　2021年6月第1次印刷
ISBN 978-7-5478-5382-5/S·226
定价：125.00元

内容提要

鱿鱼是我国主要远洋捕捞品种，鱿钓渔业是中国远洋渔业重要的支柱产业之一。本书介绍了 LED 集鱼灯的光学特性以及节能型 LED 集鱼灯的设计与应用，阐述了基于灯光罩网法的鱿鱼资源声学评估技术和新型高效的罩网捕捞技术，介绍了自动鱿鱼钓机和船载鱿鱼加工设备的自主研制成果，总结了鱿鱼船载冷藏保鲜过程中的品质变化规律及其影响因素、探讨了鱿鱼深加工和综合利用技术。

本书内容从理论和实践两方面阐述了我国鱿鱼捕捞业在降低成本、提高生产效益和提升产品品质等方面的研究成果，是对我国远洋光诱鱿钓渔业产业发展的总结。

全书内容理论联系实际、可操作性强，可供远洋捕捞专业科研、生产、管理人员和相关专业大专院校师生阅读参考。

编 委 会

主　　编

黄洪亮

副 主 编

刘　健　陈新军　张　鹏

其他作者

黄艳青　李灵智　钱卫国　曲映红
刘志东　宋　炜　杨嘉樑

前 言

鱿鱼，头足纲，海生软体动物，是目前世界上最具开发潜力的大洋海产品之一，也是我国重要的远洋捕捞经济动物。鱿鱼种类繁多，捕获量比较大的有柔鱼科（*Ommastrephidae Steenstrup*）、爪乌贼科（*Onychoteuthidae Gray*）、枪乌贼科（*Loliginidae Lesueur*）等。鱿鱼肉质鲜美，营养丰富，无污染无公害，是天然健康的远洋海产品。自 1989 年首次赴日本海进行鱿鱼探捕调查以来，我国远洋鱿钓渔业发展迅速，目前已拥有 400 余艘鱿钓渔船，年产量 35 万 ~ 45 万吨，占全球远洋鱿鱼产量的六分之一，已成为中国远洋渔业最重要的支柱产业之一。

我国远洋鱿钓渔业起步晚，基础研究薄弱，相关设备和产品缺乏。光诱鱿钓渔业除了研究捕捞对象的生物学特性、资源分布和海洋环境状况等内容外，对捕捞生产辅助设备的研究也是不可或缺的。集鱼灯在光诱渔业中的诱鱼和集鱼装置，其灯光强度的大小、光强分布范围，以及集鱼灯种类的选择等都会对诱鱼和集鱼的多少起到重要的作用。按照目前我国光诱鱿钓船有 400 ~ 500 艘计算，其集鱼灯耗油成本是相当高的。近年来，渔船之间的光力竞争现象严重，使得集鱼灯能耗问题更为严重。另外，值得注意的是，目前灯光渔船上普遍采用金属卤化物灯（MHL），因没有定向性而使得光源浪费严重，且所产生的紫外线对船员身体有较大的影响。在全球能源日益紧张的形势下，渔业同样面临燃油危机的重大挑战，这也将制约我国光诱渔业的持续发展。因此，如何降低成本，提高生产效益，是当前我国远洋和近海光诱渔业急需研究的重要课题。从目前国内外的相关研究来看，LED（Light-emitting Diode，发光二极管）集鱼灯的研制和开发应用，可为解决上述问题提供技术。

随着劳动力成本的不断高涨，渔民队伍专业化程度低和不断出现的队伍不稳定因素等，这些对我国鱿钓产业的可持续发展带来潜在的威胁。降低船员的劳动强度并提高渔获质量及经济效益，是我国未来远洋鱿钓渔业的发展趋势。鱿鱼钓机是鱿钓渔业中自动化、机械化最基本的生产工具，通过仿效手钓作业对钓线的曳引来诱鱼上钩和起钓，不受手钓作业放线深度小和钓钩数有限的限制，且钓钩的周转率高。然而，国内鱿钓渔船所使用的鱿鱼钓机大部分仍需从国外进口，不仅价格昂贵、维修困难，而且尚无法完全取代手钓，且机钓产量所占比重远低于日本等发达国家。研制兼具机钓的高效率、低劳动强度、集控水平高等优点，并能仿效、逼近手钓动作的智能化鱿鱼钓机，提高钓捕率、实现全机械化作业，是鱿钓渔业走可持续发展道路需要解决的一个关键问题。

经努力，我国远洋鱿钓产业在摆脱全球经济下滑、国际鱿鱼市场疲软、鱿鱼鲜销量直线下跌、效益波动较大等背景下，鱿鱼加工产业快速发展起来。但目前市场上对鱿鱼的加工利用基本停留在胴体上，出售的产品主要有生鲜和冰冻、冷冻、干烟熏制，而鱿鱼足、耳、内脏等副产品大多被加工成饲料或饵料，有的甚至被扔掉，其中鱿鱼足更是因为其表皮层厚，颜色深黑且吸盘不易去除而严重影响到企业对其的加工利用，基本上成了鱿鱼加工企业无人问津的下脚料。市场上只有少量以鱿鱼足、鱿鱼耳为原料的食品，而且加工方式传统，鱿鱼综合利用率低，缺乏高附加值产品的研发，制约了我国远洋鱿钓渔业的可持续发展。因此，如何针对我国远洋鱿钓渔业中燃油成本高、劳动强度大、渔获物保鲜水平低等问题，开展高效、节能、生态友好型捕捞技术研究，并重点开展鱿鱼海上预处理技术、鱿鱼粗加工和废弃物预处理等研究，提高渔获物品质和附加值就显得十分重要。

本书针对我国远洋鱿鱼渔业中存在的各种问题，介绍 LED 集鱼灯、鱿鱼钓机和船载鱿鱼加工设备的自主研制，鱿鱼罩网捕捞技术的开发，以及鱿鱼船载冷藏保鲜、质量控制和综合利用技术的研究状况，对提升我国远洋鱿钓渔业机械化、自动化水平和节能型捕捞技术，改善鱿钓渔获物品质，提高鱿鱼废弃物综合利用能力，延伸鱿钓渔业产业链，促进我国大洋性渔业产业综合体系的形成与发展壮大具有十分积极的意义。

目　录

1 节能型 LED 集鱼灯

在前期研究的基础上，将 LED 水上集鱼灯从平板式拓展到三列式，将单灯功率从 300 W 再往高功率拓展，将 LED 水下集鱼灯从 480 W 拓展到 1 000 W，以更好地服务于我国的鱿钓渔船。围绕这两个产品目标，研究工作进行了一系列的努力和实践，从 LED 的芯片选择、LED 集鱼灯的结构优化、高功率 LED 集鱼灯的散热技术、LED 集鱼灯的性能测试、LED 集鱼灯的安装布局、LED 集鱼灯的实船试验等方面做了大量的研究工作。以下，围绕课题的主要研究内容，对各方面的研究内容进行阐述。

1.1 LED 集鱼灯光衰特性的初步研究

1.1.1 概述

集鱼灯是光诱渔业中的诱鱼和集鱼装置，其灯光强度、光强分布范围以及集鱼灯种类的选择等都会极大地影响诱鱼和集鱼的效果。随着科技的不断发展以及环境保护意识的增强，集鱼灯也从第一代电阻发光的白炽灯、第二代气体发光的高压钠光灯和金属卤素灯，发展到固体芯片 LED 灯，其特点是光强可控、发光强度和发光效率大大提高，成为无汞环保、无紫外伤害的第三代光源。此光源减少了对环境的污染，提高了照明时长，寿命可达 8 ~ 10 年，减低了渔船捕鱼的能耗比，渔业作业成本降低，使渔民直接受益，深受渔民的欢迎。随着各国渔船提高了 LED 集鱼灯的利用率，作业渔船对集鱼灯的使用寿命也非常关心，LED 光衰消耗问题备受关注。

在国外，2003 年 Rossi 等研究指出非辐射是产生蓝光 LED 光衰的主要原因，2006 年 Narendran 等研究指出反向漏电电流的作用产生 LED 光衰。在国内，2001 年赵阿玲对白光 LED 光衰进行了失效分析，2005 年吴海彬等研究了白光 LED 封装材料对光衰的影响，2009 年周丽等对 LED 光衰机理进行了研究，2009 年王亚盛作了加速 LED 寿命实验的问题分析，2011 年庄国华对四种封装材料的老化模型进行了研究，2011 年陈宇通过加速老化实验对 LED 可靠性进行了研究，2012 年肖海清对 LED 光衰色偏进行了研究，刘学利用 Matlab 对 LED 进行了可靠性仿真计算，绘制了光衰曲线。

笔者通过理论研究，分析出 LED 集鱼灯光衰的因素，并以温度和电流参数作为建模双应力依据，以 Matlab 工具绘制集鱼灯光衰曲线，并对光衰特性进行了分析研究。研究出 LED 集鱼灯光源器件在一定时间内光强度的变化特征，有助于渔船决定更换集鱼灯的时间节点，对光诱渔船作业中 LED 集鱼灯的热光衰和电流光衰的使用寿命提供理论依据。

1.1.2 LED 光衰机理的分析与建模

1.1.2.1 LED 发光二极管的结构特点

在结构上，LED 是由固态电致发光材料制作，有 PN 结封装芯片和电极引线构成，用环氧树脂材料密封，以保护芯片，防止集鱼灯被海水腐蚀，有输入电压电流小，输出光源稳定，结构小巧，抗干扰性好，可以通过软件控制光强等特点，能实现远程操控集鱼灯的诱鱼与集鱼。

1.1.2.2 LED 发光原理

LED 发光原理是当电压加在正向 PN 结上，电流经 PN 区时，正电荷与负电荷复合时得到电磁辐射的能量释放，一部分能量产生光辐射，转换为可见光的光能，另一部分以热能形式存在，使固态发光器件温度上升，带来 LED 二极管自身损耗，鱼眼能接受的光辐射能量在 0.4 ~ 0.7 μm 波段，才能被识别，鱼才能有视线感受，此时接收到的光能辐射通量被称为光通量。

1.1.2.3 LED 光衰机理

LED 光通量的衰减称光衰，LED 光源光衰特性是指在一段时间内 LED 光通量随时间变化的特性，LED 光源光衰曲线是光通量随时间变化的曲线。LED 集鱼灯在使用过程中，经一段时间的发光辐射，会因多种原因使 LED 光源发光强度明显下降，这种现象称为 LED 光衰现象。

第一代白炽灯会因钨丝蒸发导致断裂产生光衰现象，第二代高压钠光灯和金属卤灯会因材料的退化产生黑色吸光薄膜（灯管黑化）产生光衰现象，第三代 LED 集鱼灯则是由最直接的芯片的稳定性、散热性产生光衰现象。

影响 LED 发光稳定的最主要原因是温度，温度的热量来源是在输入电压电流时，由电阻的材料产生的焦耳热，正负电荷的复合在 PN 结上产生热量，生产工艺中寄生电阻所产生的焦耳热，光源发光被自身材料吸收后所产生的热量，这些热量都会随 LED 光源持续的发光而积累下来，使 LED 灯源温度逐渐升高，致使灯芯工作性能减弱、老化，发生光衰现象。

1.1.2.4 LED 光衰模型

由于 LED 光衰是一个漫长的时间过程，用实测数据描绘光衰曲线是不现实的，如 50 000 h 或 100 000 h（6 ~ 10 年）的时间实验测试数据来描述是毫无价值的，因此，建立 LED 光衰模型来推算评估 LED 集鱼灯产品使用时间是非常有意义的。

假设存在 LED 集鱼灯的光通量随时间变化的函数 $\Phi(t)$，此函数应具备以下条件：

① 光通量不会发生跃变，光通量函数 $\Phi(t)$ 在 $[0, \infty]$ 的区间上是连续的；

② 光通量函数是有光衰的，也就是说，LED 集鱼灯的光衰是不

可逆转的，光通量函数的变化率是单调下降的：

$$\Phi'(t)=\frac{d\Phi(t)}{dt} \tag{1-1}$$

③ 由于光衰的存在，若 LED 集鱼灯持续点亮，$t\to 0$ 时，光源最终会衰减到人眼无法识别的光通量：

$$\lim_{t\to\infty}\Phi(t)=0 \tag{1-2}$$

集鱼灯光源的光衰过程是一个漫长的渐变的过程，对于一个进入稳定状态的 LED 集鱼灯，在环境条件不变的情况下，任意一个时刻光通量衰减率是一个与时间无关的常量。假设在 t 时刻，光通量为 $\Phi(t)$，在间隔一段时间后的 $t+\triangle t$，光通量为 $\Phi(t+\triangle t)$。

有关系式：

$$\frac{\frac{\Phi(t+\Delta t)-\Phi(t)}{\Delta t}}{\Phi(t)}=-\gamma \tag{1-3}$$

其中，根据条件（1–2）知，γ 为一个常量，当 $\Delta t\to 0$ 时，（1–1）可以写成：

$$\frac{d\Phi(t)}{dt}+\gamma\Phi(t)=0 \tag{1-4}$$

对（1–4）式的一阶微分方程式积分：

$$\int\frac{d\Phi(t)}{dt}=-\gamma\int\Phi(t) \tag{1-5}$$

$$\int\frac{d\Phi(t)}{\Phi(t)}=-\gamma\int dt \tag{1-6}$$

$$\ln\Phi(t)=-\gamma t+C \tag{1-7}$$

其中，C 为常量，令 C = 0。（1–4）式的一阶微分方程式的解是：

$$\Phi(t)=\Phi(t_0)\,e^{-\gamma t} \tag{1-8}$$

其中，$\Phi(t_0)$ 为 $t=0$ 时刻的初始光通量值。

由于LED集鱼灯的光衰主要影响是由温度和电流两个参数，（1–8）式又可以表述为：

$$\Phi(t)=\Phi(t_0)\,e^{-\gamma t}=\Phi(t_0)\,e^{-(\alpha+\beta)t} \quad (1\text{–}9)$$

其中，$\gamma=\alpha+\beta$，α 是温度光衰系数，与温度有关；β 是电流光衰系数，与电流强度有关。式（1–9）改写成：

$$\Phi(t)=\Phi(t_0)\,e^{-\alpha t}e^{-\beta t} \quad (1\text{–}10)$$

（1–10）式为LED集鱼灯光衰时长的工作电流和温度的双驱动光衰模型，又称采用艾林（Eyring）模型。根据LED集鱼灯光衰通量的半衰期的计算和（1–8），即按照标准LED光通量半衰期为初始光通量的50%为依据。光衰通量的半衰期的特征时间长度：

$$\tau=\frac{\ln(0{,}5)}{k} \quad (1\text{–}11)$$

采用艾林（Eyring）模型的实际建立模型，光衰通量的半衰期：

$$\tau=\frac{2.5\times10^3}{T}\exp\left(\frac{E}{kT}\right)\exp(-4.83\times10^3 I_F) \quad (1\text{–}12)$$

其中，T 为发光二极管PN结的K氏温度，E 为发光二极管PN结的激活的势垒电压（正向导通电压），k 为波尔兹曼常数，I_F 为发光二极管PN结正向导通电流。

1.1.3 LED集鱼灯光衰评估原理与实验分析

从（1–8）式可以看出，确定了初始光通量 $\Phi(t_0)$ 和光衰减系数 γ 两个参数，就可以评估出LED集鱼灯的光衰特性。取同一批次的多个LED集鱼灯样本同时进行实验，测量LED集鱼灯，分别在 $t=0, t_1, t_2 \cdots t_n$ 时刻每一个LED集鱼灯光源的光通量的平均值分别是：$\overline{\Phi(t_0)}$，$\overline{\Phi(t_1)}$，$\overline{\Phi(t_2)}$，$\overline{\Phi(t_3)}\ldots\overline{\Phi(t_n)}$，用最小二乘法估计 $\Phi(t_0)$ 和 γ 的参数值，每个时刻的光通量均方差为：

$$\sigma=\left[\Phi(t_0)-\overline{\Phi(t_0)}\right]^2+\left[\Phi(t_0)\,e^{-\gamma t_1}-\overline{\Phi(t_1)}\right]^2+\left[\Phi(t_0)\,e^{-\gamma t_2}-\overline{\Phi(t_2)}\right]^2+\left[\Phi(t_0)\,e^{-\gamma t_3}-\overline{\Phi(t_3)}\right]^2+\cdots+\left[\Phi(t_0)\,e^{-\gamma t_n}-\overline{\Phi(t_n)}\right]^2 \quad (1\text{–}13)$$

取（1–13）式计算出的最小值时刻的 $\Phi(t_0)$ 和 γ 的值，就是它的最小二乘法的估算值，（1–13）式中的首项与 γ 参数无关，可以令其为 0，直接计算出 $\Phi(t_0)$ 的估算值，为光通量的初始值：

$$\Phi(t_0)=\overline{\Phi(t_0)} \tag{1-14}$$

把（1–14）式代入（1–13）式，并对 γ 求导数：

$$t_1 e^{-\gamma t_1}\left[\Phi(t_0)e^{-\gamma t_1}-\overline{\Phi(t_1)}\right]+t_2 e^{-\gamma t_2}\left[\Phi(t_0)e^{-\gamma t_2}-\overline{\Phi(t_2)}\right]$$
$$+t_3 e^{-\gamma t_3}\left[\Phi(t_0)e^{-\gamma t_3}-\overline{\Phi(t_3)}\right]+\cdots\cdots+t_n e^{-\gamma t_n}\left[\Phi(t_0)e^{-\gamma t_n}-\overline{\Phi(t_n)}\right]=0 \tag{1-15}$$

在（1–15）式中令 $x=e^{-\gamma}$，用牛顿迭代法求出 x 在［1, 0］区间的解，通过（1–15）式的实验数据，确定出 $\Phi(t_0)$ 和 γ 的估算值，此批 LED 集鱼灯的光衰减规律到此已评估出来了，代入（1–8）式中既得。

根据（1–11）式 LED 集鱼灯的半衰期是光源的通量衰减到初始光通量 $\Phi(t_0)$ 的 50%，即 $\frac{1}{2}\Phi(t_0)$ 时所经历的时间为 LED 集鱼灯的寿命。任意时刻的光衰减可以表达为：

$$F(t)=\frac{\Phi(t_0)-\Phi(t)}{\Phi(t_0)}=1-e^{-\gamma t} \tag{1-16}$$

其中，$F(t)$ 为任意时刻的光通量的衰减量。当光通量的衰减量是 $F(t)$ 时已使用的时间长度为公式（1–17）：

$$t=\frac{1}{\gamma}\ln\left[1-F(t)\right] \tag{1-17}$$

按 LED 集鱼灯生产厂家给出的寿命 50 000 ~ 100 000 h 计算，当下限时间 50 000 h（约 6 年）计算时，光通量的衰减系数为：

$$\gamma=\frac{\ln\left[1-(50\,000)\right]}{50\,000}=1.386\,29\times10^{-5} \tag{1-18}$$

当上限时间 100 000 h（10 年以上）计算时，光通量的衰减系数为：

$$\gamma=\frac{\ln\left[1-(100\,000)\right]}{100\,000}=6.931\,47\times10^{-6} \tag{1-19}$$

根据钱卫国等人的研究，300 W 型白色 LED 集鱼灯出厂光通量 $\Phi(t_0)=27\,000\,\text{lm}$，按 6 年计算和按 10 年以上计算，光学衰减特性函数分别为（1–20）和（1–21）式。

$$\Phi(t)=27\,000e^{-0.000\,013\,862\,9t} \tag{1–20}$$

$$\Phi(t)=27\,000e^{-0.000\,006\,931\,47t} \tag{1–21}$$

从（1–12）式可以看出，确定了发光二极管 PN 结的温度和 LED 集鱼灯的工作电流两个参数，就可以评估出 LED 集鱼灯的半光衰时间长度，即此状态下 LED 集鱼灯的使用寿命。

1.1.4 小结

本文基于 LED 模块的发光机理和光学参数的光学特性，研究了大功率 LED 集鱼灯的光衰机理，通过实验测试的 LED 模块基础数据，分析了 LED 集鱼灯的光衰特性，采用艾林（Eyring）模型，建立了集鱼灯的双驱动光衰非线性数学模型，表明影响 LED 集鱼灯光衰的两个主要影响参数为温度和电流。以此为集鱼灯的优化设计和延长使用寿命提供理论依据。

1.2 LED 水上集鱼灯的设计方案

1.2.1 设计目标与依据

光诱捕捞是我国已有的传统作业方式，同时也是当今人类捕捞趋光性中上层鱼类和头足类资源的重要途径。其中光诱鱿钓技术是我国远洋渔业的一大支柱产业，该技术是利用头足类的趋光特性和凶猛的摄食习性，运用集鱼灯进行诱集鱿鱼，利用拟饵复合伞钩进行钓捕的作业方式。头足类被联合国粮食及农业组织（FAO）确定为人类未来重要的蛋白质来源，资源蕴藏量极大，为重要经济鱼种。其中大洋性柔鱼类是主要捕捞对象，产量约占了世界头足类总产量的 60% 以上（FAO，2010），年产量在 250 万吨以上。据统计，我国从事远洋鱿钓的渔船在 350 ~ 500 艘，总渔获量均在 30 万吨以上，是世界上主要的远洋鱿钓国家。

传统光诱捕捞中使用的集鱼灯多为钨丝、复金属灯泡或高压汞灯等气体放电灯具，根据实际生产情况，目前常用的集鱼灯主要存在以下问题：

（1）**光线无指向性，照度效率差** 钨丝、复金属灯泡或高压汞灯等气体放电灯具均属放射状光源，其光束向四面八方放射，其中仅有20%的光线照射在海上，这表示至少有80%的光线散逸在空中，这些光线代表着能源的浪费。

（2）**安全性低** 近年来由于机电科技的进步，集鱼灯灯光功率亦随之大幅提高，然而高功率消耗转换来的能量除光线外，还伴随产生大量的热能与紫外光。过去曾有传统高功率集鱼灯具因老化掉落在渔船甲板上而发生火灾的案例，而紫外光对于船员工作环境与健康也造成极大威胁，更严重的问题是超量的光强度会伤害幼鱼，对渔业资源造成极大冲击。

（3）**耗油量、耗电量高** 传统集鱼灯耗电量高，其电能来自燃油发电，资料显示，将光源全部替换成LED后，每艘船至少能减少46.42%的耗电量，燃油消耗量仅为原来的1/10。这无疑给饱受油价高涨之苦的渔民带来福音。

（4）**寿命短、启动时间长** 传统集鱼灯寿命平均只有9～15个月，一般点灯时间也需数分钟。

近年来，LED发展迅猛，LED被称为世界上最新的第四代光源，具有长寿命、低消耗、小型化、定向性和无光源污染等优点，已在世界各个行业中得到广泛应该。在渔业领域，大功率LED集鱼灯在渔业捕捞中的应用较普遍。但高功率LED水上灯存在的缺陷也不容忽视。

首先，200 W以上的LED集鱼灯因散热问题无法自身解决，通常需要辅助其他设备，比如利用水的流动来降温，这样无疑增加了安装和材料成本，同时也无法增大功率。

其次，通常LED集鱼灯只有一个平面，这样会因LED灯指向性强，使得其灯光向一个方向照射。由于渔船在海上因风浪经常产生摇摆，摇摆角度通常在 25° 以下，摇摆使得水中光照强度不断产生变化，从而影响到鱿鱼类的集群与稳定性，进而降低钓捕效果。

LED 水上集鱼灯及其系统已申报发明专利（专利号为 ZL201210342653.9），其特征是：包括 3 个灯板，3 个灯板首尾相互连接在一起，3 个灯板的一侧面设置 LED 灯片，相邻灯板之间呈一定夹角布置，夹角度数为 120° ~ 160°。本发明所述 LED 水上集鱼灯除了 LED 灯所具有的各种优点之外，更为重要的是解决了高功率 LED 集鱼灯的散热和光色问题，同时也解决了因渔船摇摆导致诱集区水中灯光强度不断变化的问题，这样不仅有利于提高 LED 集鱼灯的使用寿命，提高诱集鱼类的范围，同时也使鱼类的集群更为稳定。

1.2.2　设计总图

LED 水上集鱼灯的总体示意图如图 1–1，灯光照射示意图如图 1–2 所示。

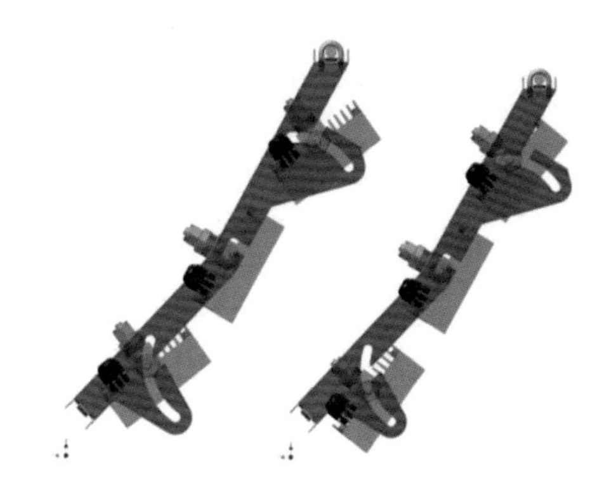

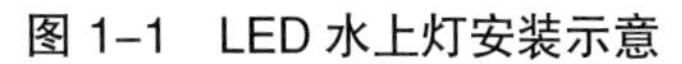

图 1–1　LED 水上灯安装示意

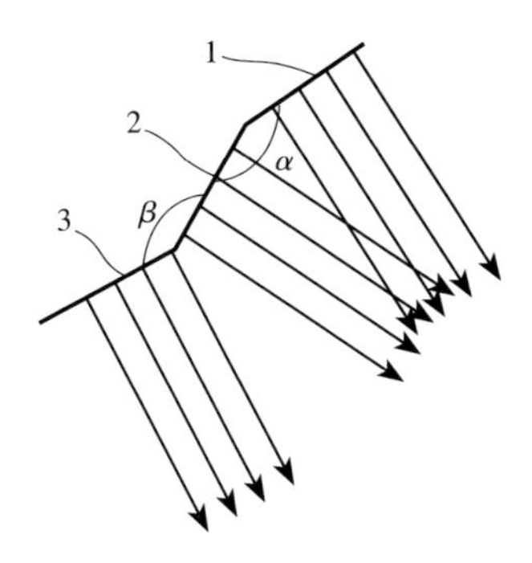

图 1–2　LED 集鱼灯灯光照射示意

1.2.3　各部分设计图

300 W LED 集鱼灯的设计如图 1–3 ~ 图 1–10。600 W 型的设计类似 300 W，以下不另作说明。

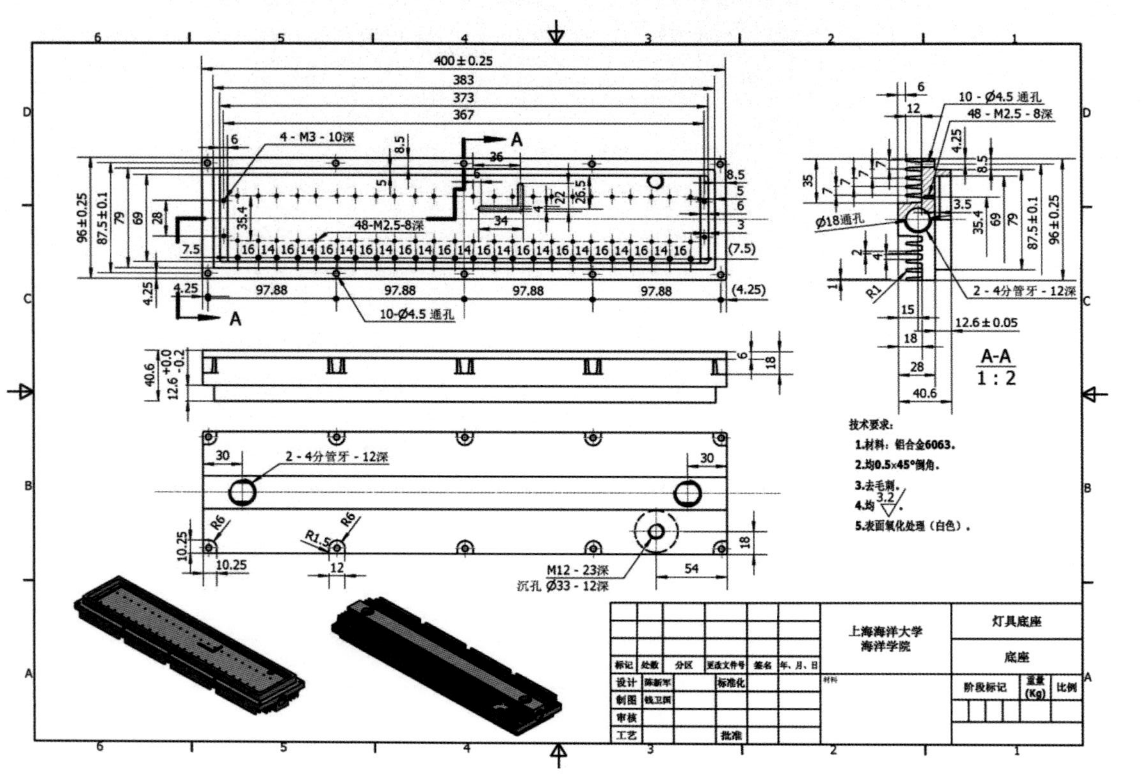

图 1–3　LED 集鱼灯灯具底座设计图纸

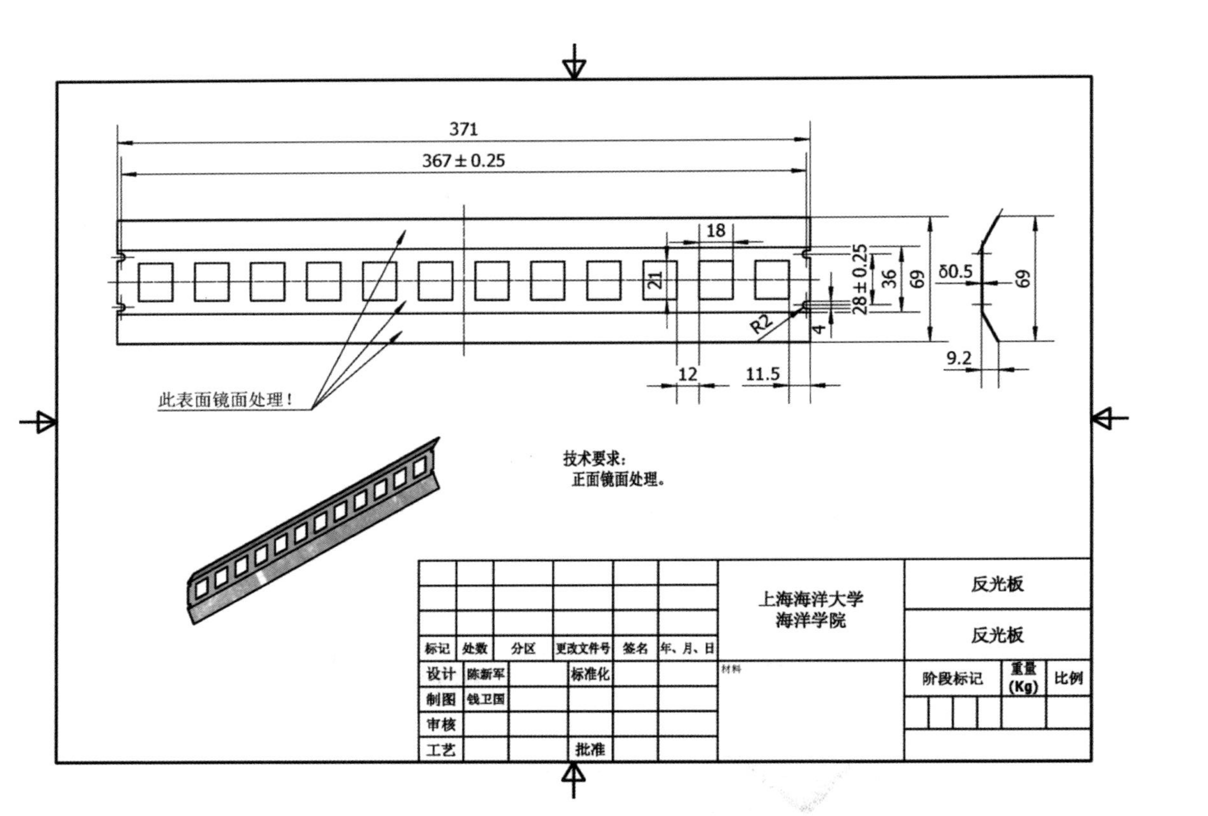

图 1-4 LED 集鱼灯反光板设计图纸

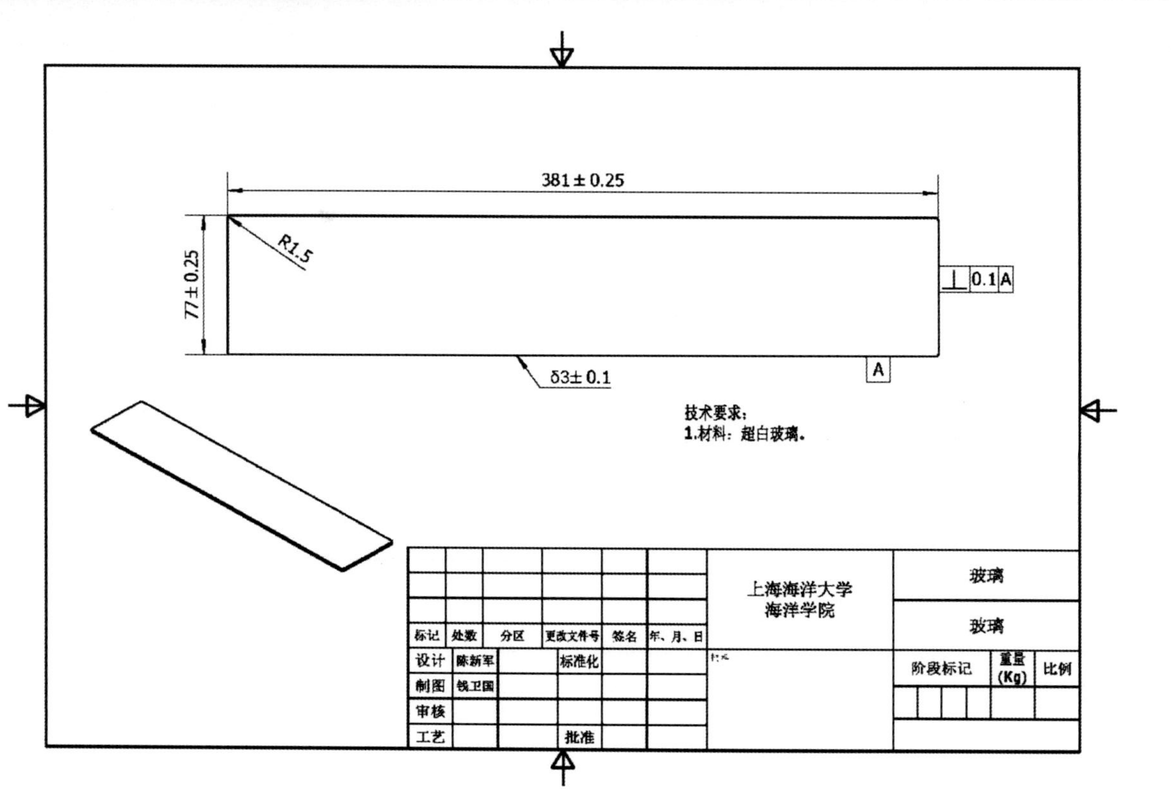

图 1-5 LED 集鱼灯玻璃设计图纸

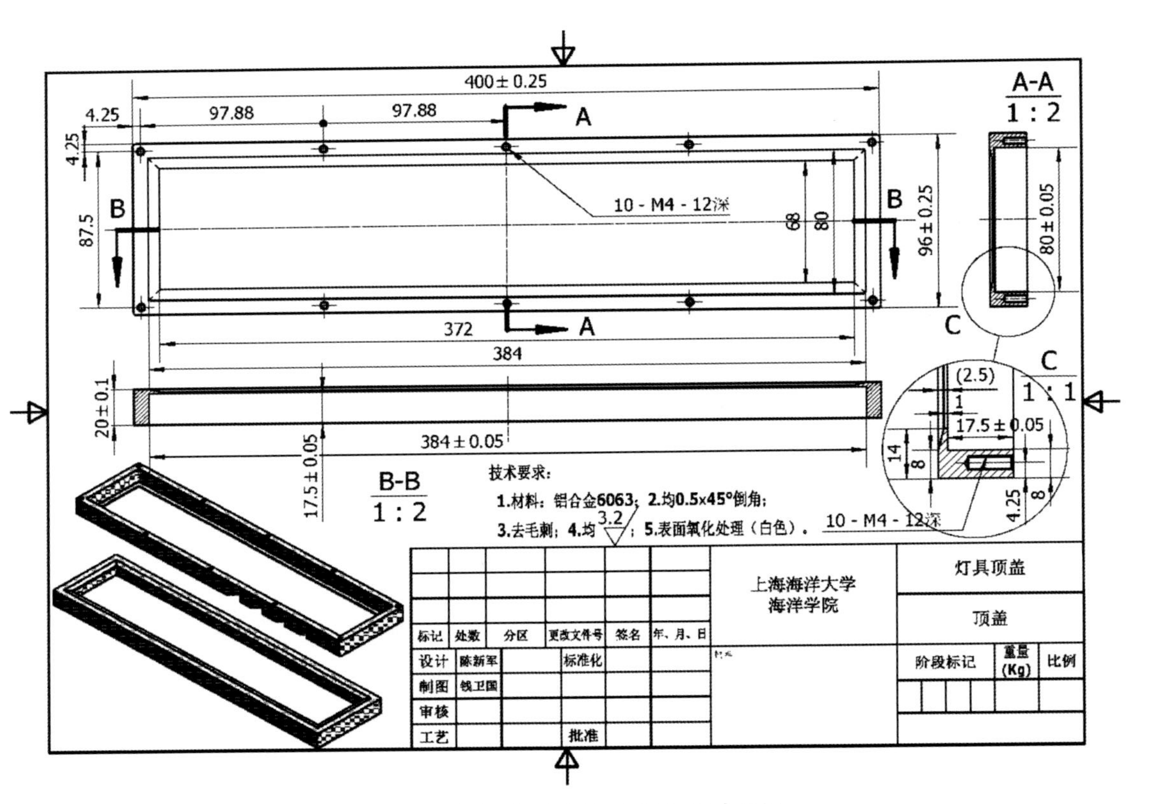

图 1–6　LED 集鱼灯灯具顶盖设计图纸

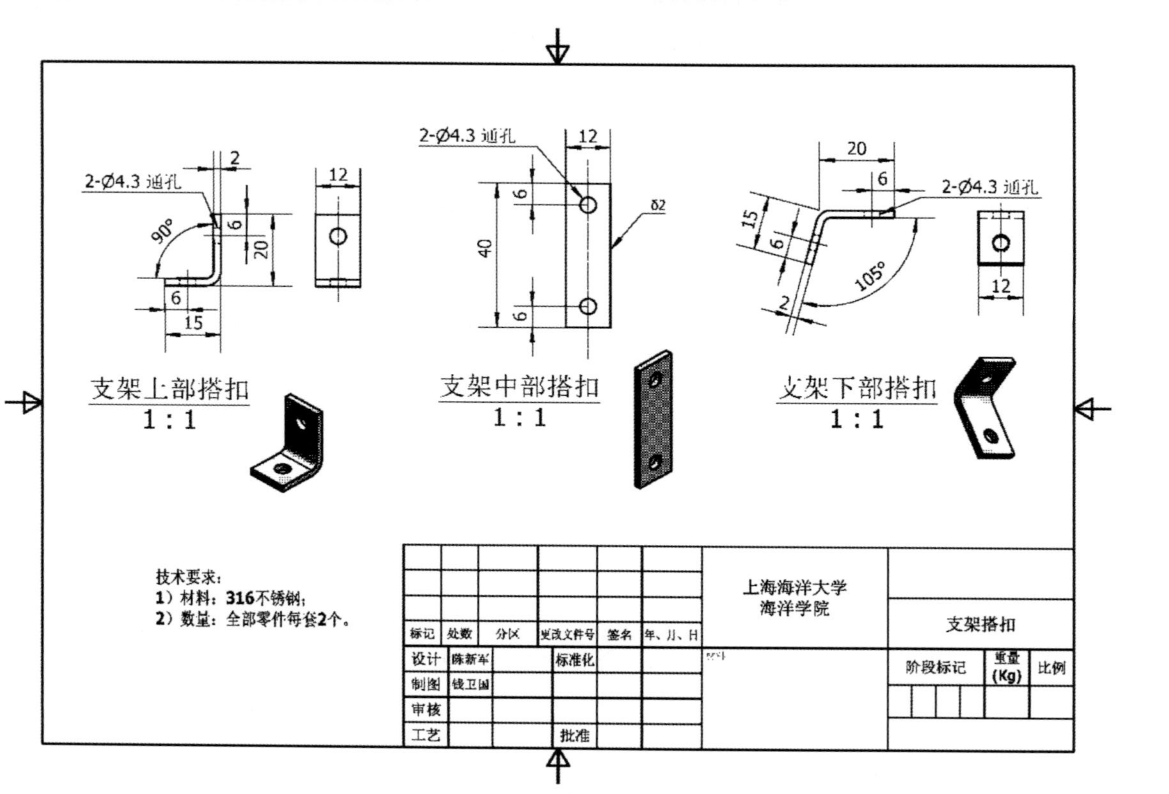

图 1-7 LED 集鱼灯支架搭扣设计图纸

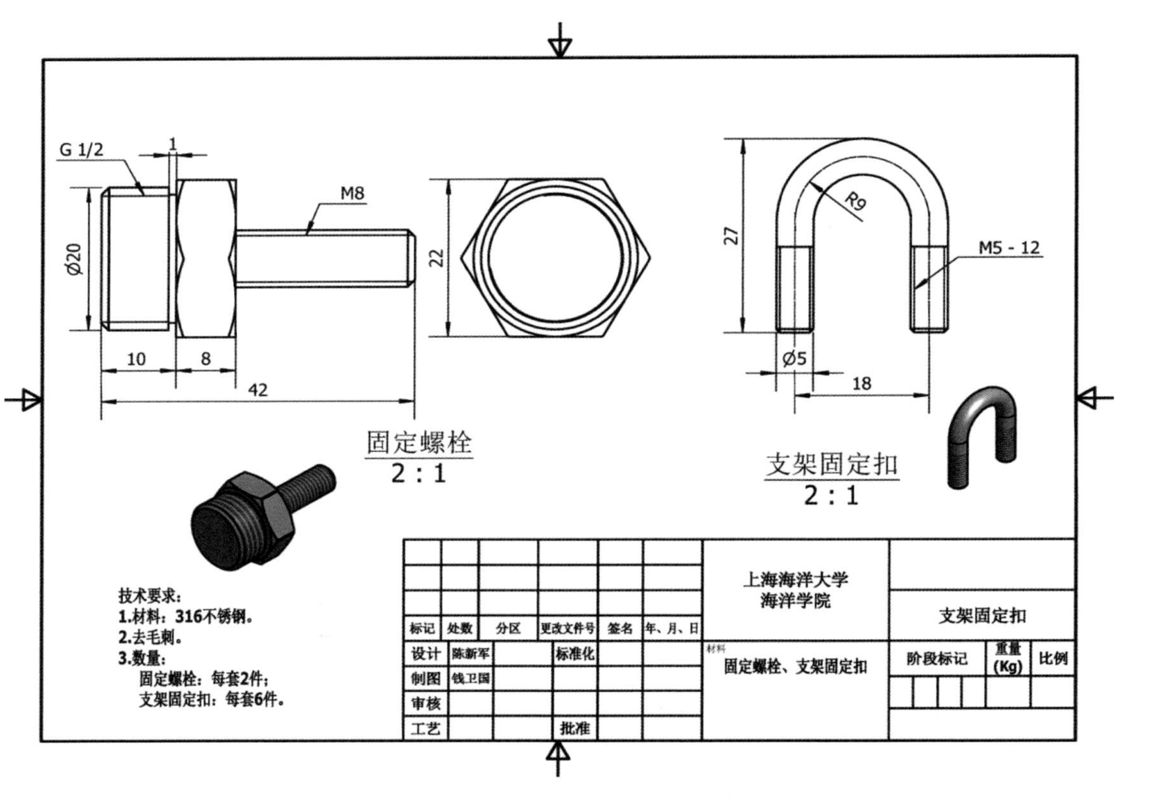

图 1–8 LED 集鱼灯支架固定扣设计图纸

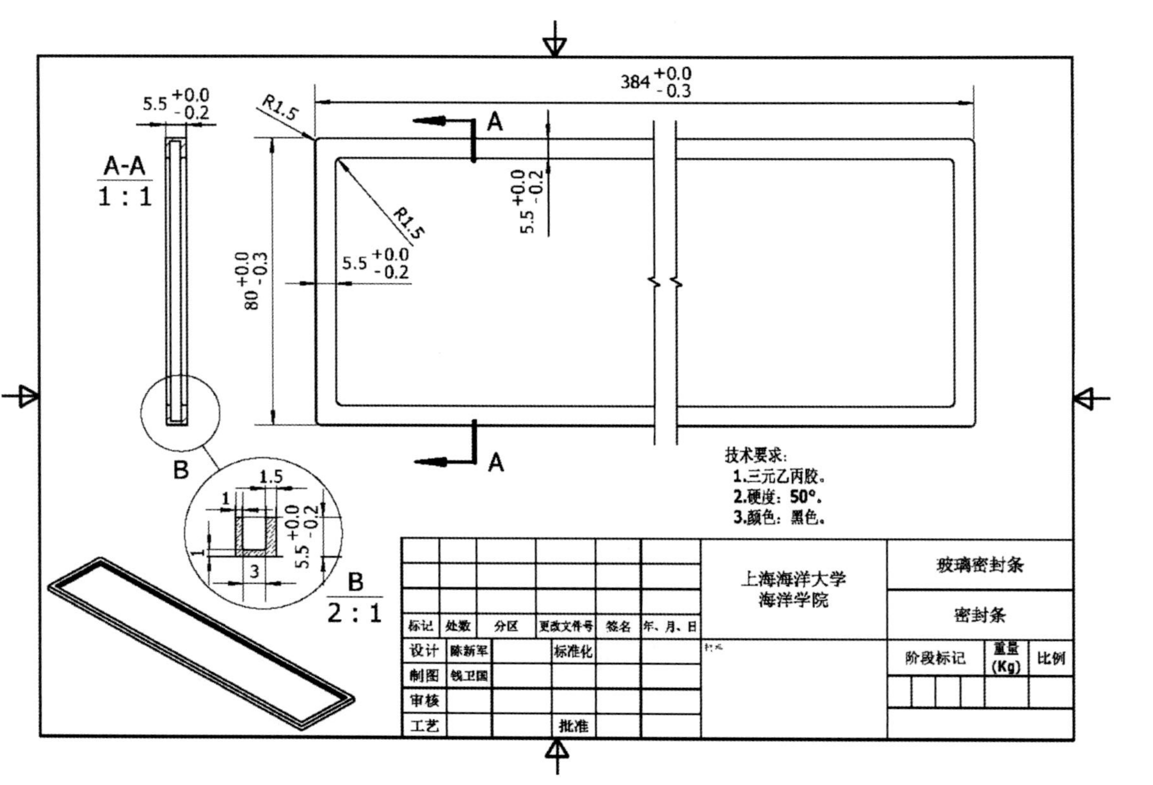

图 1–9 LED 集鱼灯玻璃密封条设计图纸

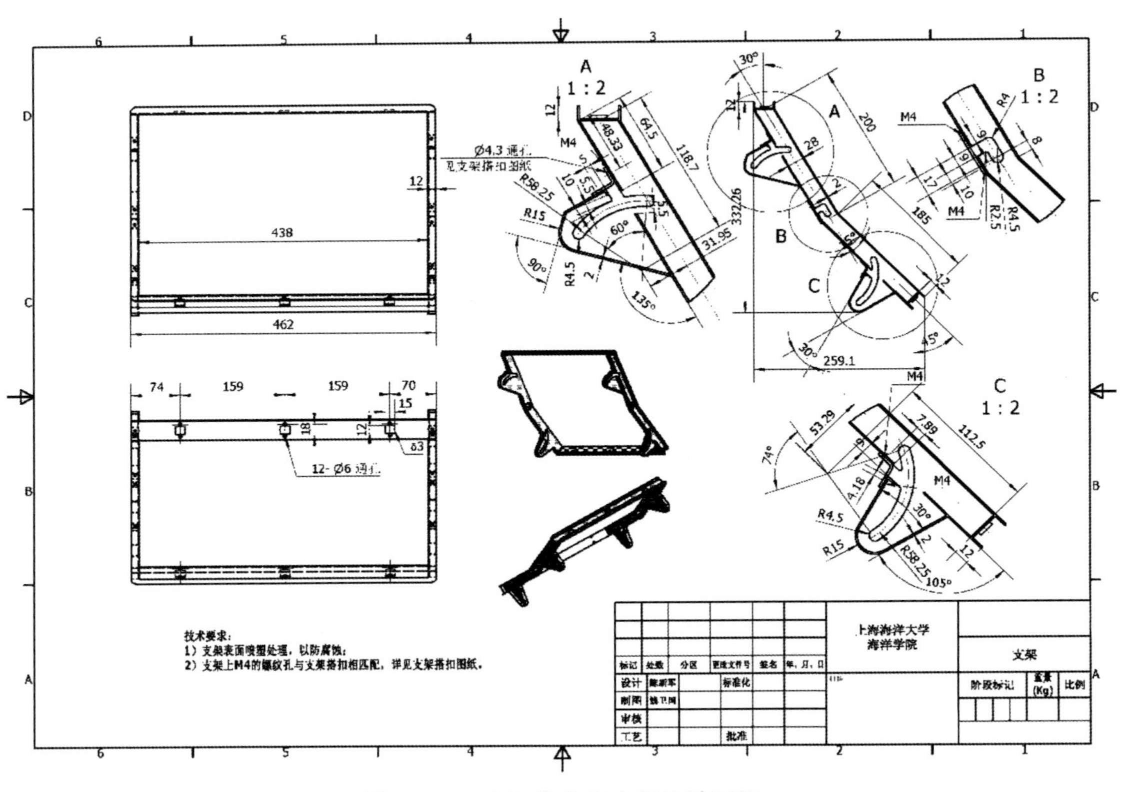

图 1-10 LED 集鱼灯支架设计图纸

1.2.4 主要设计指标参数

①功率：300 W（3 × 100 W LED水上集鱼灯），600 W（3 × 200 W LED 水上集鱼灯）；②输入电压：220 V/50 Hz；③功率因数校正（PFC）：≥ 0.95；④光效：≥ 100 lm/W（不包括电源效率）；⑤发光颜色：白色，色温：5 000 K ± 200 K；⑥调光特性：可调 0 ~ 100%；⑦光照方向：定向，可调角度；⑧寿命：≥ 30 000 h（理论值）；⑨防护等级：IP56 或者 IP66；⑩绝缘等级：B；⑪ 冷却方式：水冷；⑫ 适用温度：–20 ~ 50℃ ；⑬ 安装方式：见图 1–11；⑭ 外形尺寸：462 mm × 330 mm × 260 mm（每套）；⑮ 重量：10.1 kg/ 套；⑯ 材料：不锈钢 316。

1.2.5 主要组成及材料选用

LED 集鱼灯系统主要包括灯具系统（灯具底座、LED 芯片、反光罩材料、灯具电线、灯具支架等）、电源系统、控制系统等。有关材料选用见设计图。

1.2.6 渔船安装初步方案

示范渔船为上海金优远洋渔业有限公司“沪渔 908”号鱿钓船。主要参数为：总长 74 m，型宽 11.2 m，型深 4.35 m/6.95 m，总吨位 1 273 t，主机功率 1 250 kW，辅机功率 480 kW，钓机型号 MY–3DP，钓机数量 58 台，船员人数 32 人。一套 LED 水上集鱼灯如图 1–11 所示，共计 50 套安装在“沪渔 908”号鱿钓船。

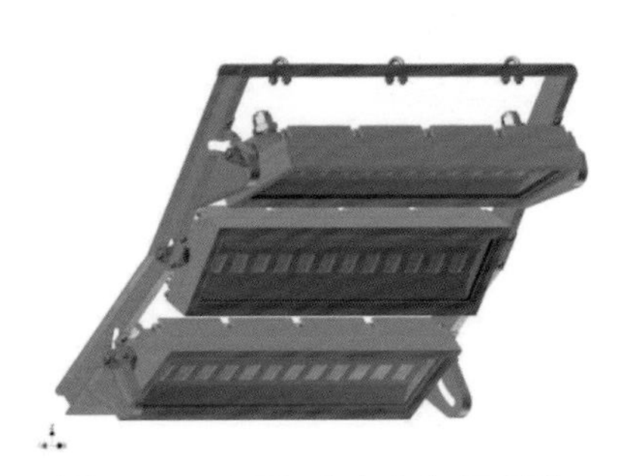

图 1–11 LED 水上集鱼灯系统

在渔船左侧安装 50 套 LED 水上集鱼灯。LED 水上集鱼灯在渔船上安装示意图如图 1–12 所示。

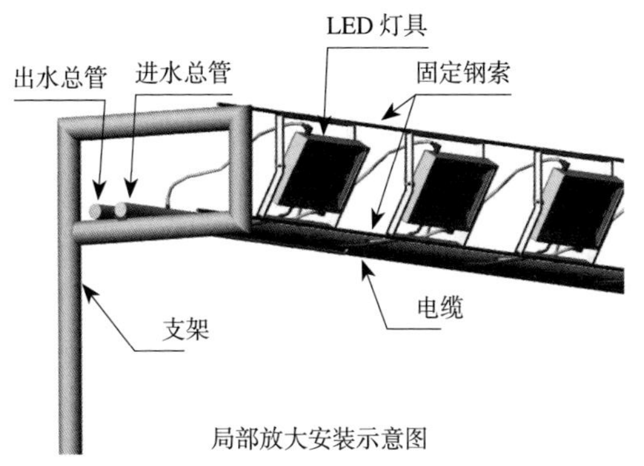

局部放大安装示意图

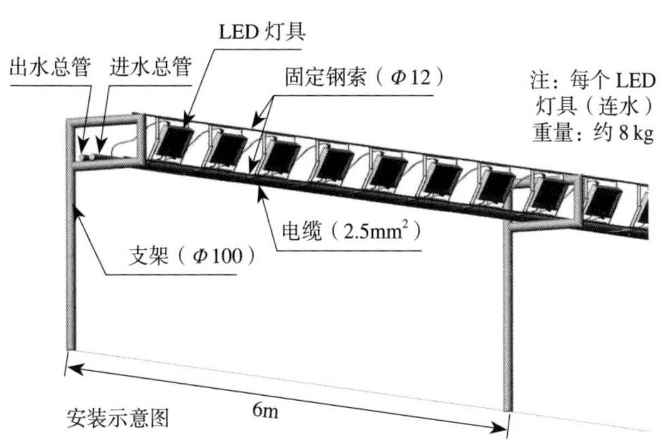

安装示意图

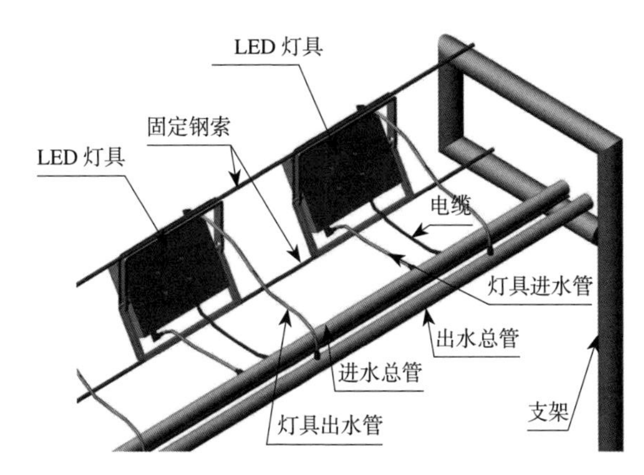

背面局部安装示意图

图 1–12　LED 水上集鱼灯渔船安装示意

1.3 LED 水下集鱼灯的设计方案

1.3.1 设计目标与依据

水下灯是光诱捕捞作业中重要的装备之一。该装备已在我国远洋鱿钓渔业中得到广泛应用。传统的水下灯一般采用 5 kW 和 10 kW 的金属卤化物灯，但是该灯具有消耗功率大、无法调节灯光大小、使用寿命较短的缺点。

近年来，LED 迅猛发展，被称为世界上最新的第四代光源，具有长寿命、低消耗、小型化、定向性和无光源污染等优点，在世界各个行业中得到广泛应用。在渔业领域，大功率 LED 集鱼灯在渔业捕捞中的应用也较普遍。为此，本项目拟开发高功率的水下 LED 集鱼灯，该新型集鱼灯具有光色可设计、光强可调等优点，能够针对不同趋光特性进行设计光谱。

1.3.2 设计总体示意图

LED 水下集鱼灯的总体设计如图 1–13 所示。

1.3.3 各部分设计图

水下集鱼灯各部分设计见图 1–14 ~ 图 1–30。

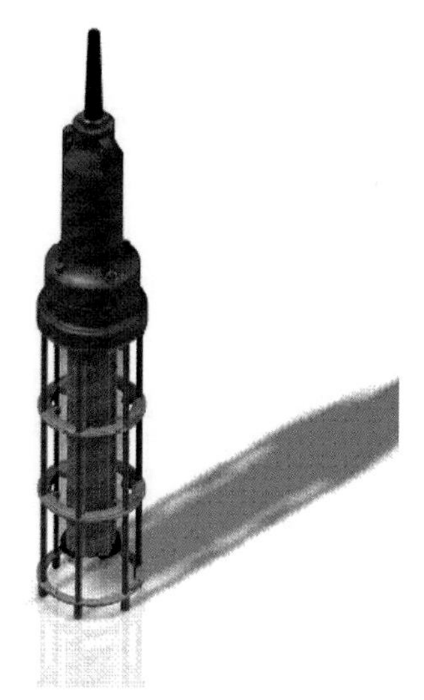

图 1–13 LED 水下集鱼灯外观设计示意

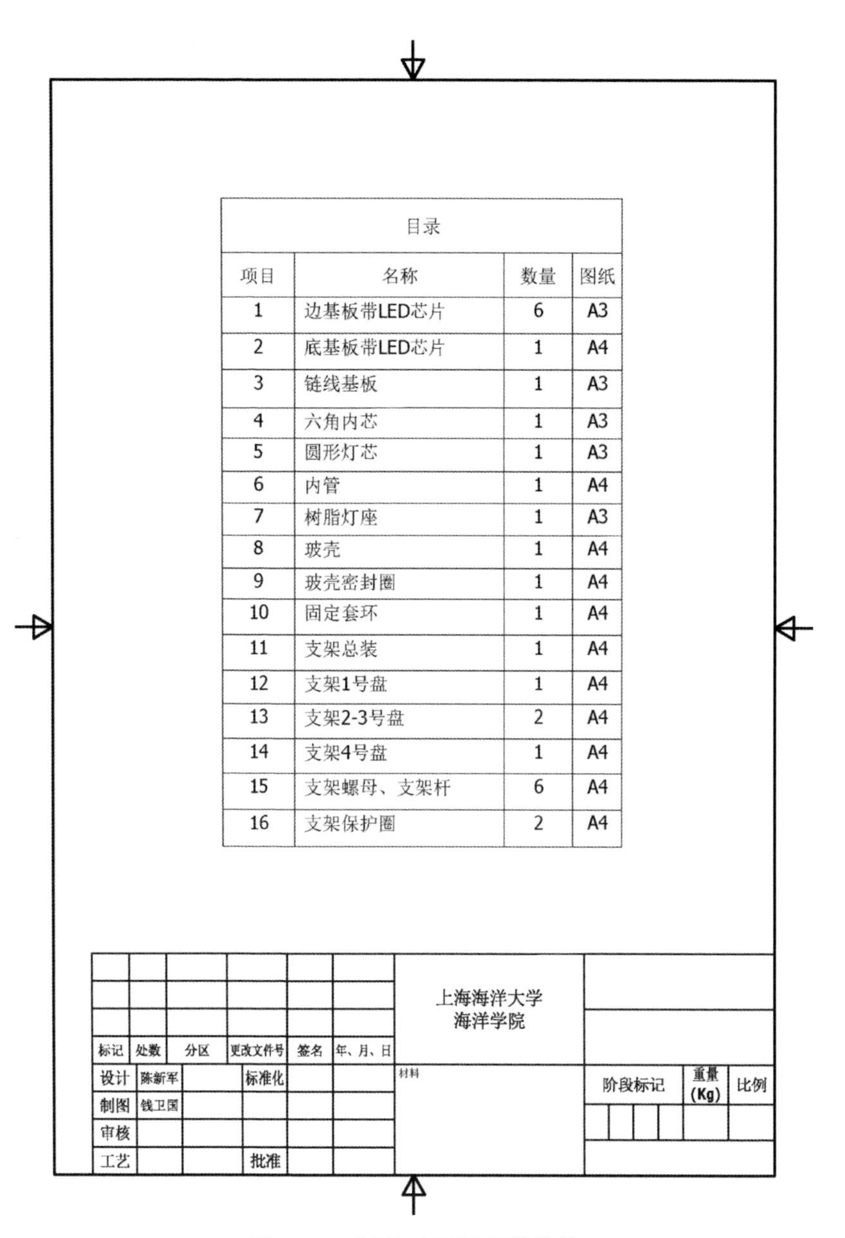

目录			
项目	名称	数量	图纸
1	边基板带LED芯片	6	A3
2	底基板带LED芯片	1	A4
3	链线基板	1	A3
4	六角内芯	1	A3
5	圆形灯芯	1	A3
6	内管	1	A4
7	树脂灯座	1	A3
8	玻壳	1	A4
9	玻壳密封圈	1	A4
10	固定套环	1	A4
11	支架总装	1	A4
12	支架1号盘	1	A4
13	支架2-3号盘	2	A4
14	支架4号盘	1	A4
15	支架螺母、支架杆	6	A4
16	支架保护圈	2	A4

图 1–14　LED 水下灯组件构件

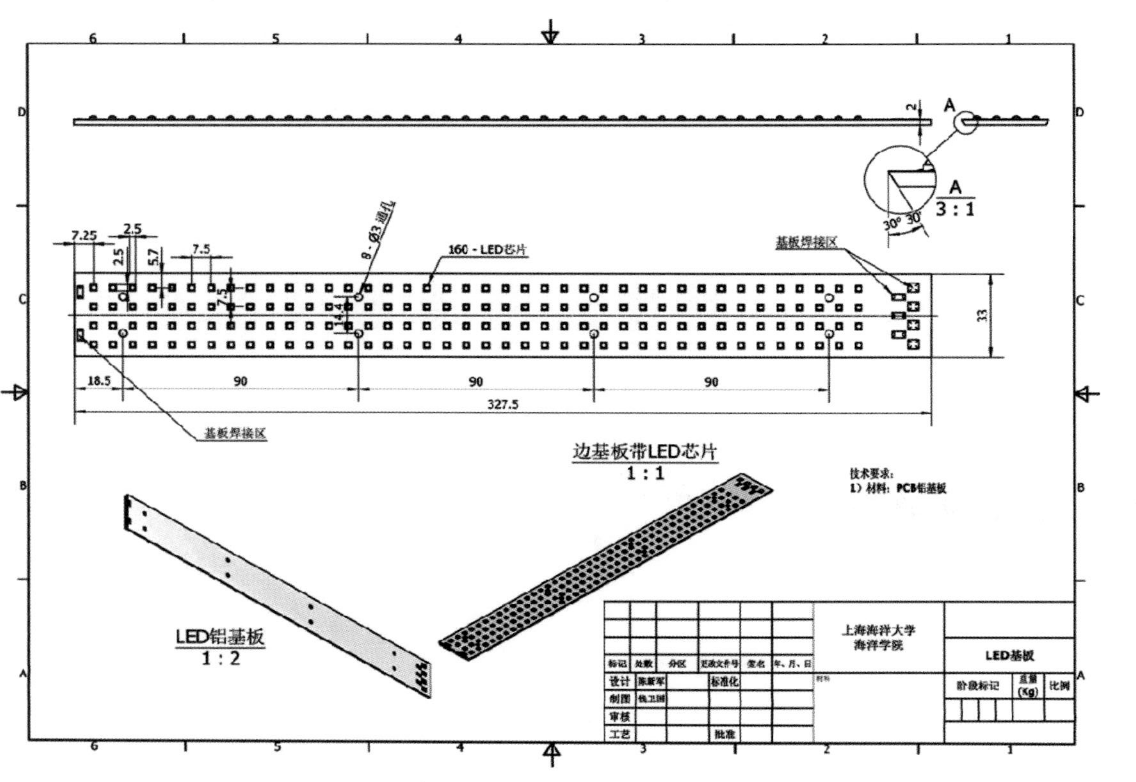

图 1-15　边基板带 LED 芯片设计图

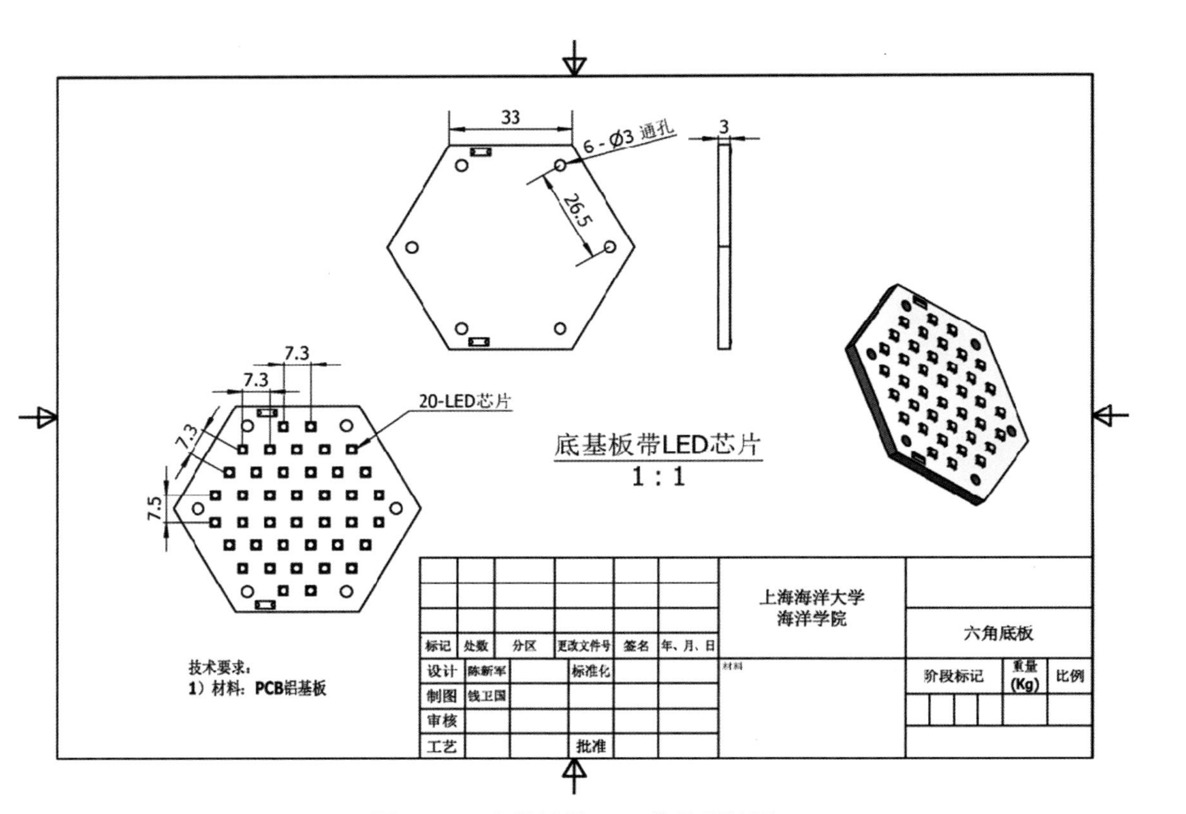

图 1–16　底基板带 LED 芯片设计图

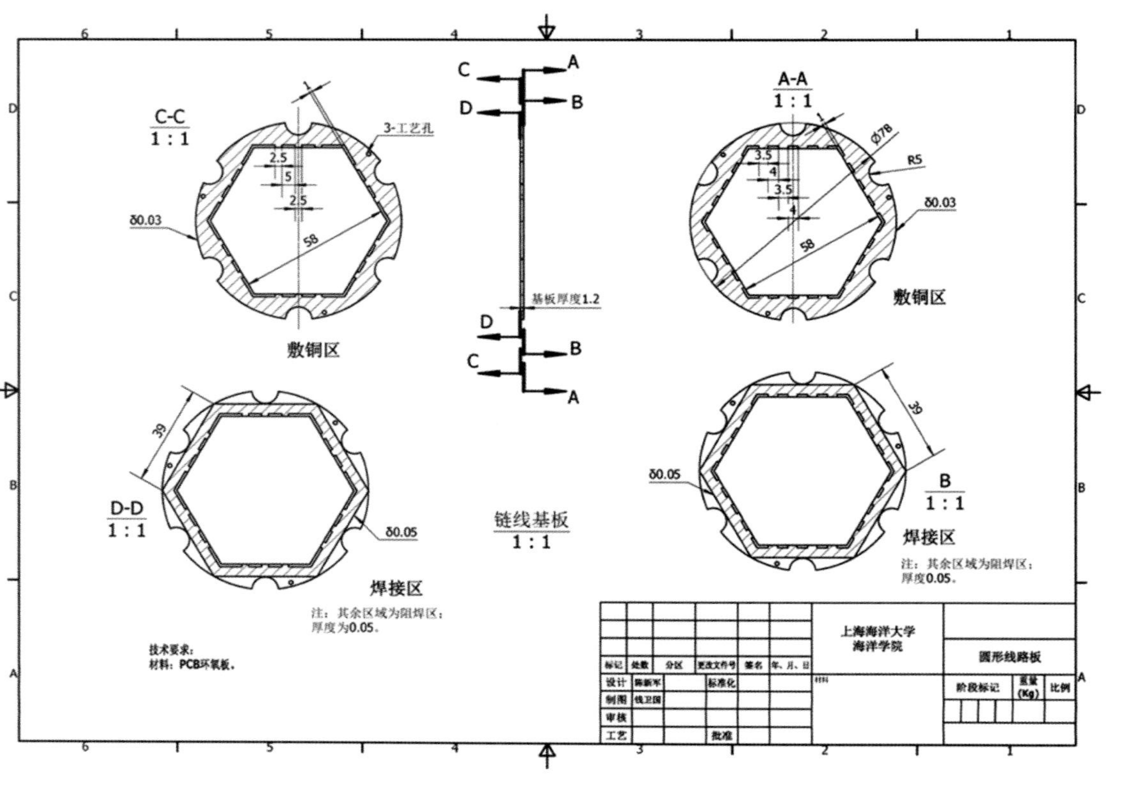

图 1–17 链线基板设计图

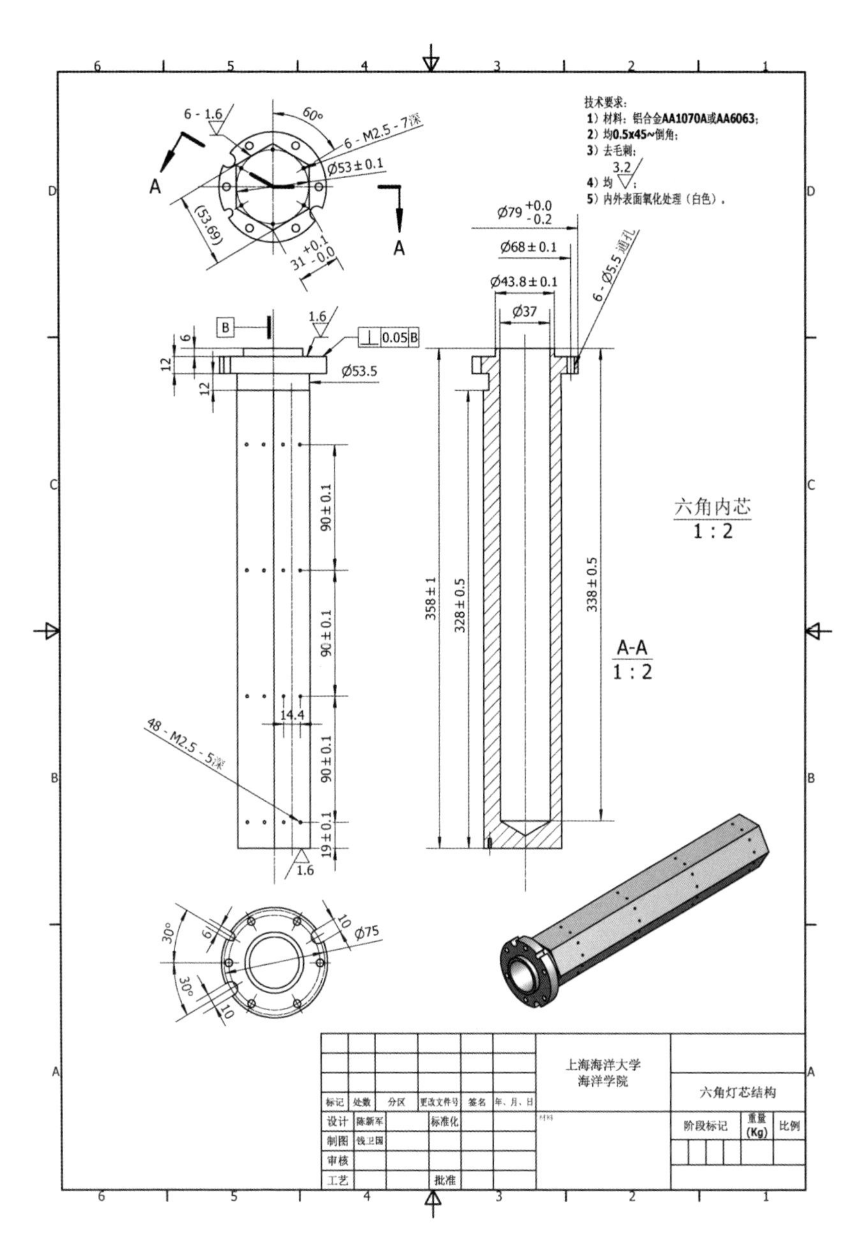

图 1–18　六角内芯设计图

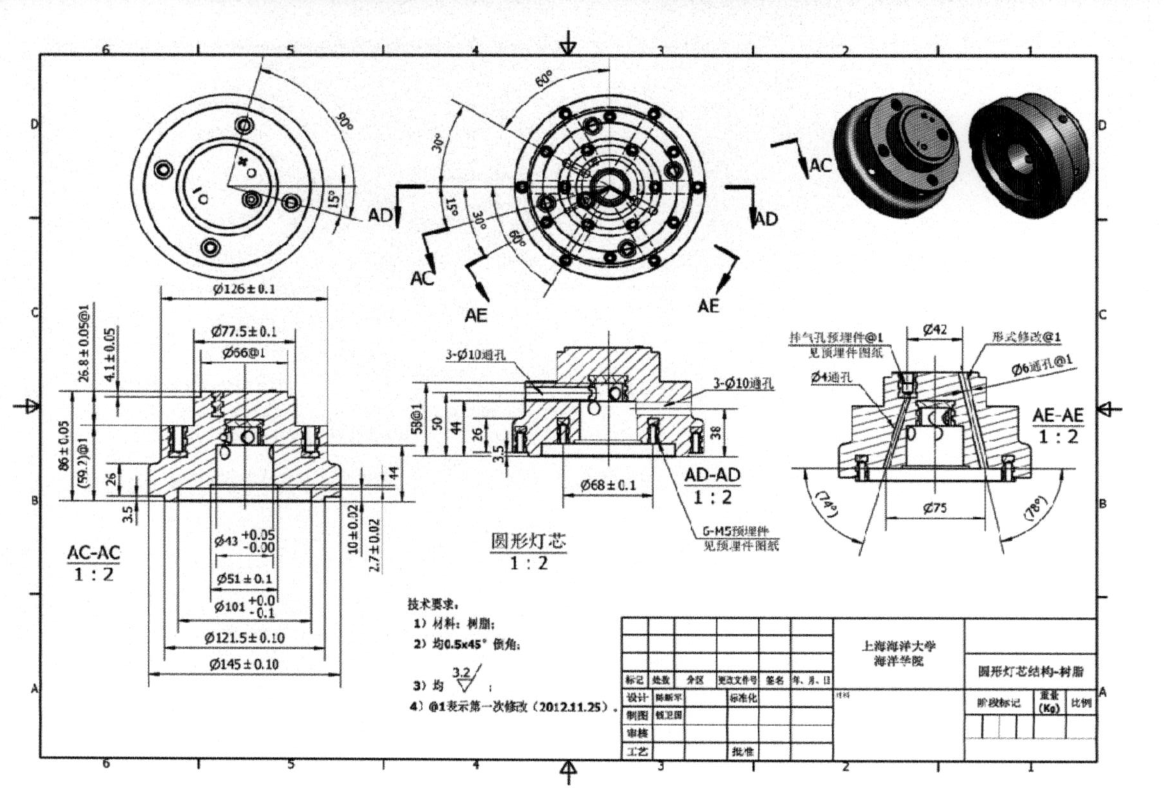

图 1–19 圆形灯芯设计图

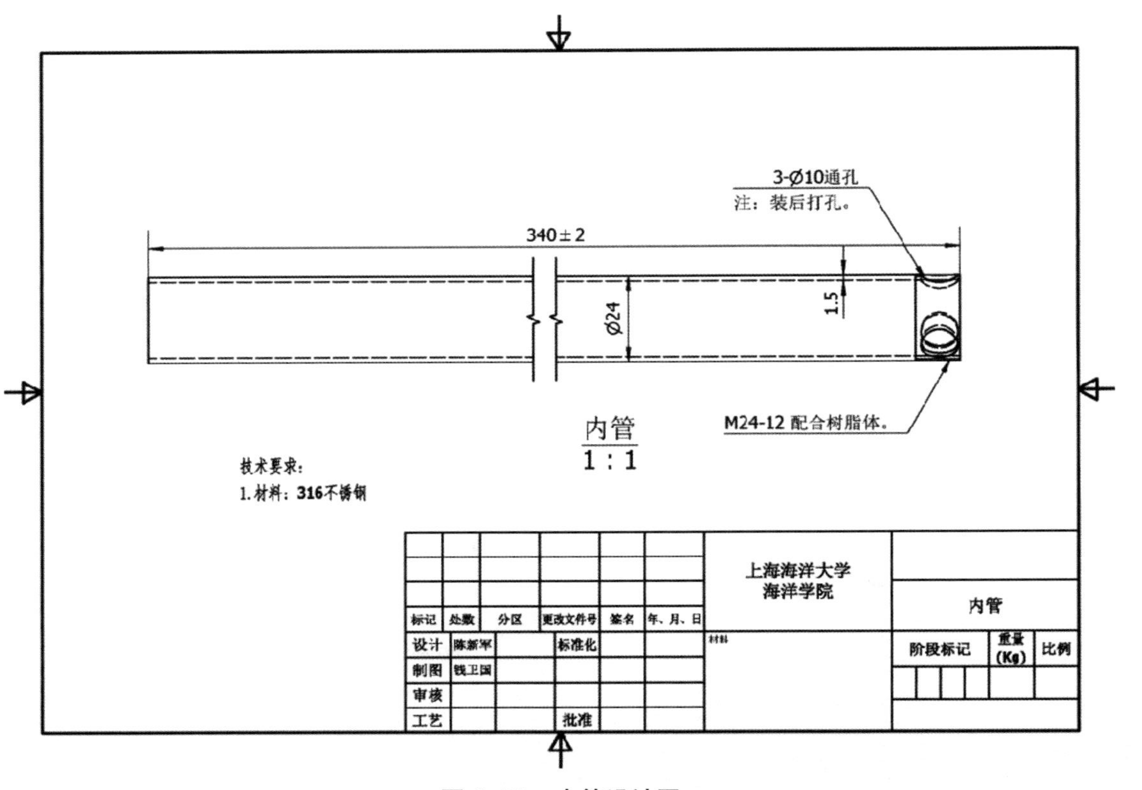
3-Ø10通孔
注：装后打孔。
340±2
1.5
Ø24
M24-12 配合树脂体。
内管
1：1
技术要求：
1.材料：316不锈钢
标记
处数
分区
更改文件号
签名
年、月、日
设计
陈新军
标准化
制图
钱卫国
审核
工艺
批准
上海海洋大学
海洋学院
材料
内管
阶段标记
重量 (Kg)
比例

图 1–20　内管设计图

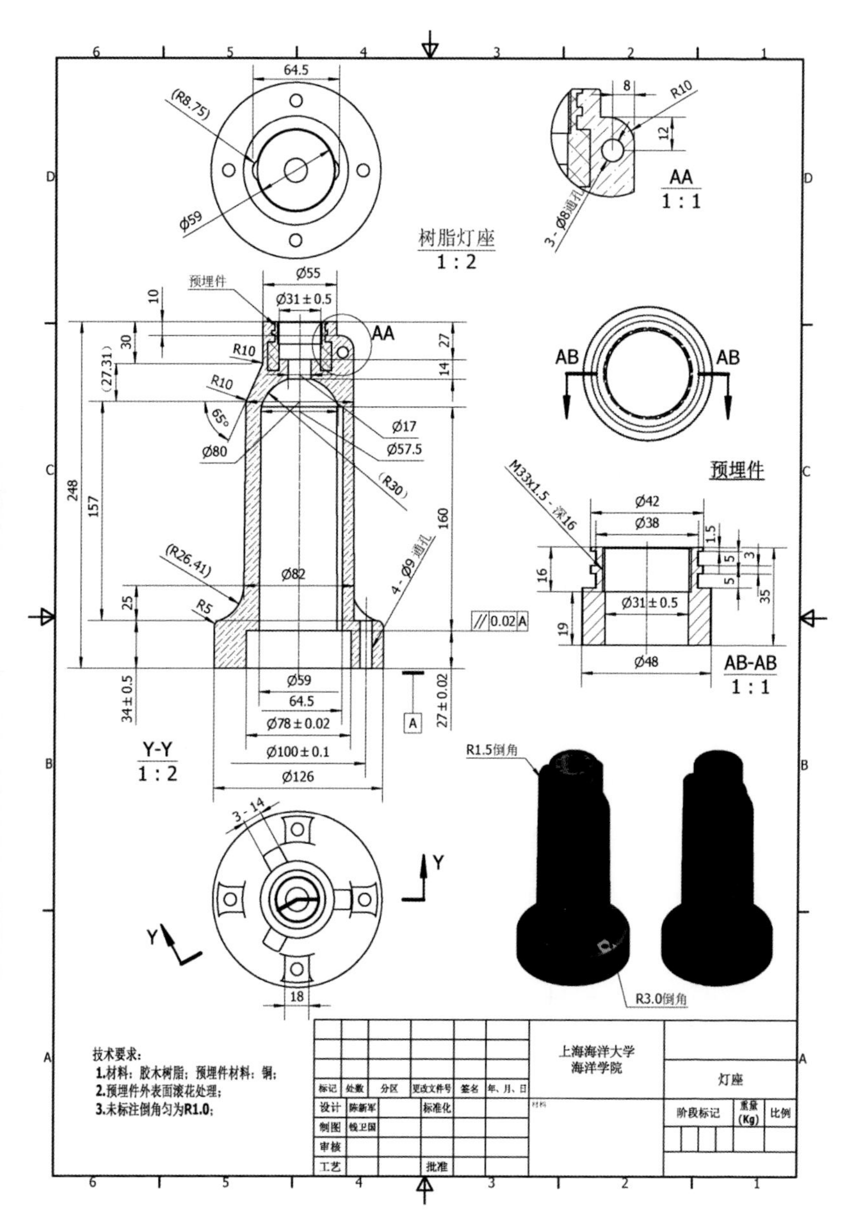

图 1–21　树脂灯座设计图

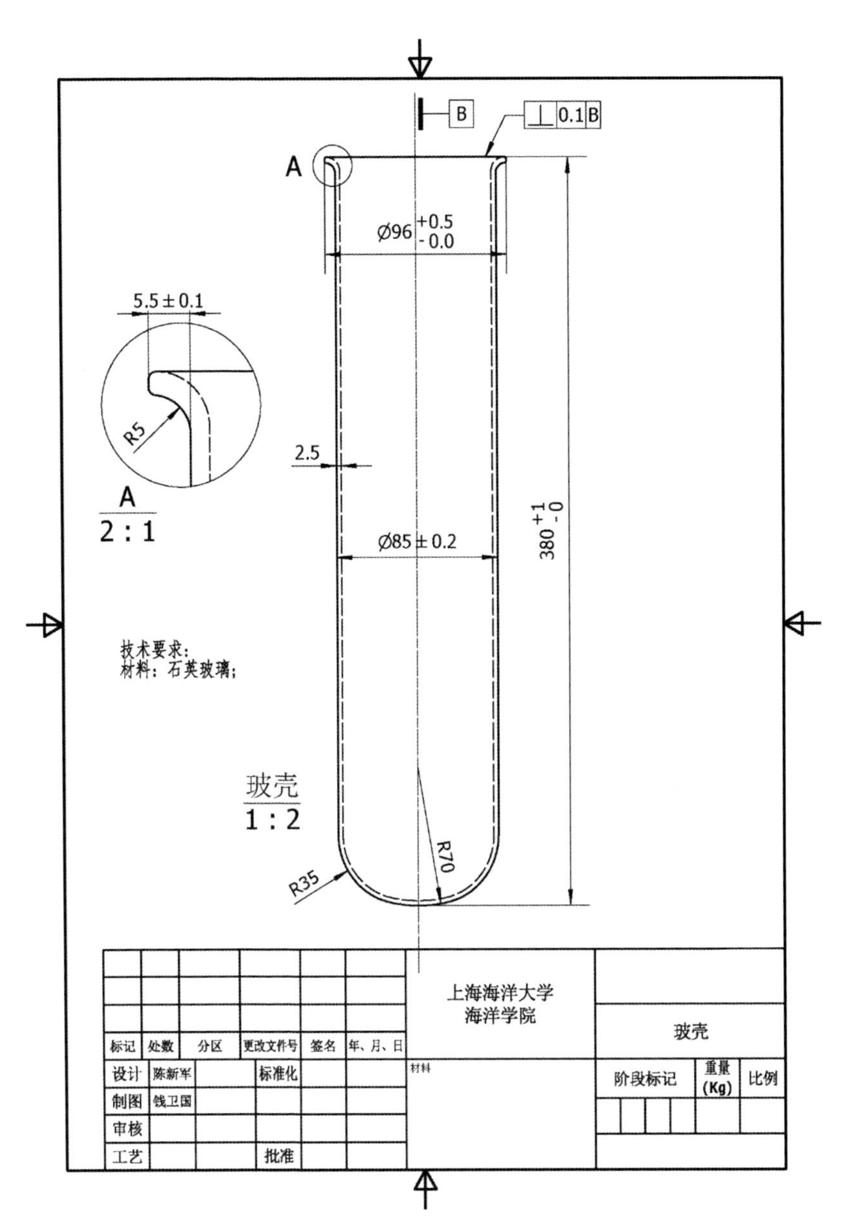
B
⊥ 0.1 B
A
Ø96 +0.5 -0.0
5.5 ± 0.1
R5
2.5
A
2 : 1
Ø85 ± 0.2
380 +1 -0
技术要求:
材料: 石英玻璃;
玻壳
1 : 2
R70
R35
上海海洋大学
海洋学院
玻壳
标记 处数 分区 更改文件号 签名 年、月、日
设计 陈新军 标准化
制图 钱卫国
审核
工艺 批准
材料
阶段标记 重量 (Kg) 比例

图 1–22 玻壳设计图

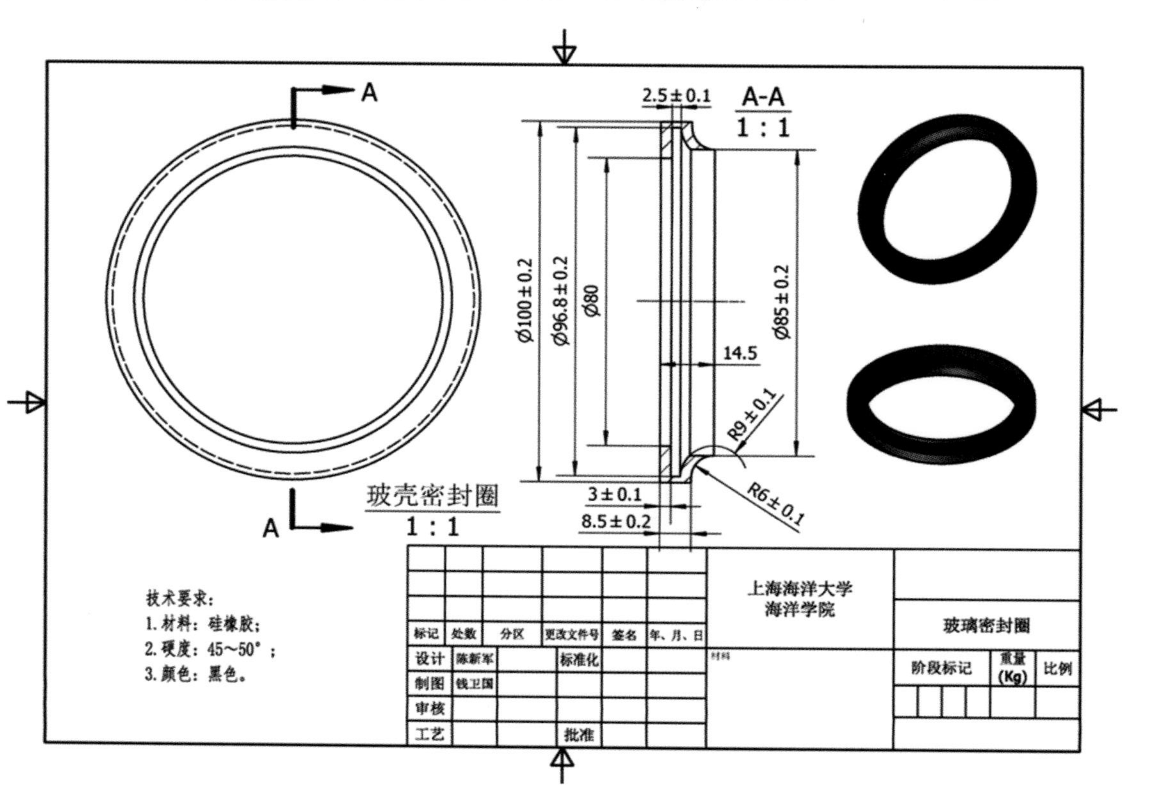

图 1-23 玻壳密封圈设计图

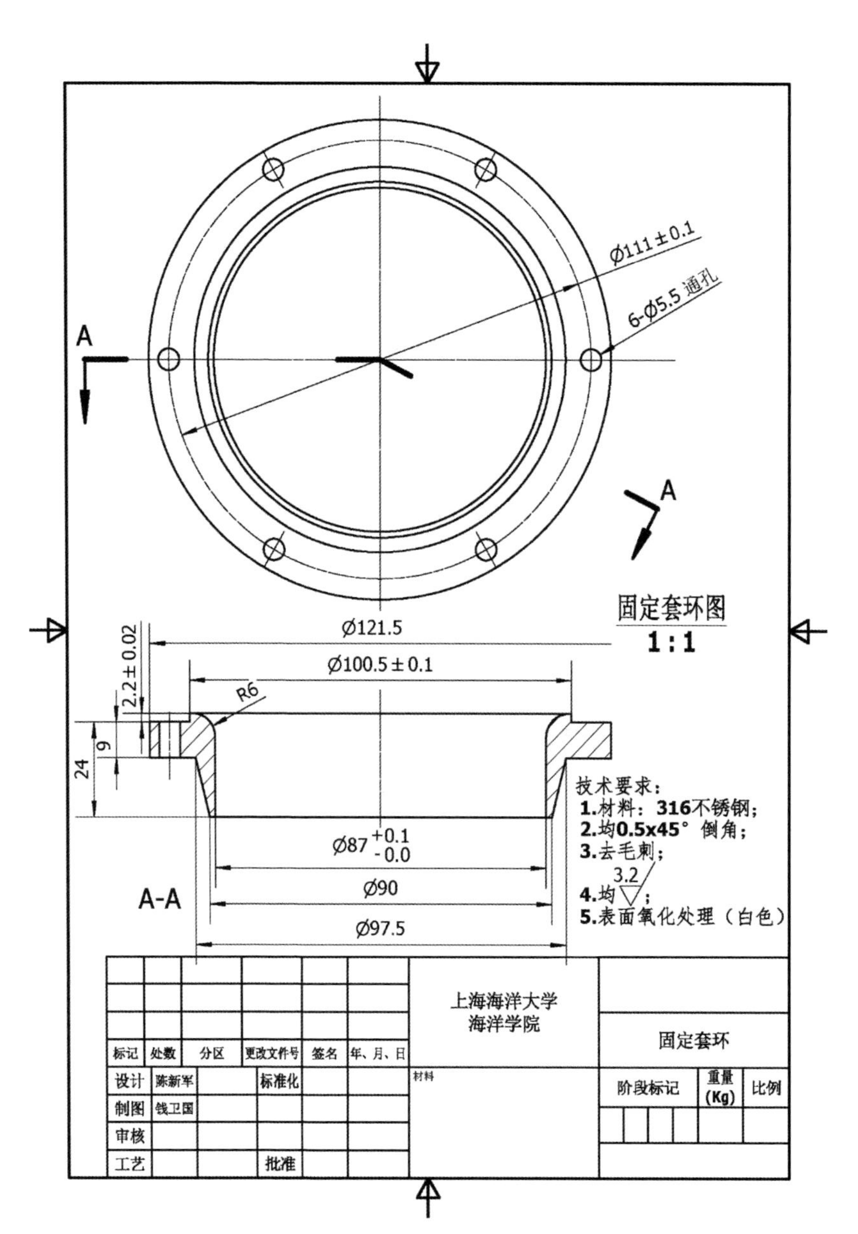

图 1–24　固定套环设计图

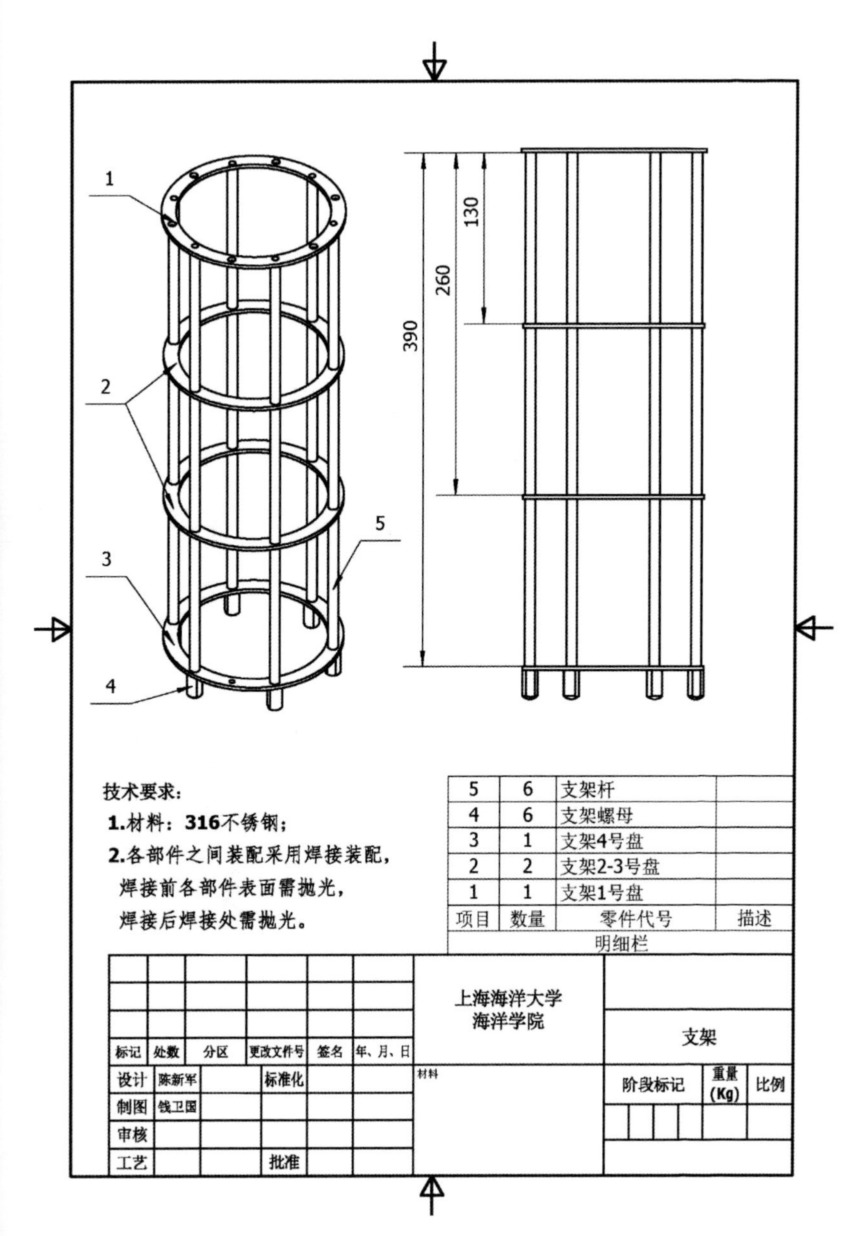

图 1-25 支架总装设计图

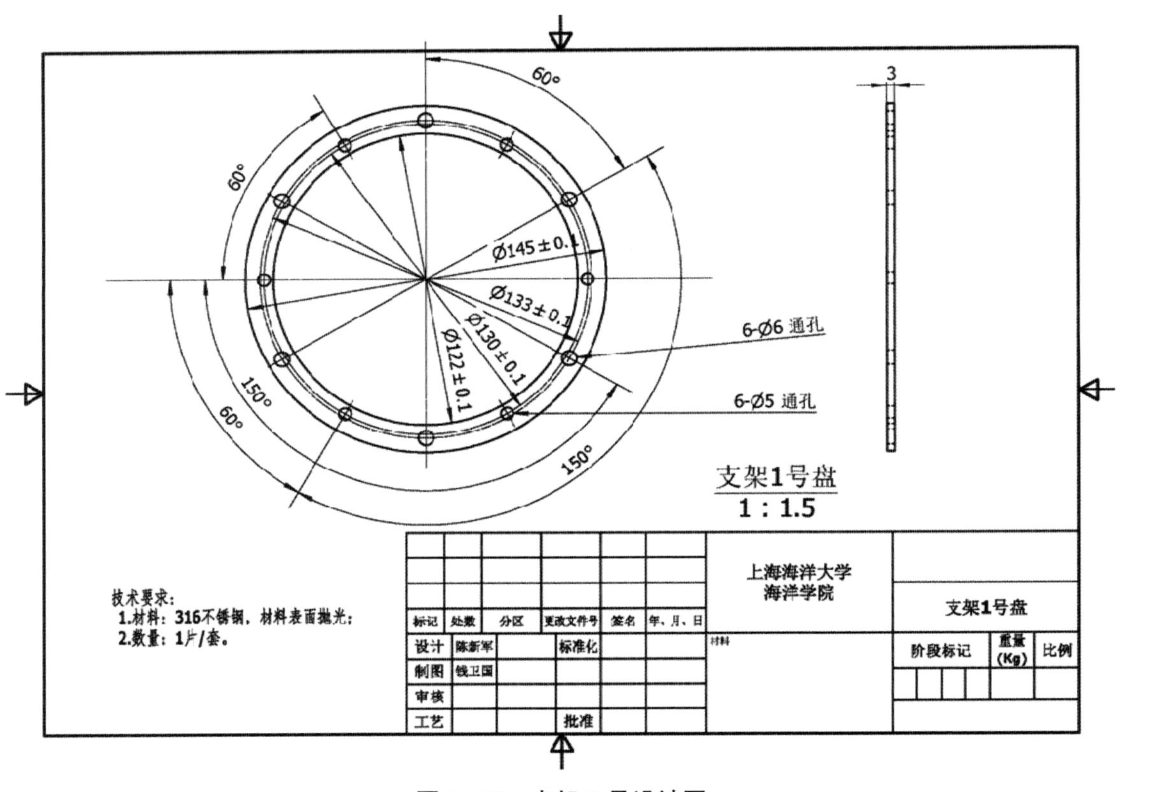

图 1-26　支架 1 号设计图

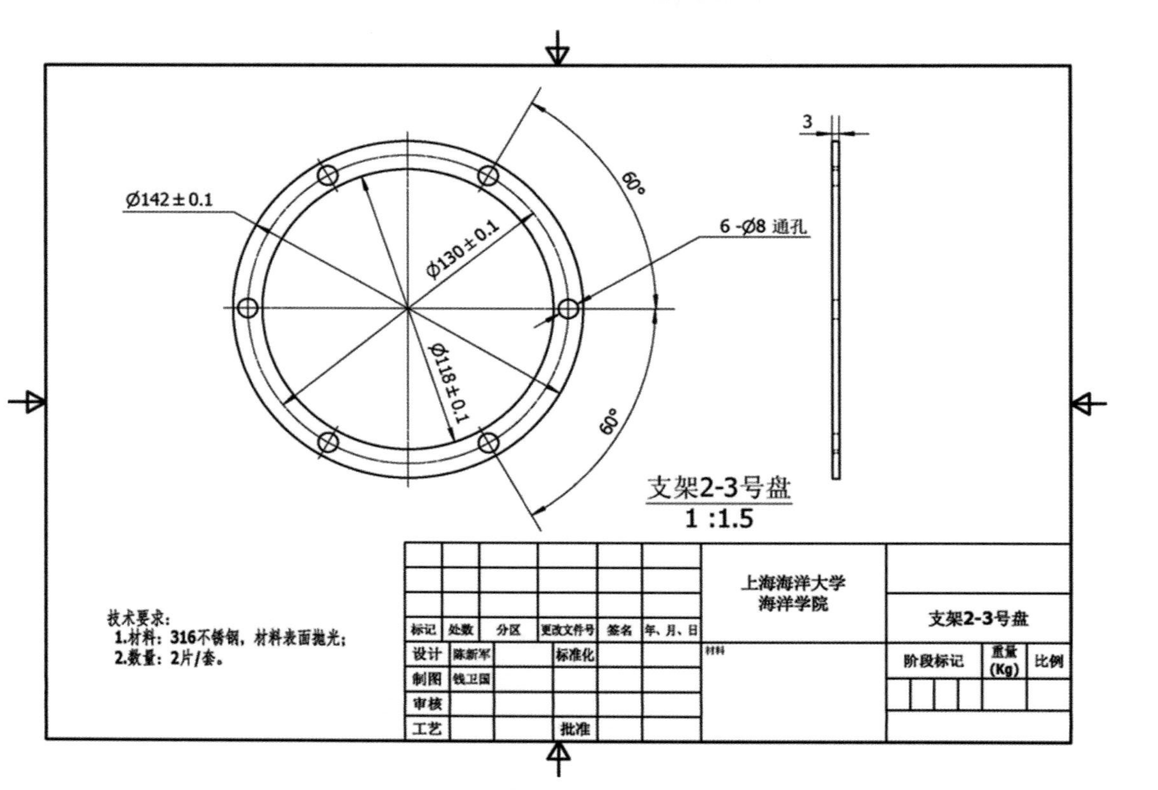

图 1-27　支架 2-3 号设计图

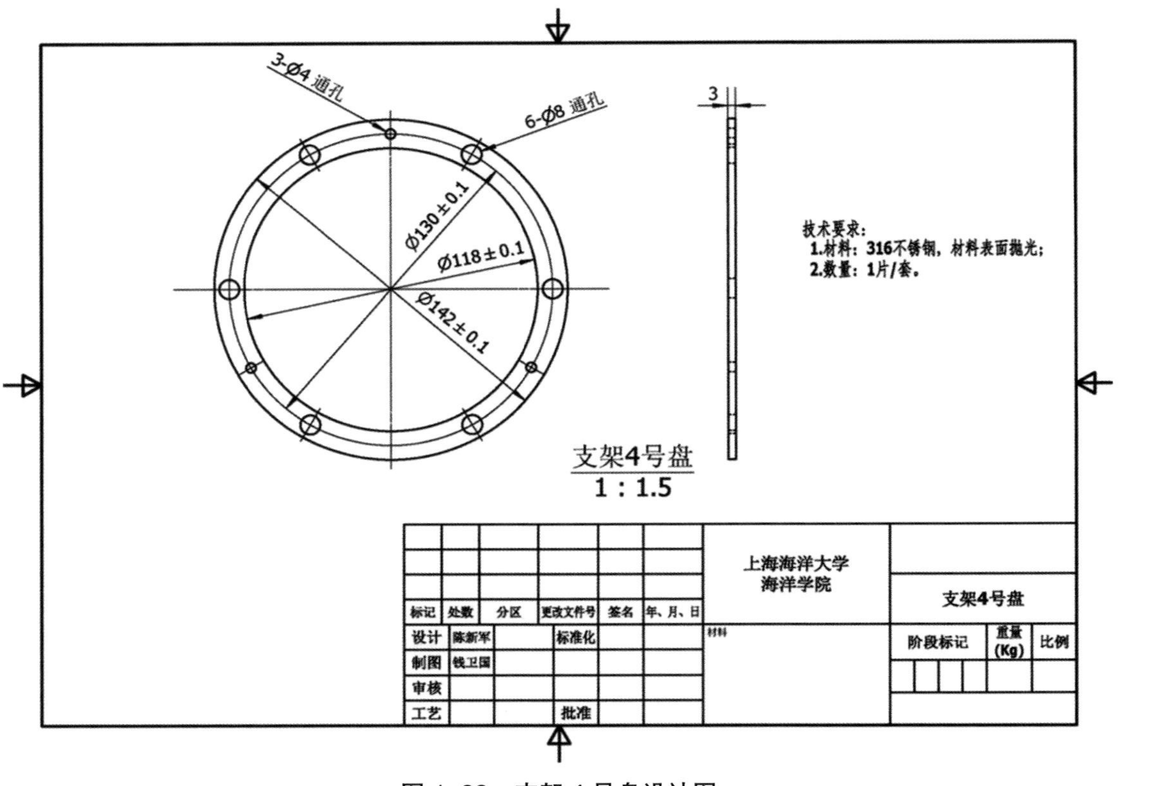

图 1-28 支架 4 号盘设计图

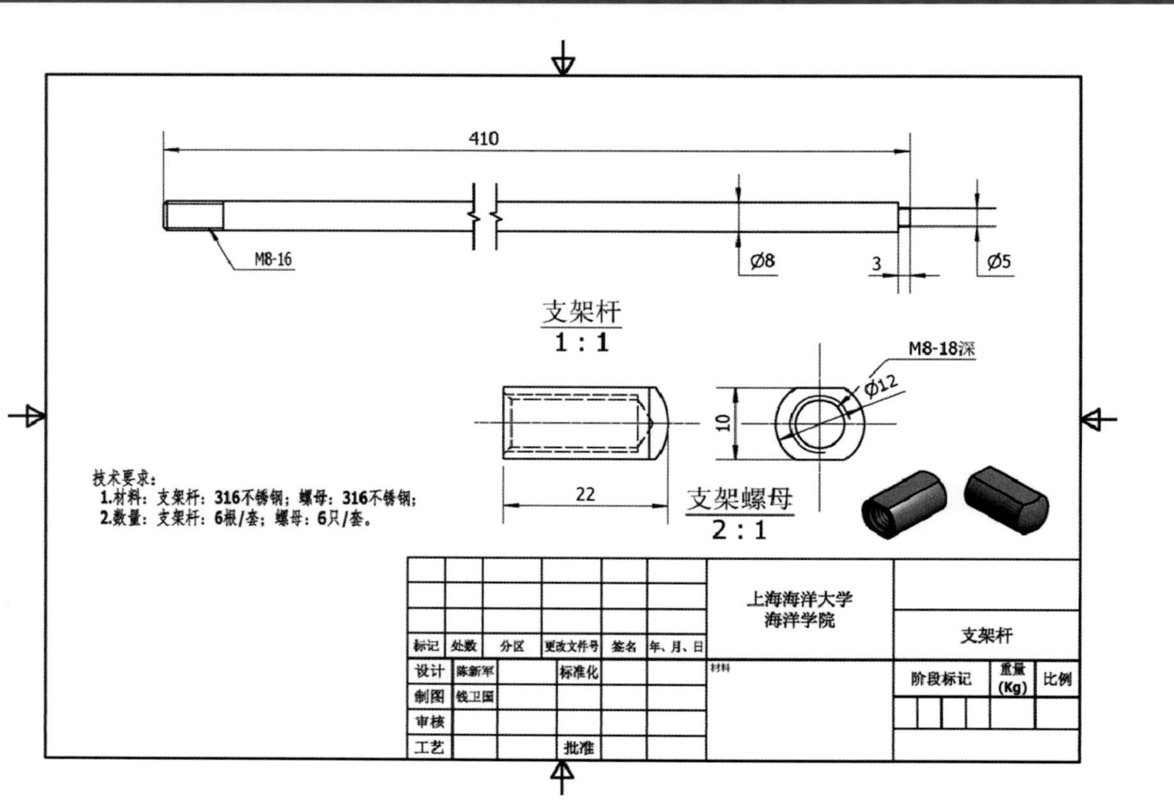

图 1-29　支架螺母、支架杆设计图

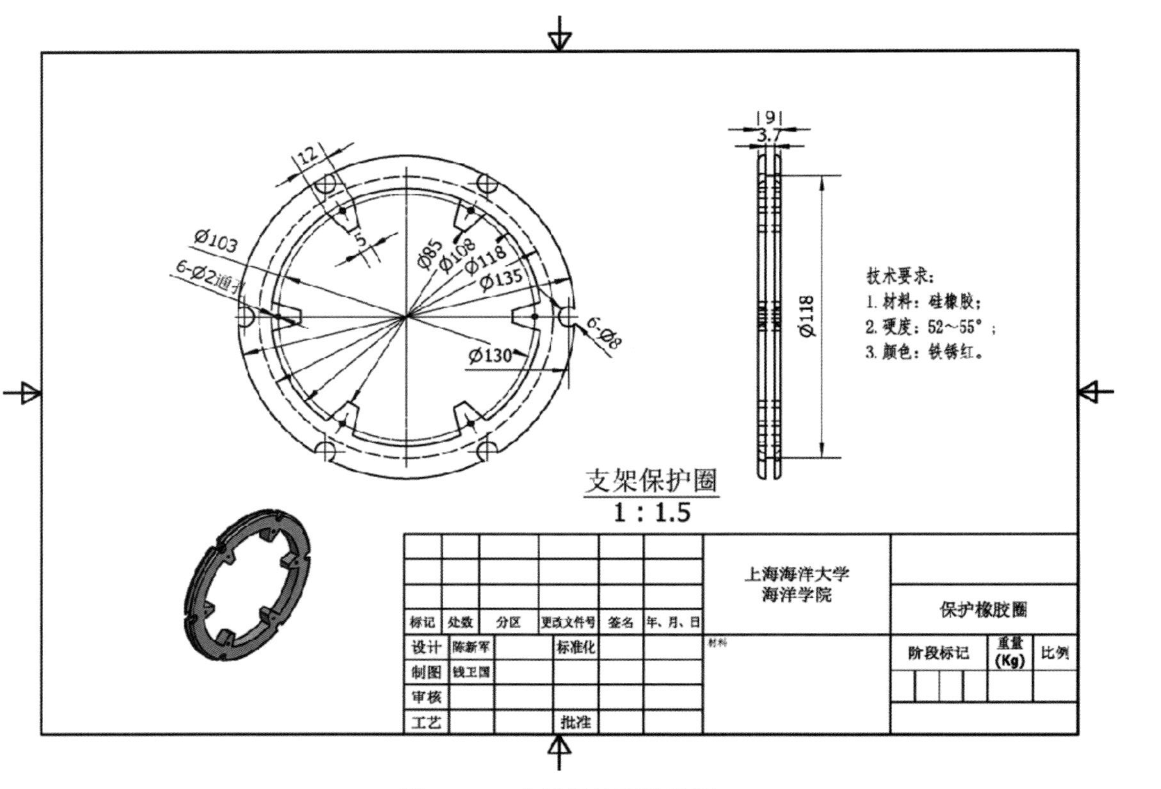

图 1-30　支架保护圈设计图

1.3.4 主要设计指标参数

1.3.4.1 灯具主要设计参数

①功率：1 000 W；②输入电压：DC 65V ± 1V；③输入电流：DC 16A；④光效（不包括电源效率）：≥ 100 lm/W（白光），≥ 75 lm/W（绿光），≥ 50 lm/W（蓝光）；⑤发光颜色：白色色温 5 000 K ± 200 K，绿光 520 nm ± 5 nm，蓝光 455 nm ± 5 nm；⑥调光特性：可调 0 ~ 100%；⑦光照方向：水平 360°，垂直向下 180°；⑧寿命：≥ 30 000 h（理论值）；⑨防护等级：IP68；⑩绝缘等级：B；⑪冷却方式：水冷；⑫适用温度：−20 ~ 50℃；⑬安装方式：见图 1−31；⑭外形尺寸（直径 × 高）：Φ145 mm × 750 mm（每套）；⑮重量：10 kg/ 套；⑯耐压深度：100 m；⑰材料：不锈钢 316。

1.3.4.2 电源主要设计参数

①输入电压：AC 165 ~ 264 V；②输入电流：10 A；③PFC：≥ 0.95；④EMI、EMC：符合国家相关标准；⑤输出功率：1 280 W；⑥输出电压：DC 80 V；⑦输出电流：DC 0 ~ 16 A；⑧电源稳定度：< 0.5；⑨温度系数：< ±0.02%/℃；⑩效率：≥ 90%；⑪输入过压保护：10% ~ 30%；⑫短路保护：恒流；⑬绝缘电阻：≥ 20 MΩ；⑭抗电强度：输入与输出 1 500 VAC，输入与机壳 1 500 VAC，输出与机壳 500 DC；⑮适用环境：温度 −25 ~ 55℃，空气相对湿度 85%；⑯冷却方式：风冷（轴流风机）；⑰外形尺寸：长 480 mm × 宽 300 mm × 高 90 mm；⑱防护等级：IP25；⑲PCB：三防处理。其稳压器见图 1−31。

图 1−31 LED 1 000 W 水下集鱼灯电源外观

1.3.5 主要材料选用

LED 水下集鱼灯系统主要包括灯具系统（灯具底座、LED 芯片、反光罩材料、灯具电线、灯具支架等)、电源系统、控制系统等。有关材料选用见设计图。支架等材料为不锈钢 316 材质。

1.4 三列式 LED 集鱼灯最佳内置角的初步研究

1.4.1 材料与方法

1.4.1.1 光源检测

研究使用新型的三列式 LED 水上集鱼灯，型号有 300 W 型和 600 W 型，该灯由上海海洋大学与上海嘉宝协力电子有限公司合作开发。由于两种集鱼灯在外形上类似，且研究要点是三列式集鱼灯的内置角(图 1–32)，因此仅对其中的 300 W 型进行了测试。在上海海洋大学国家远洋渔业工程技术研究中心的集鱼灯检测和研发实验室，利用光谱测量仪器(HAAS–2000，EVERFINE)、光场分布仪器 GO–2000 GONIOPHOTOMETER 等设备进行测试。

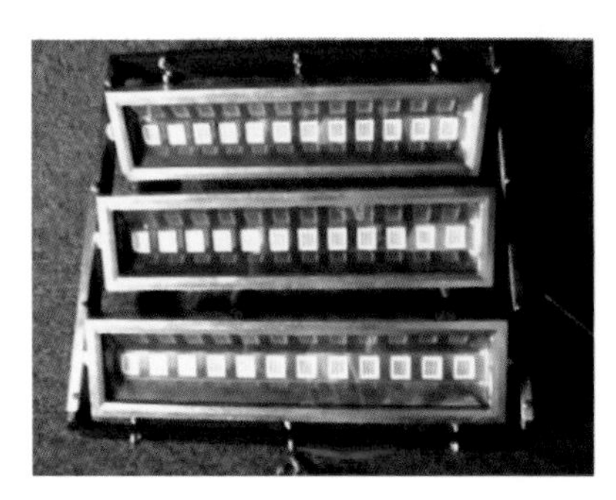

图 1–32 LED 水上集鱼灯

1.4.1.2 水槽试验

水槽试验在中国水产科学研究院东海水产研究所的大型静水槽中开展，使用 IU–2B 水中照度计进行测量。在实验过程中，考虑到水槽壁为瓷砖，因此具有较强的反光系数，为了消除池壁对于照度结果和光谱分布测试的影响，在计算结果中除去该误差影响：

$$E_P = E_t - E_b \tag{1–22}$$

式中，E_P 代表最终照度，E_t 表示测试照度，E_b 表示背景光照度。

1.4.1.3 点光源叠加法计算模型

计算辐射度量学照度时，当光源限度的线度小于它与受照面距

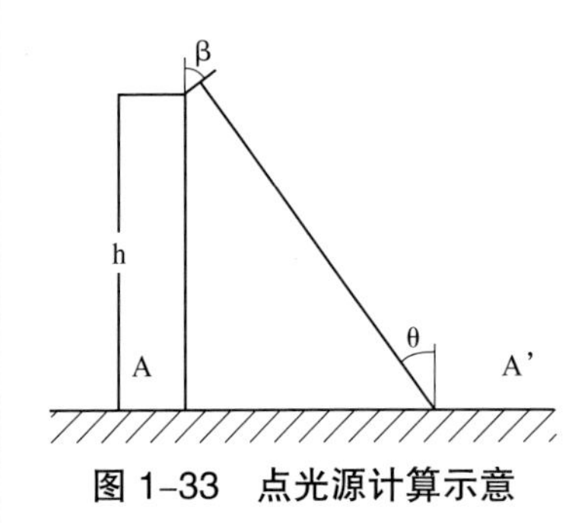

图 1–33 点光源计算示意

离 1/20 左右时，通常即可忽略这个光源的有限大小。如图 1–33，光照强度计算应符合照度余弦定律：

$$E = \frac{I_{(\gamma)}}{r^2} \cdot \cos\gamma \qquad (1\text{–}23)$$

式中，E 是照度值（lx），γ 为计算点与灯具法线的夹角（弧度）；$I_{(\gamma)}$ 是指相对于集鱼灯光轴 γ 方向的辐射强度大小（cd）；r 为光源到计算点的直线距离（m）。

由于 P 点的照度是由多个灯具所做的贡献，则 P 点的总照度为：

$$E_P = \sum_{i=1}^{n} E_{Pi} \qquad (1\text{–}24)$$

考虑到国内鱿钓船目前大部分灯具高度为 5 ~ 7 m，在本次的理论计算过程中选取了灯高 h = 6 m 进行计算，计算方法为点光源模型，整理如下：

$$E_{Pi} = (5\,833 \times 10^4 \times \gamma^4 - 2.22 \times 10^{-20} \times \gamma^3 - 1.107 \times \gamma^2 + 1.254 \times 10^{-16} \times \gamma + 5\,277) \times \frac{\cos(\gamma)}{r^2} \qquad (1\text{–}25)$$

式中，E_{Pi} 表示照度值，γ 表示计算点与灯具发现的夹角，r 表示计算点与灯具中心的距离。

在实际计算过程中，由于灯板 1、2、3，相比对灯具周围计算点而言间距较小，因此 3 个灯板高度做等同处理，即为同一个高度。

1.4.2 结果与分析

1.4.2.1 LED 水上集鱼灯光电特征

LED 水上集鱼灯的光谱分布见图 1–34，从图中可以明显看出，该灯的光谱能量主要集中在 380 ~ 780 nm，整个光谱呈连续光滑分布，这与金属卤化物灯在各个波段的能量分布差异显著，并且在 400 ~ 480 nm 和 500 ~ 700 nm 两处波段能量比较集中。从光谱分布组成来看，LED 水上集鱼灯光色主要是黄绿色，其次是蓝紫色，在红外光和紫外光波段所占成分较少。

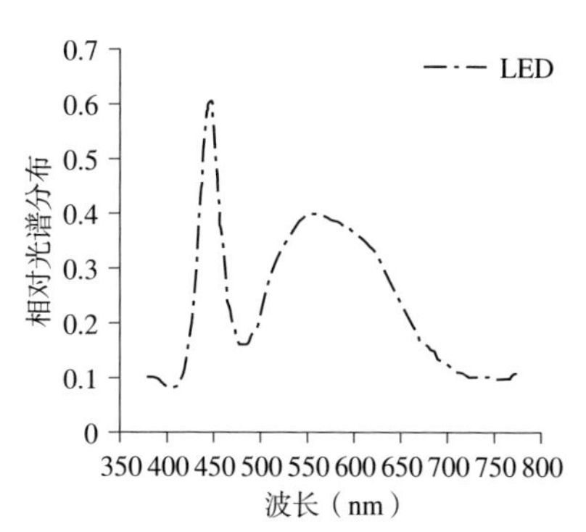

图 1–34　LED 水上集鱼灯光谱分布（白光）

从 LED 水上集鱼灯的光电参数来看，整套灯具不包含水冷系统和镇流器的功率仅为 300 W，即使全部包含也仅为 315 W，在功率上远低于传统的金属卤化物灯（通常为 1 ~ 4 kW）。从光效来看，该 LED 水上集鱼灯的光效达 100 lm/W，相比于金属卤化物灯的 80 ~ 100 lm/W，LED 水上集鱼灯也有较好的优势。从 LED 水上集鱼灯的指向性来看，其光束角为 112°，横向上下夹角为 120°；而金属卤化物灯则是 360° 发光，光源浪费严重。相关数据见表 1–1。

表 1–1　LED 集鱼灯灯具基础属性

功率	输入电压	光效	色温	调光特性	光束角	冷却方式
300 W	220 V/50 Hz	100 lm/W	5 000 K	0 ~ 100%	112°	水冷

1.4.2.2　配光曲线拟合

利用远方 GO–2000 分布光度计配光曲线性能测试与分析系统得出光强分布情况见图 1–35。大部分的灯具的形状是轴对称的旋转体，其发光强度在空间的分布也是轴对称的。所以，通过灯具轴线取任一平面，以该平面内的配光曲线来表明照明灯具在整个空间的分布。

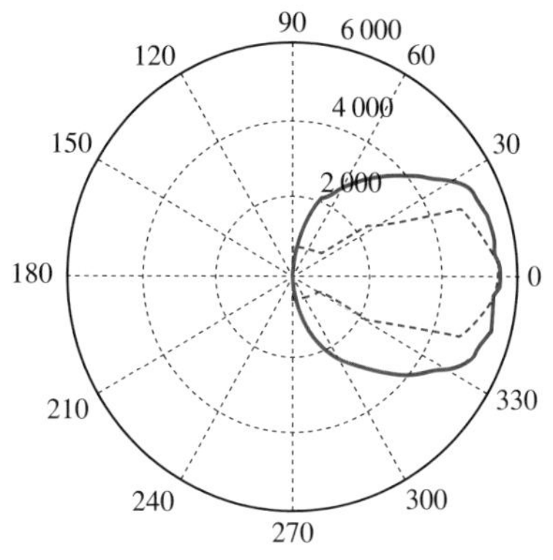

图 1–35　300 W 型 LED 水上集鱼灯配光曲线

平均光束角反应在被照墙面上就是光斑大小和光强。同样的光源若应用在不同角度的反射器中，光束角越大，中心光强越大，光斑越小。光束角越小，环境光强就越大，散射效果就越差。可见，灯源平均光束角大小对于LED水上集鱼灯捕捞效率也是有很大的影响，同时也是决定LED灯安装角度的重要参数。灯源平均光束角在不同的水平角度下，其数值也是有所区别的，从图1–37中可以明显看出该灯具横向光场和纵向光场范围存在差异。

进行模型计算需要将配光曲线进行数据拟合，利用MATLAB进行图像处理后，将数据展开直角坐标系再进行拟合，结果如下：

$$Y = 5\,301 \times \sin(0.019\,39\,x) + 1.528 \tag{1–26}$$

1.4.2.3 理论计算最佳内置角

理论计算选取的照度叠加范围是距离灯具0～10 m范围，灯具本身角度选取从0～90°的安装角度作为安装的合理角度，这里主要是考虑到了LED灯源平均光束角以及离散度和光照度等限制参数。计算得到各点处光强的数值，再利用公式计算出LED灯的光照值，并结合各点的安装角度和灯具离测试点的水平距离得到了如下的照度叠加分布情况（表1–2）。

表1–2 灯高h = 6 m时光场理论计算叠加结果（部分）

灯板1角度（°）	灯板2角度（°）	灯板3角度（°）	照度叠加（lx）
70	70	70	584.680 2
65	70	70	583.461 9
70	65	70	583.461 9
70	70	65	583.461 9
70	70	75	582.810 4
70	75	70	582.810 4
75	70	70	582.810 4
65	65	70	582.243 6

（续表）

灯板 1 角度（°）	灯板 2 角度（°）	灯板 3 角度（°）	照度叠加（lx）
65	70	65	582.243 6
70	65	65	582.243 6
65	70	75	581.592
70	65	75	581.592
65	75	70	581.592
70	75	65	581.592
75	65	70	581.592
75	70	65	581.592
65	65	65	581.025 3
70	75	75	580.940 5
75	70	75	580.940 5
75	75	70	580.940 5
65	65	75	580.373 7
65	75	65	580.373 7
75	65	65	580.373 7

1.4.2.4 水槽试验的最佳内置角

试验数据表明在距离灯具 0 ~ 4 m 内，不同内置角的设定对光照强度影响较大，其光照度变化范围在 100 ~ 200 lx 之间。而在距离灯具 4 m 以上则不同内置角的安装对于照度值影响逐渐减少；在距离灯具 10 m 以上则不同安装角度的影响仅仅局限于 5 lx 之内（图 1–36）。

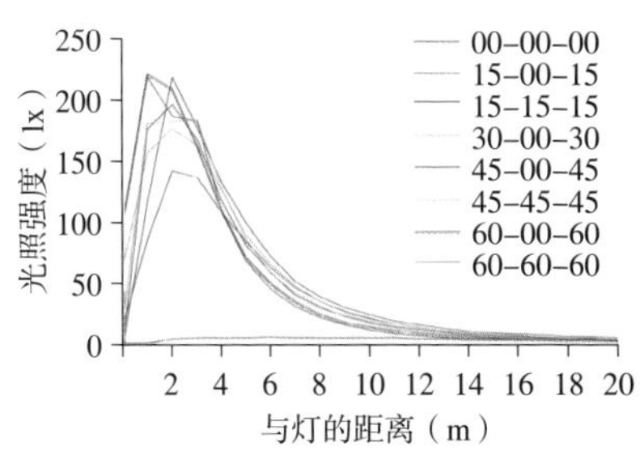

图 1–36　不同内置角对照度影响

针对不同安装角将距离灯具0～4 m的照度值叠加可得出最佳安装角组合为60–60–60，由图1–37可知，即3块灯板与竖直面夹角为60°，且随着角度向下倾斜角照度值不断上升。

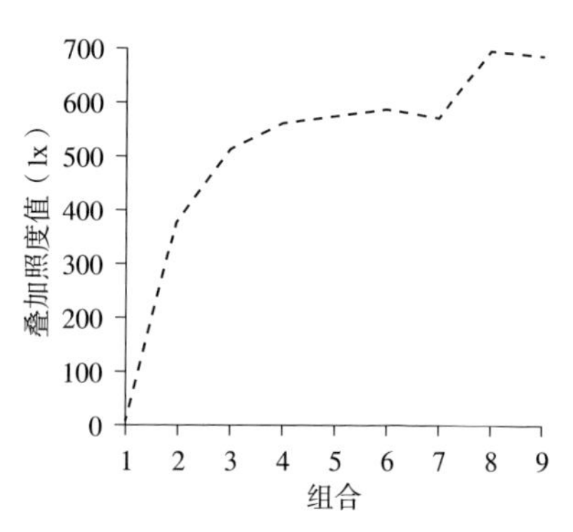

图1–37　不同内直角组合距离灯具0～4 m范围内照度值叠加

1.4.3　小结

（1）**集鱼灯照度适渔性问题**　目前大部分渔民固定思维，认为灯光强度（即照度）越大越好，于是船与船之间出现一种恶性竞争，即简单地从功率角度进行装备竞赛，使得渔船受益不断下降甚至入不敷出，还影响渔船之间的相互作业。针对鱿钓作业来说，鱿鱼最佳光照强度为0.1～10 lx，装配300 W型的LED集鱼灯从理论上是可以取代传统的金属卤化物灯的。

（2）**LED集鱼灯内置角设置问题**　目前灯光诱渔还仅仅是初始阶段，本身诱鱼灯还在提升，科学使用与船上布置，操作及捕捞技术的关系有待探讨。作为捕捞使用的诱鱼灯除了灯本身设计科学外，还和其在船上的布置、捕捞技术和操作大有关系，如挂在甲板上的诱鱼灯一般会有50%光源投向天空，有25%光源投射在甲板上。上文通过内置角的不同组合可知，在距离灯具0～4 m范围内，有明显的照度差异性，且最大值在60°～70°之间。针对鱿钓在实际钓捕过程中，距离船舷0～4 m是最佳放钩区域，为了达到最大化利用率，则应合理安装集鱼灯内置角，使得该区域照度值叠加总和为最大值。经过试验表明集鱼灯最佳安装角组合为60–60–60，而在理论计算中这个数值为70°，这可能和在实测过程中周围环境的背景光影响有关。

1.5　水冷型 LED 集鱼灯性能测试和评估

1.5.1　材料和方法

1.5.1.1　光学性能测试

（1）**600 W 白光 LED 集鱼灯**　上海海洋大学鱿钓技术组与上海嘉宝电子协力有限公司合作，经过大量的前期调查和方案设计，在 LED 集鱼灯第一代产品（白光 300 W 型）、第二代产品（绿光 300 W 型）研发的基础上，又开发研制了 LED 集鱼灯第三代产品（白光 600 W 型），见图 1–38。

LED 集鱼灯

点亮状态

图 1–38　白光 600 W 型 LED 集鱼灯及点亮状态

根据上海海洋大学鱿钓技术组的前期研究资料，2 kW 型金属卤化物集鱼灯配光曲线见图 1–39。使用极坐标方程对该集鱼灯发光强度进行拟合，得到配光曲线极坐标函数如下：

$$I_{\theta} = -3\,375.6 + 12\,786.7 \times \sqrt{\sin\theta} \qquad (1\text{–}27)$$

式中，I 为发光强度（坎德拉，cd）；θ 为方位角（弧度）。

（2）**试验方法与过程**　2014 年 10 月 9 日 20:00 ~ 23:00 在上海华利船厂码头，上海海洋大学研究生对“沪渔 908”号鱿钓船所装载的集鱼灯照度分布情况进行测试，共装载有 600 W LED 集鱼灯 100

2 kW 型金属卤化物灯

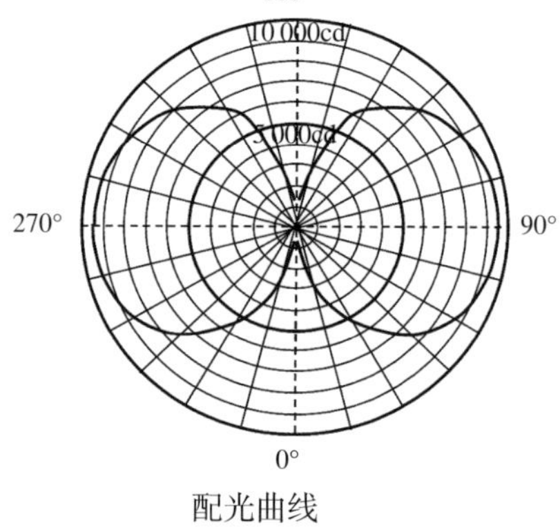

配光曲线

图 1–39 2 kW 型金属卤化物集鱼灯及其配光曲线

套、2 kW 金属卤化物灯 192 个。鱿钓船总装载包括 LED 集鱼灯和金属卤化物灯两种灯具。LED 集鱼灯参数、金属卤化物集鱼灯参数详见表 1–3。集鱼灯布置情况参见图 1–40。测试所用的为照度仪 ZDS-10W–2D，最小精度为 0.01 lx，测试光谱范围在 400 ~ 760 mm 之间。

表 1–3 两种集鱼灯参数

型号	标称功率（W）	颜色	实际功率（W）	电流（A）	电压（V）	尺寸（m）
JMQ–600 W	600	白光	480 ~ 550	2.7	220	0.4 × 0.1 × 0.04
DCJ–2 000 BT	2 000	白光	2 100	9.5	220	0.49 × 0.23 × 0.23

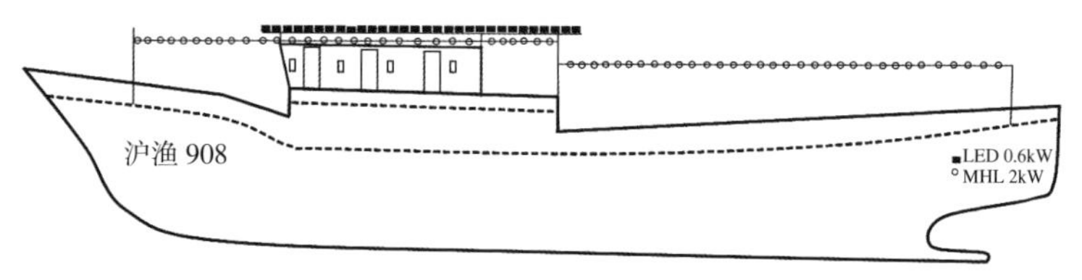

（注：2 kW 金属卤化物灯距离上甲板 2.2 m，距离码头平面 4 m；灯间距 0.5 m；LED 集鱼灯距离甲板 2.5 m，距离码头平面 4.3 m；灯间距 0.2 m）

图 1–40 “沪渔 908”号船集鱼灯分布示意图

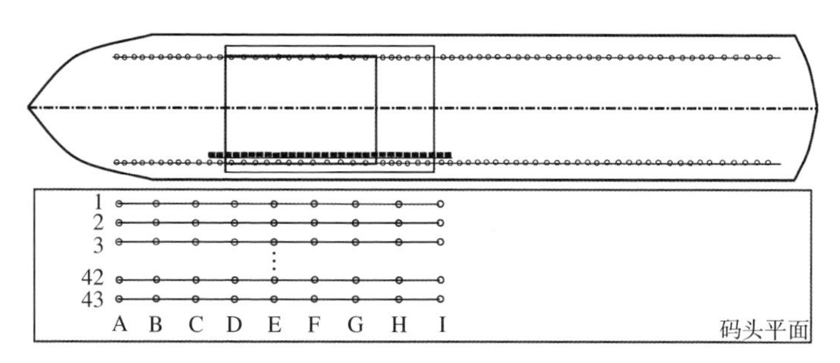

（注：第 1 行测光线距离船侧 1 m；测光线行间距 1 m；测光线列间距 2 m）

图 1–41　集鱼灯测光示意图

测量时，分别开启 LED 集鱼灯 30 盏，以及船左侧一列的金属卤化物集鱼灯 62 盏，在船侧的码头平面设置 54 个测光点，利用高光谱剖面仪进行测光（图 1–41）。

1.5.1.2　水冷性能测试

实际鱿钓过程中，集鱼灯集鱼效果往往因为操作不当而失效，尤其是冷却水循环系统失效的情况，从人眼角度观察 LED 集鱼灯表面上依然正常工作，但实际上灯具光效和光照强度因为 LED 灯板发热而快速下降。本文尝试从光源照度角度来解释下降的幅度和不科学操作带来的影响。照度测试设备采用 TES–1339R，照度测试范围 0.011 ~ 999 900 lx，响应时间间隔最小为 1 s，同时该设备支持上位机 RS232 接口可实现定时记录照度功能，减少测试人员操作过程对测试结果的影响。

1.5.2　结果与分析

1.5.2.1　照度随距离变化的分布规律

在实际鱿钓过程中，距离船舷 0 ~ 6 m 范围为鱿钓适钓区域。目前鱿鱼作业船上使用主流钓捕方式包括手钓和机钓两种方式，漂钩因数量较少不予考虑。手钓下钩范围仅在距离船舷 0 ~ 1 m 内，钓机的距离则取决于托板的长度（2 ~ 6 m）。测试结果初步显示，600 W

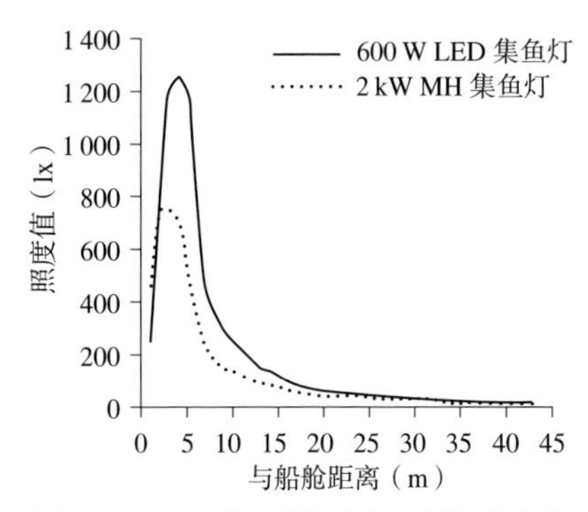

图 1-42　距离船舷不同距离的照度值

型 LED 集鱼灯在适钓范围内的照度峰值达到 1 400 lx，比 2 kW 金属卤化物灯照度值高约 700 lx；距离船舷 20 m 以上时，则两种灯的照度值趋于一致。因此 600 W 型 LED 集鱼灯在光照强度远大于 2 kW 金属卤化物灯，更适合于鱿钓过程，详见图 1-42。距离船舷 5 m 以外是鱿钓船的集鱼区域，在这个区域中的光亮能将鱼群吸引过来，两种集鱼灯光照强度趋于一致。

1.5.2.2　水冷方式降温性能与最大照度值关系

在通水情况下，LED 集鱼灯点亮状态下，温度依然呈现上升趋势，但呈现跳跃式阶段上升。若温度稳定 120 s 变化率小于 3%，便判温度达到稳态。因此该 LED 集鱼灯峰值稳定在 20℃不再上升，而照度值在温度稳态时也较为稳定，其照度值稳定在 900 000 lx，见图 1-43。

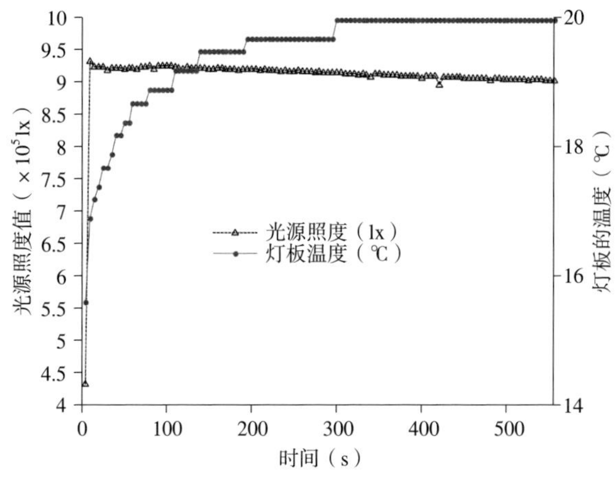

图 1-43　有冷却水循环系统情况下灯板温度与光源照度关系

在未通水情况下，LED 集鱼灯点亮状态下，温度上升依然呈现跳跃式阶段上升，但温度上升较快，最高稳定达到 90℃左右。其光源照度呈现不断下降趋势，最终照度值在 3 520 s 附近稳定在 700 000 lx 达到稳态，见图 1–44。即如果 LED 集鱼灯断水，在 1 h 内其光源发光强度下降 20% 以上。

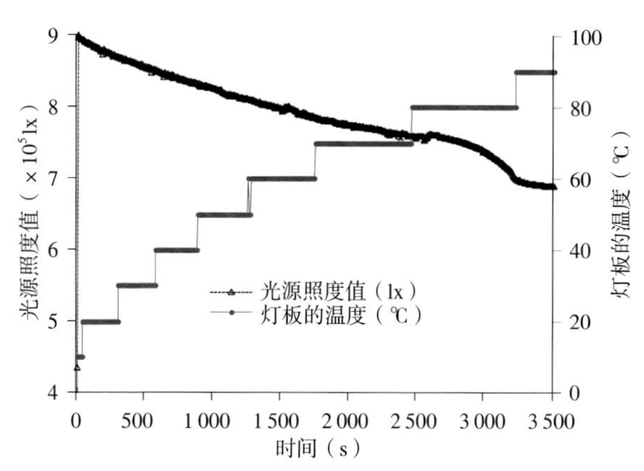

图 1–44　无冷却水循环系统情况下灯板温度与光源照度关系

1.5.2.3　集鱼灯试钓效果验证

调取“沪渔 908”号和“沪渔 907”号鱿钓作业船 1 ~ 4 月的捕捞日志进行汇总。因为事实上两艘船 4 个月过程中均有停止作业现象，或其中一条船作业，另一条船未进行作业。为了验证 LED 集鱼灯是否在作业过程中发挥作用，仅取两艘船同时作业日期的产量进行比较分析，以使结论更加精确。“沪渔 907”号、“沪渔 908”号 1 ~ 4 月份日渔获量见图 1–45。

如上文介绍，两艘船配置主要差异性在于是否安装 LED 集鱼灯。因此将两艘船的渔获总量进行单因素方差分析。假设 H0：两组与渔获量不存在差异性；H1：两组与渔获量不存在差异性。利用 EXCEL 数据分析工具进行“单因素方差分析”，从显著性概率看，P–value = 0.255 7 ＞ 0.05，说明各组的方差在 a = 0.05 水平上没有显

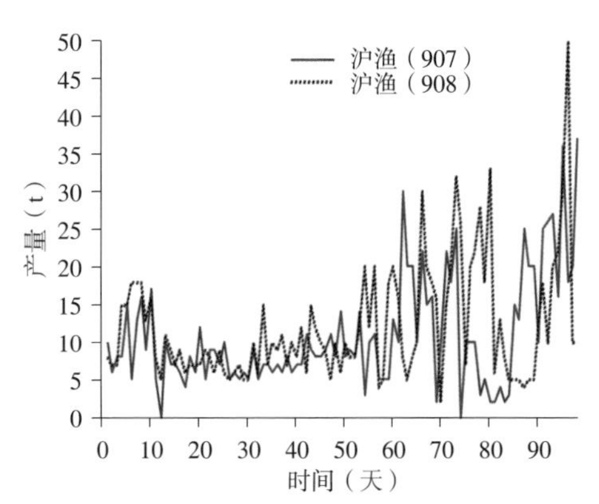

图 1–45 “沪渔 907”号、“沪渔 908”号 1 ~ 4 月份日渔获量（98 天）

著性差异，即方差具有齐次性。因此，目前很难说明 LED 集鱼灯渔获效果比传统金属卤化物灯强。

1.5.3 小结

① 600 W 型白光 LED 集鱼灯在船舷周围照度较传统金属卤化物灯优秀，但由于 LED 集鱼灯属于定向型光源，其灯光角度的安装也会对照度值产生影响。国内生产的 LED 集鱼灯包括三列型、单面型和线光源灯带型，合理的安装角度仍待探讨。

② 水冷系统对于 LED 集鱼灯光源的稳定非常重要，实验证明，如果不加水冷方式，其光照度仅在 1 h 内下降 22%，而鱿钓船目前单次作业时间往往持续 12 h 甚至更多，因此确保水循环正常工作是保证 LED 集鱼灯集鱼等效果的前提保证。

1.6 600 W 型 LED 集鱼灯的性能分析和使用

1.6.1 集鱼灯照度测试

1.6.1.1 测试目的

继上一代 LED 300 W 集鱼灯在鱿钓船实际作业实验后，为了明确 LED 集鱼灯的光照效果是否适用于海上鱿钓作业，我们又针对所开发的新一代产品 600 W LED 集鱼灯（灯具型号 JMQ–200 W）在船舷 2 ~ 40 m 范围之内的照度和传统的金属卤化物灯所形成的照度进行测试，并进行对比分析。

1.6.1.2　测试材料

测试时间为 2014 年 10 月 9 日 20：00 ~ 23：00，地点在上海华利船厂码头。上海海洋大学科研人员会同上海嘉宝协力电子有限公司技术人员，对“沪渔 908”号鱿钓船所装载的集鱼灯照度分布情况进行测试，共装载有 600 W LED 集鱼灯 50 盏、金属卤化物灯 2 000 W 192 个（灯具见图 1–46、图 1–47）。鱿钓船总装载包括 LED 集鱼灯和金属卤化物灯两种灯具。LED 集鱼灯参数详见表 1–4，金属卤化物集鱼灯参数详见表 1–5。

图 1–46　JMQ–600 W LED 集鱼灯

图 1–47　2 000 W DCJ–2 000BT 金属卤化物灯

表 1–4　LED 集鱼灯参数

型　　号	标称功率（W）	颜色	实际功率（W）	电流（A）	电压（V）	尺寸（m）
JMQ–600 W	600	白光	480 ~ 550	2.7	220	0.4 × 0.1 × 0.04

表 1–5　金属卤化物集鱼灯参数

型　　号	功率（W）	电源电压（V）	光通量（lm）	经济寿命（h）	全长 × 直径（mm）	风阻系数（$\times 10^{-4}$）
DCJ–2000BT	2 000	220	220 000	3 000	490 × 230	1.77

1.6.1.3　测试方法

测试所用的照度仪型号为 ZDS–10W–2D（其最小精度为 0.01 lx、测试光谱范围 400 ~ 760 nm 之间）。测试分布点分为浮体和码头两部分，浮体部分与船的位置相对固定，而码头部分的测试点与灯具的距离随潮水涨落有一定的变化，测试分布点见图 1–48。

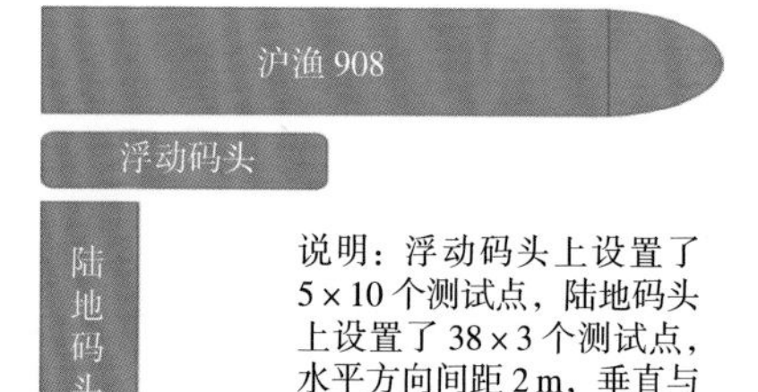

图 1–48　测试分布点示意

1.6.1.4　影响因素说明

①潮水因素。测试过程中退潮导致 LED 灯与陆地码头水平高度差为 2.2 m，而金属卤化物灯与陆地码头高度差为 2.16 m，故而造成一定影响。②背景光因素。在不打开船载集鱼灯情况下，20：00 ~ 21：00 背景光照度值约为 0.01 lx、21：00 ~ 23：00 背景光照度值约为 0.03 lx，期间湿度变化对背景光照度造成一定影响。对于当时所测试数据，最小数值为 10，两者所造成的误差仅为 0.1% ~ 0.3%。

1.6.1.5　数据处理及分析

（1）LED 集鱼灯在浮动码头的平面照度分布情况　该区域正好位于鱿钓作业中托架下方，是重要的集鱼区域。该区域的平均照度数值为 910 lx，最高照度可达 1 819 lx（图 1–49）。

LED 集鱼灯在浮动码头上垂直于船舷方向的照度随着距离增大，

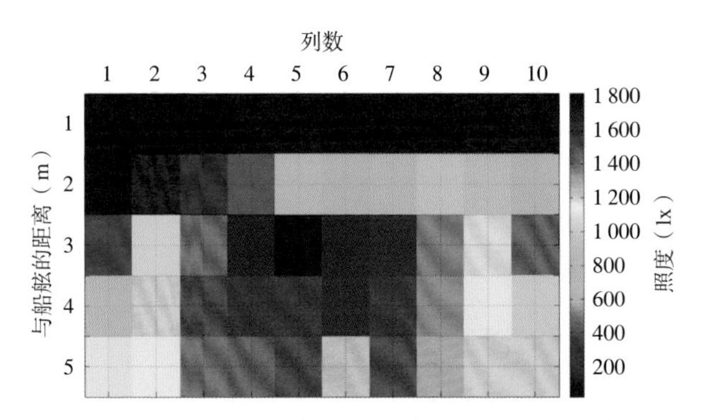

图 1–49　LED 灯在浮动码头的平面照度分布

光照强度并非一直下降，而是先增大然后下降，该灯峰值出现在距离船舷 3 m 处（图 1–50）。

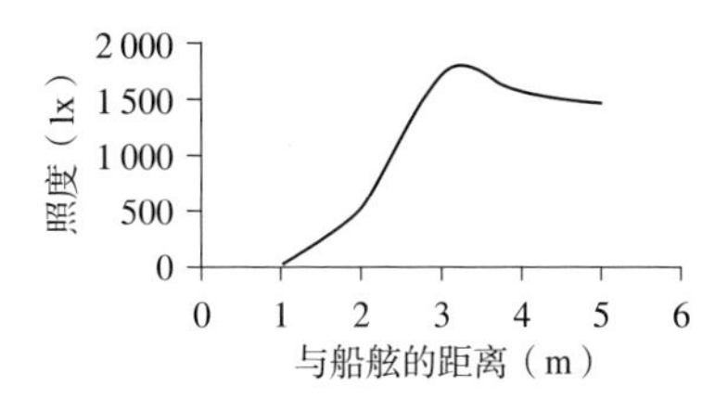

图 1–50　LED 浮动码头上垂直于船舷方向照度的衰减情况

LED 集鱼灯在陆地码头上（水平高度距离 LED 灯 2.16 m）所形成的光照强度随着距离增大而减少，最高照度约为 600 lx。根据原始数据进行指数方程拟合后，可计算出照度值为 0.1 lx 出现在距离船舷大致 51 m 处；照度值为 10 lx 出现在距离船舷约 27 m 处（图 1–51）。

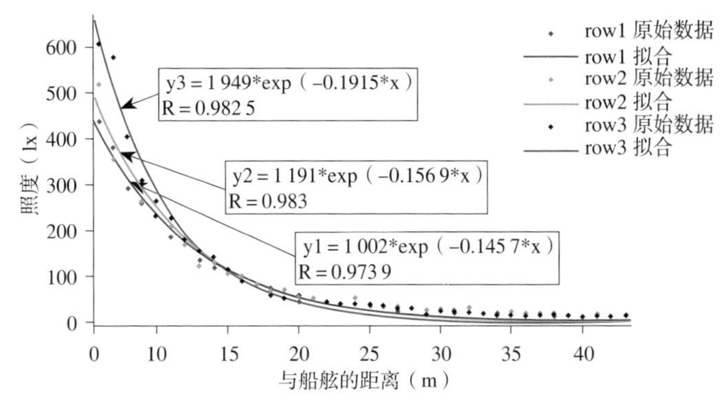

图 1–51　LED 在陆地码头上垂直于船舷方向照度的衰减情况

（2）金属卤化物灯在浮动码头的平面照度分布情况 该区域正好位于鱿钓作业中托架下方，是重要的集鱼区域。该区域的平均照度数值为 595 lx，最高照度可达 979 lx（图 1–52）。

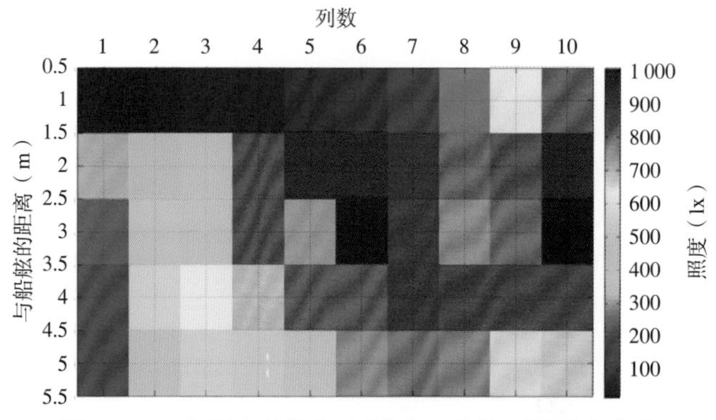

图 1–52 金属卤化物灯在浮动码头的平面照度分布

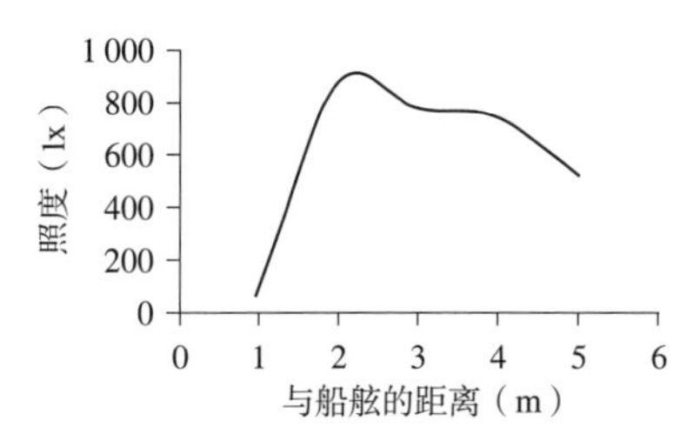

图 1–53 金属卤化物灯浮动码头上垂直于船舷方向照度的衰减情况

LED 集鱼灯在浮动码头上垂直于船舷方向的照度随着距离增大，光照强度并非一直下降，而是先增大然后下降，该灯峰值出现在距离船舷 2 m 处（图 1–53）。

LED 集鱼灯在陆地码头上（水平高度距离 LED 灯 2.16 m）所形成的光照强度随着距离增大而减少，最高照度约为 240 lx。根据原始数据进行指数方程拟合后，可计算出照度值为 0.1 lx 出现在距离船舷约 64 m 处；照度值为 10 lx 出现在距离船舷约 27.1m 处（图 1–54）。

浮动码头和鱿钓船相对高度基本保持一致，通过比较两种灯在浮动码头上照度比较得出：LED 集鱼灯所形成的光场，光照平均值和最大值均高于金属卤化物灯所形成的光照强度；在陆地码头上两种灯所形成的光场比较后得出结论：在 6 ~ 20 m 范围之内，LED 集

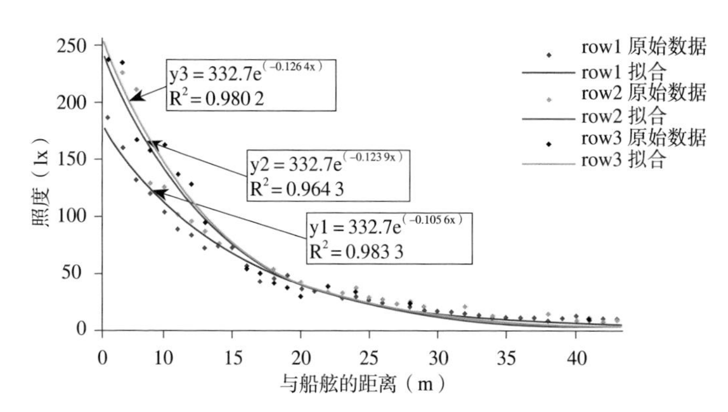

图 1–54 金属卤化物灯在陆地码头上垂直于船舷方向照度的衰减情况

鱼灯光场照度远大于金属卤化物灯形成的光场，而在 20 ~ 40 m 范围之间，两种灯形成的光场基本相同。

1.6.2 600 W 型 LED 集鱼灯渔获量数据对比

1.6.2.1 研究对象

研究采用了“沪渔 907”和“沪渔 908”这两艘渔船在 2015 年 1 ~ 4 月的产量数据来进行对比分析。其中，“沪渔 907”号使用的集鱼灯是传统的金属卤化物灯，而“沪渔 908”号使用的集鱼灯则是 1.2 节试验中所用到的 600 W 型 LED 集鱼灯。渔船的相关数据见表 1–6。“沪渔 907”号和“沪渔 908”号的参数和配置完全一致，但“沪渔 908”号配备 600 W 型 LED 集鱼灯，而“沪渔 907”号采用的是传统的金属卤化物灯。

表 1–6 两艘渔船的基本参数

渔船参数	“沪渔 907”号	“沪渔 908”号
总长	74 m	74 m
型宽	11.2 m	11.2 m
型深	4.35 m / 6.95 m	4.35 m / 6.95 m
总吨	1 273 t	1 273 t

（续表）

渔船参数	“沪渔 907”号	“沪渔 908”号
主机功率	1 250 kW	1 250 kW
副机功率	480 kW，共 3 台	480 kW，共 3 台
钓机型号	MY–3DP	MY–3DP
钓机数量	58 台	58 台
船员人数	32 人	32 人
集鱼灯配置	198 盏，2 000 W 型传统金属卤化物灯	198 盏，2 000 W 型传统金属卤化物灯 另配有 600 W 型 LED 集鱼灯

1.6.2.2　研究目的

通过对参数相同，分别配有传统金属卤化物集鱼灯的“沪渔 907”号和配有 600 W 型 LED 集鱼灯的“沪渔 908”号，在相同作业时间、同一海域的渔获量的数据进行统计，分析传统金属卤化物集鱼灯和 600 W 型 LED 集鱼灯的集鱼性能和对渔获量的影响，分析实现经济利益最大化的技术途径。

1.6.2.3　研究方法

调取“沪渔 907”号和“沪渔 908”号在 2015 年 1 ~ 4 月份的渔获日志，统计并制作日渔获量统计表，并统计各月渔获总量。通过对“沪渔 907”号和“沪渔 908”号的日渔获量、月渔获总量、平均日渔获量之间进行比较，得出 600 W 型 LED 集鱼灯集鱼性与传统金属卤化物集鱼灯差异。在这一过程中，除了数据表格，采用直方图来进行比较，并采用以月为一个数据集合进行分析比较，力求保证数据分析的准确性、针对性和直观性。

1.6.2.4　数据分析

（1）**两船 2015 年 1 月份渔获量数据对比及分析**　首先对图 1–55 中的出现渔获量为 0 t 的日期做出说明，以便计算日均渔获量时是否将该日纳入渔获作业天数统计中。由条形图可知，“沪渔 907”号在 1 月 12 日当天渔获量为 0 t，且当日确实进行了作业活动，所以该日计入渔业作业活动天数统计中。“沪渔 907”号在 1 月份作业 31 天，总渔获量为 248 t，日均渔获量为 8 t，日渔获量峰值为 17 t。由折线图可知，“沪渔 908”号在 1 月 26 日、27 日的渔获量均为 0 t，实际情况是这两天该船在卸货，并未进行渔业作业活动，即“沪渔 908”号在 1 月份的作业总天数为 29 天，经统计得知该船 1 月份总渔获量为 272 t，日均渔获量约为 9.4 t，日渔获量峰值为 18 t。

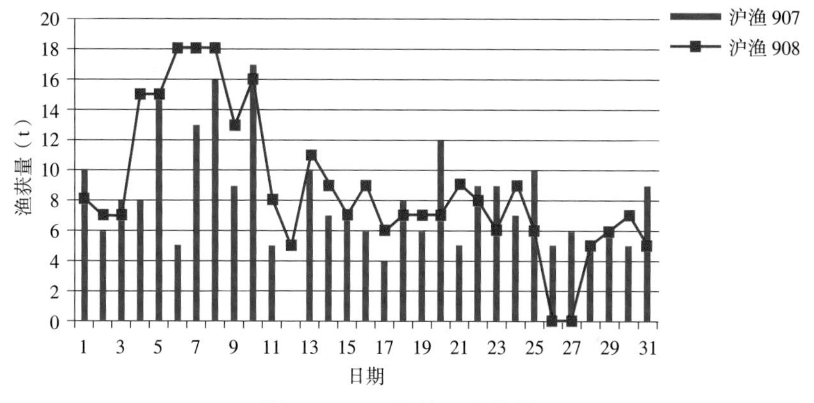

图 1–55　1 月份日渔获量

由于图中两船的产量差异并不明显，单从图表我们很难说哪一种集鱼灯对渔获量的影响较大，但是我们还是可以很直观地看到装载 600 W 型 LED 集鱼灯的“沪渔 908”号的渔获量峰值要比装载传统金属卤化物集鱼灯的“沪渔 907”号的渔获量峰值大 1t。此外，经过处理之后的数据显示，装载 600 W 型 LED 集鱼灯的“沪渔 908”号的日均渔获量要比装载传统金属卤化物集鱼灯的“沪渔 907”号的日均渔获量高，大约高出 1.4 t。故这两个数据指标可以作为评定 LED 集鱼灯和传统金属卤化物灯性能的一个参考指标。

（2）两船2015年2月份渔获量数据对比及分析　首先对图1–56中出现渔获量为0 t的情况做出说明，以便计算日均渔获量时是否将该日纳入渔获作业天数统计中。由折线图可知，“沪渔908”号在2月27日、28日的渔获量为0 t，当日的实际情况是该船在27日、28日因护送病人而未进行渔业作业活动，所以不计入作业天数统计。故“沪渔907”号在2月份的作业天数为28天，“沪渔908”号在2月份的作业天数为26天。经数据统计可知，“沪渔907”号在2月份的总渔获量为222 t，日均渔获量约为7.9 t，日渔获量峰值为14 t；“沪渔908”号在2月份的总渔获量为253 t，日均渔获量约为9.7 t，日渔获量峰值为20 t。

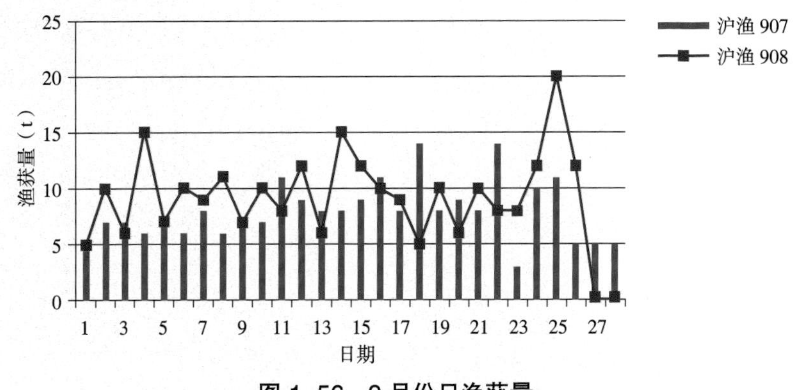

图1–56　2月份日渔获量

从图1–58我们可以很明显地看出绝大部分天数里装载600 W型LED集鱼灯的“沪渔908”号的渔获量（不管是日产量还是峰值产量）都要比装载传统金属卤化物灯的“沪渔907”号的渔获量高。从数据对比中我们也不难看出端倪。“沪渔907”号在2月份的作业时间比“沪渔908”号多2天，但是产量却比“沪渔908”号少31 t，并且“沪渔907”号的日均渔获量为7.9 t，相比“沪渔908”号的日均渔获量9.7 t要少了近2 t，而且“沪渔907”号的日渔获量峰值比“沪渔908”号的日渔获量峰值低6 t。2月份的产量对比比较清晰地显示了 LED 集鱼灯的集鱼性能要优于传统金属卤化物灯。

（3）两船 2015 年 3 月份渔获量数据对比及分析 在图 1–57 中，“沪渔 907”号在 3 月 10 ~ 20 日以及 26 日的渔获量数据是空白的，以及“沪渔 908”号在 3 月 1 日的渔获量也为 0 t，现说明如下。首先，在图中条形图 10 ~ 20 日的渔获量为 0 t，当时的实际情况是“沪渔 907”号在 3 月 10 日去乌拉圭卸货，直至 3 月 20 日都未进行捕捞作业，故不纳入捕捞作业天数统计；而 26 日，虽然该渔船的渔获量为 0 t，但实质上进行了生产作业，因此要纳入生产作业天数统计中，所以“沪渔 907”号在 3 月份的实际作业天数为 20 天。其次，我们可以清楚地看到折线图部分 1 日的渔获量为 0 t，实际情况是“沪渔 908”号在 2 月 27 ~ 3 月 1 日期间都在护送病人就医未进行捕捞作业，则 3 月 1 日不纳入实际作业天数，故“沪渔 908”号在 3 月份的实际作业天数为 30 天。经数据统计可知，“沪渔 907”号 3 月份总渔获量为 271 t，日均渔获量为 13.55 t，日渔获量峰值为 30 t；“沪渔 908”号 3 月份总渔获量为 458 t，日均渔获量约为 15.27 t，日渔获量峰值为 33 t。

不考虑 3 月 10 ~ 20 日的数据，我们很难直观地说出 600 W 型 LED 集鱼灯和传统金属卤化物灯的集鱼性能孰好孰坏。由于装载

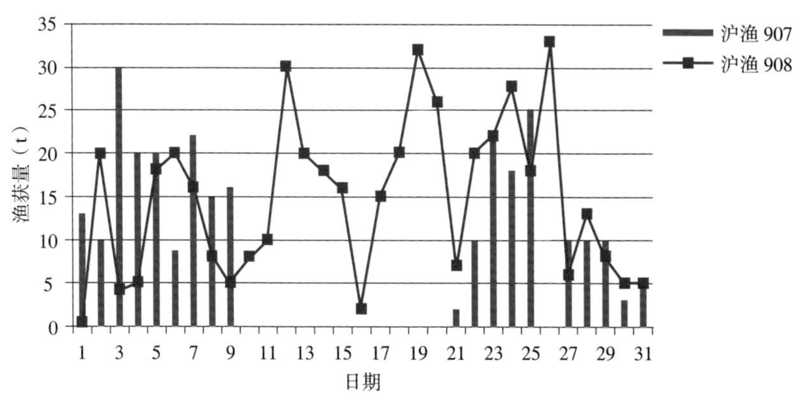

图 1–57 3 月份日渔获量

600 W 型 LED 集鱼灯的“沪渔 908”号和装载传统金属卤化物灯的“沪渔 907”号的作业天数不同，我们很难用总渔获量作为两船的比较指标，因此在这里引入两个指标来进行比较。显然，在图 1–59 中，代表“沪渔 908”号渔获量折线图的峰值要高于代表“沪渔 907”号渔获量条形图的峰值，差值为 3 t。“沪渔 908”号日均渔获量 15.27 t，比“沪渔 907”号的日均量 13.55 t 约高出 1.7 t。故两种集鱼灯的产能差距其实并不大，不太具备说服力，只能说 600 W 型 LED 集鱼灯的性能略优于传统金属卤化物灯。

（4）两船 2015 年 4 月份渔获量数据对比及分析 首先对图 1–58 中出现渔获量为 0 t 的情况做出说明，以便计算日均渔获量时是否将该日纳入渔获作业天数统计中。由图看出，两船在 4 月 20 日及之后的渔获数据均是空白的，推断是因为 4 月份休渔期或者禁渔期所致，因为 4 月开始正是鱼类繁殖期，故统计捕捞作业天数时将选取 20 日之前的相关数据。在折线图中的 18 日，渔获量为 0 t，“沪渔 908”号当日在卸货而未进行捕捞作业。综上所述，统计之后“沪渔 907”号的作业天数为 19 天，“沪渔 908”号的作业天数为 18 天。经数据统计可知，“沪渔 907”号 4 月份的总渔获量为 284 t，日均渔获量约为 14.9 t，日渔获量峰值为 37 t；“沪渔 908”号 4 月份总渔获量为 281 t，日均渔获量约为 15.6 t，日渔获量峰值为 50 t。

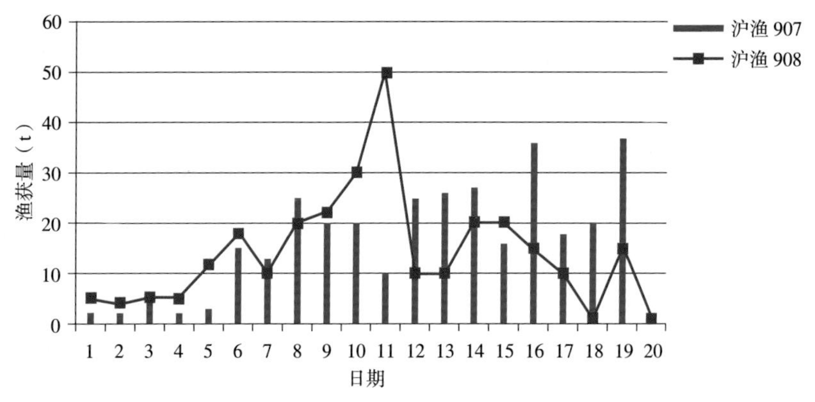

图 1–58 4 月份日渔获量

对比 4 月份两船的渔获数据，只能看出装载 600 W 型 LED 集鱼灯的“沪渔 908”号日渔获量峰值要比装载传统金属卤化物灯的“沪渔 907”号日渔获量峰值高，大概高出 13 t。虽然日渔获量峰值的差距很大，但在日均渔获量的横向比较中，“沪渔 908”号以日均渔获量 15.6 t 高出“沪渔 907”号日均渔获量 14.9 t 约 0.7 t，差距并不大。4 月的数据比较中除了日渔获量峰值，剩下的参数并不具备太大的说服力来证明 LED 集鱼灯的性能和产能高于传统金属卤化物灯。只能说某种程度和意义上，LED 集鱼灯的性能和产能会略优于传统金属卤化物灯的性能和产能。

1.6.3 小结

试验对比了传统金属卤化物集鱼灯和 600 W 型 LED 集鱼灯性能和渔获效果。不考虑环保和能耗等问题，只专注两者集鱼性能和产能，并以传统金属卤化物灯来作为参照对象，通过日渔获量峰值、日均渔获量等参数的比较（由于两船每个月作业天数不同，故不对各船总渔获量进行比较），得出 600 W 型 LED 集鱼灯集鱼性能和产能的评估。

在 2015 年 1 ~ 4 月，两船在 1 月、3 月和 4 月的日均渔获量相差不多，但以装配 600 W 型 LED 集鱼灯的“沪渔 908”号的日均渔获量略高于“沪渔 907”号。由数据分析发现，装载 600 W 型 LED 集鱼灯的“沪渔 908”号不论是日均渔获量、日渔获量峰值都要高于装载传统金属卤化物灯的“沪渔 907”号。尤其在 2 月，不论是日渔获量、日均渔获量还是日渔获量峰值，“沪渔 908”号都高于“沪渔 907”号，体现了 600 W 型 LED 集鱼灯的集鱼性能和产能的优越性。在 4 月的数据中，“沪渔 908”号以日渔获量峰值（50 t）超过“沪渔 907”号日渔获量峰值（37 t），可以认为 600 W 型 LED 集鱼灯在产能上也具有强大潜力。

1.7 基于菲涅耳现象的LED集鱼灯最佳入射角研究

1.7.1 模型的建立与仿真

1.7.1.1 菲涅尔现象解析及公式推导

平面光波通过不同介质的分界面时会发生反射和折射，廖玲研究认为这一关系可通过菲涅耳公式表达。根据马克斯波恩等、石顺祥、陈军对光的电磁波理论的描述，一个平面波，沿着单位矢量 $s^{(i)}$ 规定的方向传播，速度为 v，从一介质传到另一介质中，$s^{(r)}$ 和 $s^{(t)}$ 代表反射波和折射波传播方向上的单位矢量。$s^{(i)}$ 和界面法线所决定的平面叫作入射面，由入射定理和反射定理（边界条件）知，$s^{(t)}$ 和 $s^{(r)}$ 两者都在入射面上。用 θ_{i}，θ_{r} 和 θ_{t} 代表 $s^{(\mathrm{i})}$，$s^{(\mathrm{r})}$ 和 $s^{(\mathrm{t})}$ 与 Oz 所形成的角度。

设在空间某一点 r，则其波动是时间 t 的函数：

$$V(r,t)=F(t)=\alpha\cos(\omega t+\delta)=\alpha\cos\left[\omega\left(t-\frac{r\cdot s}{v}\right)+\delta\right] \quad (1-27)$$

式中，α（＞0）是振幅，ω 叫作角频率，是 2π 秒内的震动次数，δ 是初始相位角。

设 A 为入射场电矢量的振幅，取 A 为复数，令其位相等于波函数矢量的常数部分，变数部分是：

$$\tau_i=\omega\left(t-\frac{r\cdot s^{(i)}}{v_1}\right)=\omega\left(t-\frac{x\sin\theta_i+z\cos\theta_i}{v_1}\right) \quad (1-28)$$

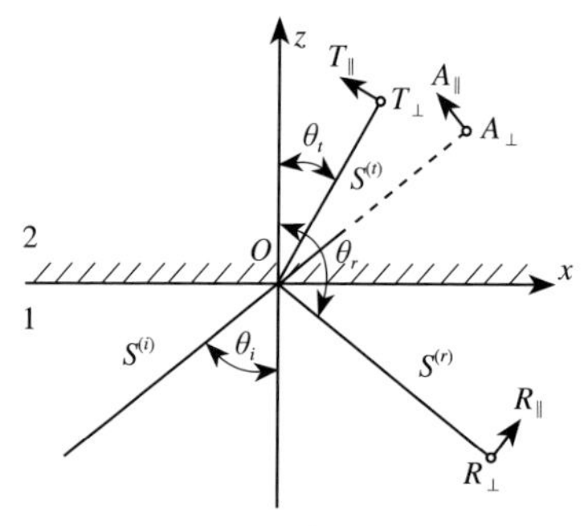

图 1–59 平面波的折射和反射

把每个场矢量分解成平行于入射面（用下标 $_{\parallel}$ 表示）和垂直于入射面（用下标 $_{\perp}$ 表示）的两个分量。各平行分量正方向的选取如图 1–59 所示。垂直分量与图平面成直角，于是入射场电矢量 E 直角坐标系中的各分量为：

$$E_x^{(i)} = -A_{\parallel} \cos\theta_i \mathrm{e}^{-i\tau_i}$$
$$E_y^{(i)} = A_{\perp} \mathrm{e}^{-i\tau_i} \qquad (1\text{–}29)$$
$$E_z^{(i)} = A_{\parallel} \sin\theta_i \mathrm{e}^{-i\tau_i}$$

磁矢量 H 的各分量被代入到 1–29 式中（即，令 $\mu=1$）：

$$H = \sqrt{\varepsilon} \mathrm{s} \times \mathrm{E} \qquad (1\text{–}30)$$

即可得到三维磁矢量，结果如下：

$$H_x^{(i)} = -A_{\perp} \cos\theta_i \mathrm{e}^{-i\tau_i}$$
$$H_y^{(i)} = -A_{\parallel} \sqrt{\varepsilon_1} \mathrm{e}^{-i\tau_i} \qquad (1\text{–}31)$$
$$H_z^{(i)} = A_{\perp} \sin\theta_i \sqrt{\varepsilon_1} \mathrm{e}^{-i\tau_i}$$

设 T 和 R 是透射波和反射波的复振幅，则相应的电矢量分量和磁矢量分量为：

透射场：

$$\left.\begin{aligned} &E_x^{(t)} = -T_{\parallel} \cos\theta_t \mathrm{e}^{-i\tau_t},\ E_y^{(t)} = T_{\perp} \mathrm{e}^{-i\tau_t},\ E_z^{(t)} = T_{\parallel} \sin\theta_t \mathrm{e}^{-i\tau_t}, \\ &H_x^{(t)} = -T_{\perp} \cos\theta_t \sqrt{\varepsilon_2} \mathrm{e}^{-i\tau_t},\ H_y^{(t)} = -T_{\parallel} \sqrt{\varepsilon_2} \mathrm{e}^{-i\tau_t},\ H_z^{(t)} = T_{\perp} \sin\theta_t \sqrt{\varepsilon_2} \mathrm{e}^{-i\tau_t} \end{aligned}\right\}$$

（1–32）

其中，

$$\tau_t = \omega\left(t - \frac{r \cdot s^{(t)}}{v_2}\right) = \omega\left(t - \frac{x \sin\theta_t + z \cos\theta_t}{v_2}\right) \qquad (1\text{–}33)$$

反射场：

$$\left.\begin{aligned} &E_x^{(r)} = -R_{\parallel} \cos\theta_r \mathrm{e}^{-i\tau_r},\ E_y^{(r)} = R_{\perp} \mathrm{e}^{-i\tau_r},\ E_z^{(r)} = R_{\parallel} \sin\theta_r \mathrm{e}^{-i\tau_r}, \\ &H_x^{(r)} = -R_{\perp} \cos\theta_r \sqrt{\varepsilon_2} \mathrm{e}^{-i\tau_r},\ H_y^{(r)} = -R_{\parallel} \sqrt{\varepsilon_2} \mathrm{e}^{-i\tau_r},\ H_z^{(r)} = R_{\perp} \sin\theta_r \sqrt{\varepsilon_2} \mathrm{e}^{-i\tau_r} \end{aligned}\right\}$$

（1–34）

其中，

$$\tau_r = \omega\left(t - \frac{r \cdot s^{(r)}}{v_1}\right) = \omega\left(t - \frac{x \sin\theta_r + z \cos\theta_r}{v_1}\right) \qquad (1\text{–}35)$$

界面两边 E、H 的切线分量应该是连续的，因此必须有：

$$\left.\begin{array}{l} E_x^{(i)}+E_x^{(r)}=E_x^{(t)},\ E_y^{(i)}+E_y^{(r)}=E_y^{(t)} \\ H_x^{(i)}+H_x^{(r)}=H_x^{(t)},\ H_y^{(i)}+H_y^{(r)}=H_y^{(t)} \end{array}\right\} \tag{1-36}$$

磁感应强度 B 和电位移 D 的法线分量这时自动满足边界条件。把所有分量代入式 1-36 并利用 $\cos\theta_r=\cos(\pi-\theta_i)=-\cos\theta_i$ 这一结果，得到下列 4 个关系式：

$$\left.\begin{array}{c} \cos\theta_i(A_{\parallel}-R_{\parallel})=\cos\theta_t T_{\parallel} \\ A_{\perp}+R_{\perp}=T_{\perp} \\ \sqrt{\varepsilon_1}\cos\theta_i(A_{\perp}-R_{\perp})=\sqrt{\theta_2}\cos\theta_t T_{\perp} \\ \sqrt{\varepsilon_1}(A_{\parallel}+R_{\parallel})=\sqrt{\varepsilon_2}T_{\parallel} \end{array}\right\} \tag{1-37}$$

可以注意，式 1-37 的 4 个方程自然分成两组，一组只包含平行于入射面的分量，而另一组只包含垂直于入射面的分量。因此，这两种波是彼此独立无关的。

可以设入射波各分量为已知，从式 1-37 解出反射波和透射波各分量，并再次应用麦克斯韦关系 $n=\sqrt{\varepsilon}$，结果得到式 1-38 所示的菲涅耳公式：

$$\left.\begin{array}{l} T_{\parallel}=\dfrac{2n_1\cos\theta_i}{n_2\cos\theta_i+n_1\cos\theta_t}A_{\parallel} \\ T_{\perp}=\dfrac{2n_1\cos\theta_i}{n_1\cos\theta_i+n_2\cos\theta_t}A_{\perp} \\ R_{\parallel}=\dfrac{n_2\cos\theta_i-n_1\cos\theta_t}{n_2\cos\theta_i+n_1\cos\theta_t}A_{\parallel} \\ R_{\parallel}=\dfrac{n_1\cos\theta_i-n_2\cos\theta_t}{n_1\cos\theta_i+n_2\cos\theta_t}A_{\perp} \end{array}\right\} \tag{1-38}$$

1.7.1.2 反射率和透射率

当平面光波在传输过程中遇到两种折射率不同的介质界面时，一般说来一部分反射，一部分折射。为了说明反射和折射各占多少比例，引入了反射率和折射率的概念。把平面光波的入射波、反射波和折射波的电矢量分成两个分量：一个平行于入射面，另一个垂直于入射面。有关各量的平行分量与垂直分量依次用指标 p 和 s 来表示，s 分量、p 分量和传播方向三者构成右螺旋关系。除了振幅的 p 分量（平行于入射面的分量）和 s 分量（垂直于入射面的分量）的振幅反（透）射率外，还有能流反（透）射率，它们之间有一定的相互关系，其定义见表 1–7，其中 W 为能流。

表 1–7　各种反射率和透射率的定义

类　别	平行面分量（p）	垂直分量（s）
振幅反射率	$r_{\parallel}=\dfrac{R_{r\parallel}}{A_{i\parallel}}$	$r_{\perp}=\dfrac{R_{r\perp}}{A_{i\perp}}$
能流反射率	$R_{\parallel}=\dfrac{W_{r\parallel}}{W_{i\parallel}}=\dfrac{I_{r\parallel}}{I_{i\parallel}}$	$R_{\perp}=\dfrac{W_{r\perp}}{W_{i\perp}}=\dfrac{I_{r\perp}}{I_{i\perp}}$
振幅透射率	$t_{\parallel}=\dfrac{T_{t\parallel}}{A_{i\parallel}}$	$t_{\perp}=\dfrac{T_{t\perp}}{A_{i\perp}}$
能流透射率	$T_{\parallel}=\dfrac{W_{r\parallel}}{W_{i\parallel}}=\dfrac{I_{r\parallel}}{I_{r\parallel}}\dfrac{\cos\theta_t}{\cos\theta_i}$	$T_{\perp}=\dfrac{W_{r\perp}}{W_{i\perp}}=\dfrac{I_{r\perp}}{I_{r\perp}}\dfrac{\cos\theta_t}{\cos\theta_i}$

振幅反射率 r 为：

$$
\begin{aligned}
r_{\parallel}&=\frac{R_{\parallel}}{A_{\parallel}}=\frac{n_2\cos\theta_i-n_1\sqrt{1-(n_1/n_2)^2\sin\theta_i}}{n_2\cos\theta_i+n_1\sqrt{1-(n_1/n_2)^2\sin\theta_i}}\\
r_{\perp}&=\frac{R_{\perp}}{A_{\perp}}=\frac{n_1\cos\theta_i-n_2\sqrt{1-(n_1/n_2)^2\sin\theta_i}}{n_1\cos\theta_i+n_2\sqrt{1-(n_1/n_2)^2\sin\theta_i}}
\end{aligned}
\tag{1-39}
$$

振幅透射率 t 为：

$$t_{\parallel}=\frac{T_{\parallel}}{A_{\parallel}}=\frac{2n_1\cos\theta_i}{n_2\cos\theta_i+n_1\sqrt{1-(n_1/n_2)^2\sin\theta_i}}$$
$$t_{\perp}=\frac{T_{\perp}}{A_{\perp}}=\frac{2n_1\cos\theta_i}{n_1\cos\theta_i+n_2\sqrt{1-(n_1/n_2)^2\sin\theta_i}} \tag{1–40}$$

光波的强度 I 本来的意思是平均能流密度，人们经常把它理解成振幅 A 的二次方，在讨论同介质中光的相对强度时，这是可以的，但在讨论不同介质中光的强度时，需要采用它的原始定义：

$$I=\frac{n}{2c\mu_0}|A|^2\propto n|A|^2 \tag{1–41}$$

能流 $W=I/M$（M 为光束的横截面积），由反射定律和折射定律可知，反射光束与入射光束的横截面积相等，而折射光束与入射光束的横截面积之比为 $\cos\theta_t/\cos\theta_i$，因此可得：

能流反射率 R 为：

$$R_{\parallel}=(r_{\parallel})^2,\ R_{\perp}=(r_{\perp})^2 \tag{1–42}$$

能流透射率为：

$$T_{\parallel}=\frac{n_2\sqrt{1-\left(\frac{n_1}{n_2}\sin\theta_i\right)^2}}{n_1\cos\theta_i}(t_{\parallel})^2,\ T_{\perp}=\frac{n_2\sqrt{1-\left(\frac{n_1}{n_2}\sin\theta_i\right)^2}}{n_1\cos\theta_i}(t_{\perp})^2 \tag{1–43}$$

1.7.1.3 MATLAB 数值仿真

设平面光波从空气（折射率为 $n_1=1$）入射到海水中（折射率为 $n_2=1.34$）。参照欧攀、周群益等的光学可视化理论，利用 MATLAB 进行方程求解和代码编辑，并调用式 1–39，计算不同角度下的振幅反射率 $r_{\parallel}$、$r_{\perp}$，再调用式 1–40 得到振幅透射率 $t_{\parallel}$、$t_{\perp}$，并计算出它们的绝对值，然后运行（图 1–60 和图 1–61）。

平面光波从空气入射到海水中用 MATLAB 作出 p、s 分量的振幅反射率和振幅透射率以及它们的绝对值随入射角的变化曲线（图 1–62）。可以看出：当入射角 $\theta_i=0$，即垂直入射时 $r_{\parallel}$、$r_{\perp}$、$t_{\parallel}$、

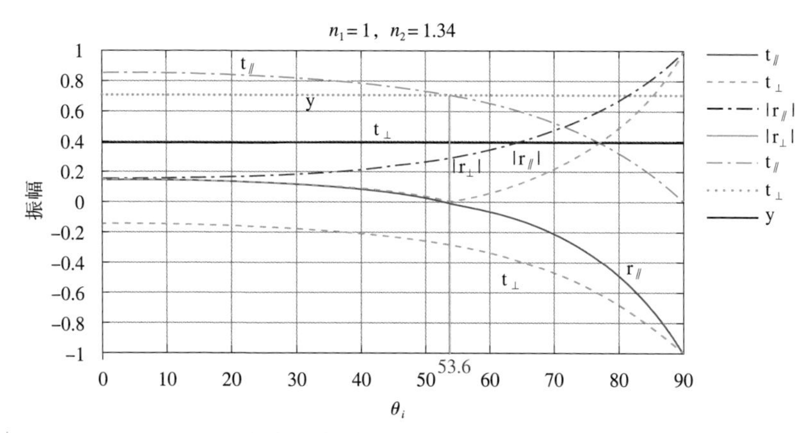

图 1-60 振幅反射率和振幅透射率随入射角变化

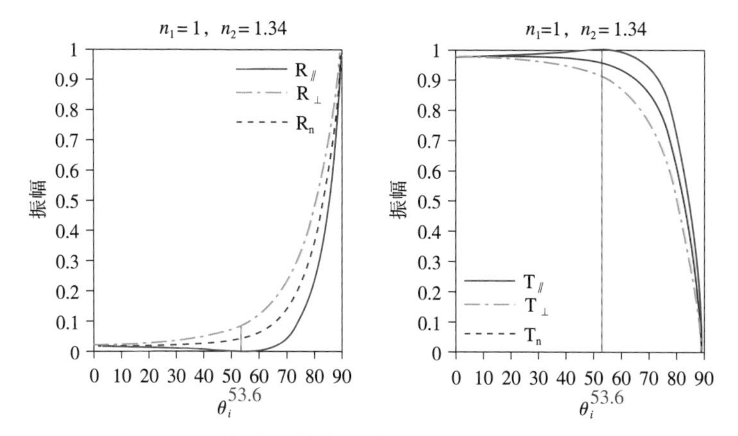

图 1-61 能流反射率和能流透射率随入射角变化

$t_\perp$都不为 0，表示存在反射波和折射波。当 $\theta_i=90°$，即 $r_\parallel=r_\perp=-1$，$t_\parallel=t_\perp=0$，即没有折射光波。从图中可以看出当入射角在 53.6° 时，光的透射率较大。

平面光波从空气入射到海水中用 MATLAB 作出 p、s 分量的能流反射率和能流透射率以及它们的平均值随入射角度变化曲线（图 1-63）。可以看出：当入射角 $\theta_i=0$，即垂直入射时能流反射率折射率 $R_\parallel$、$R_\perp$表示存在反射波和折射波。当 $\theta_i=90°$，即没有折射光波。

从图中可以看出当入射角在 53.6° 时，光的透射率最大。

1.7.2 集鱼灯安装的理论分析

1.7.2.1 无风浪时

LED 集鱼灯的实际安装示意见图 1–62，当在海面平静的理想条件下，也就是说无风浪时渔船不发生侧偏，则 LED 集鱼灯的入射情况可转化为简易数学模型图（图 1–63）。

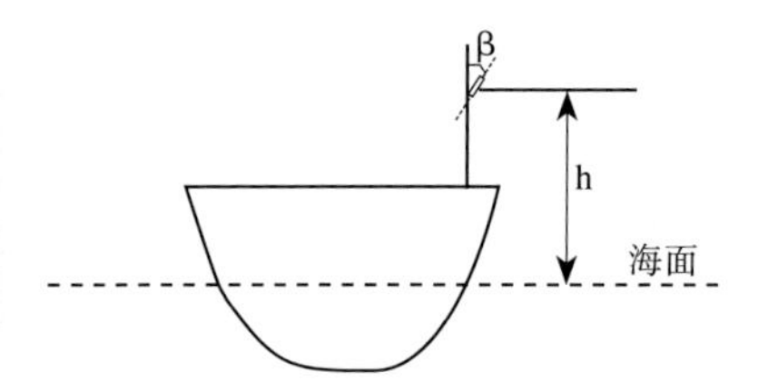

图 1–62 LED 集鱼灯安装示意

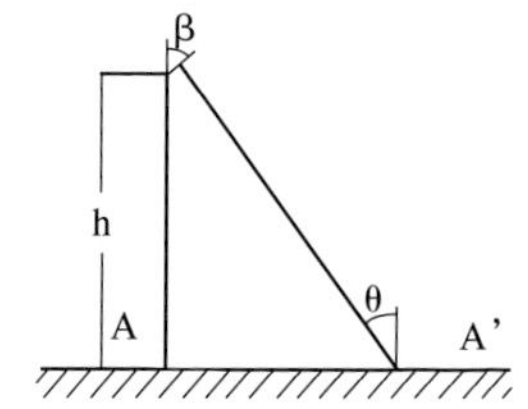

图 1–63 LED 集鱼灯的入射情况简易数学模型

在图 1–63 中，由于 LED 集鱼灯的尺寸相对于其离海面高度 h 可以忽略，因此，可以得到：

$$\beta + \theta = 90° \quad (1\text{–}44)$$

由式 1–44 得，光线的入射角 θ 只与 LED 集鱼灯的安装角度 β 有关，与集鱼灯离海面的高度 h 无关。因此，要达到我们仿真得到的理想入射角 53.6°，则 LED 集鱼灯的安装角度 β 始终为 36.4°。在实际的海面无风浪捕捞作业中，渔船由于加油、装载渔货等原因使其配载变化，而造成了集鱼灯高度 h 的变化，是不会影响到光线的入射。

1.7.2.2 有风浪时

在实际捕捞过程中，渔船会由于风浪的不同发生不同程度的倾斜，因此按 36.4° 安装 LED 集鱼灯会不同程度造成灯光的能量损失而达不到最大的集鱼效果（即入射角达不到 53.6°），因此，要考虑渔船的横摇。

在实际生产作业中集鱼灯的安装角度不会发生变化，设其初始的安装角度不变为：$\beta=36.4°$，为了使集鱼灯能达到的入射角 53.6°，可以考虑用一种圆弧状的 LED 集鱼灯（相当于三列式 LED 灯按三等分圆弧分布）来补偿平面型的 LED 集鱼灯的缺陷。对于渔船的左右摇摆而倾斜时，可以转化为两种数学模型——左倾和右倾（图 1–66）。

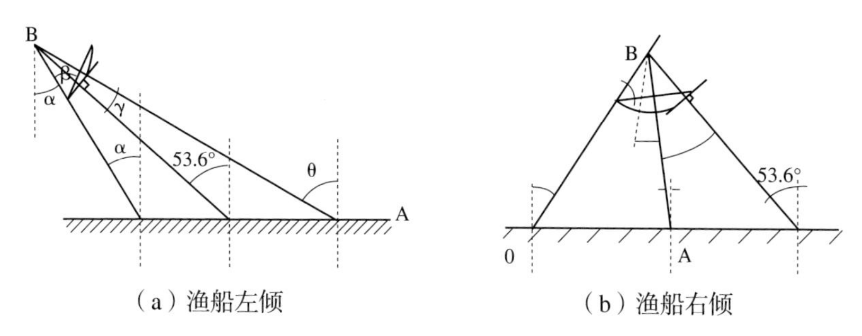

（a）渔船左倾　　（b）渔船右倾

图 1–64　渔船倾斜时的 LED 集鱼灯入射数学模型

α 为渔船的倾斜角，A 点为圆弧状集鱼灯的中心点直射海面的入射点。当渔船左倾，此时入射角 $\theta>53.6°$，因此需要分布在圆弧中点以左的灯来使灯光直射海面时出现 53.6° 的入射角，此入射点必在 O、A 之间（图 1–63），圆弧状的 LED 集鱼灯的弦长长度远远小于$\overline{OB}$，可以忽略，因此得：

$$\beta+\theta-\alpha=90° \tag{1–45}$$

由图 1–64（a），为使灯光直射海面始终存在入射角为 53.6° 的点，至少圆弧中点左侧要分布角度为 γ 的 LED 灯，由式 1–45 可得：$\gamma_{左}=\alpha$。

当渔船右倾时，此时入射角 $\theta<53.6°$，因此需要分布在圆弧中点以右的灯来使灯光直射海面时出现 53.6° 的入射角，此入射点必在 A 点的外侧，如图 1–64（b）所示，可得：

$$\theta+\beta+\alpha=90° \tag{1–46}$$

由图 1–66（b），为使灯光直射海面始终存在入射角为 53.6° 的点，至少圆弧中点右侧要分布角度为γ的 LED 灯，由式 1–19 可得：$\gamma_{右}=\alpha$。

由上可得，此圆弧状的 LED 集鱼灯的内置角 $\delta_{min}=\gamma_{左max}+\gamma_{右max}=2\alpha_{max}$。$\alpha_{max}$ 为渔船的最大倾斜角，在实际中，$\alpha_{max}=30°$，因此，此 LED 集鱼灯的内置角 $\delta \geqslant 2\alpha_{max}=60°$。

综上，只需要做一个角度为 60° 的圆弧状的 LED 集鱼灯来取代原来的平面型集鱼灯，安装示意如图 1–65（a）所示。$\widehat{OCD}$为此 LED 集鱼灯，ρ 为其安装角，由 $\beta=36.4°$，$\delta=60°$ 得：$\rho=23.6°$，即其安装角为 23.6°。

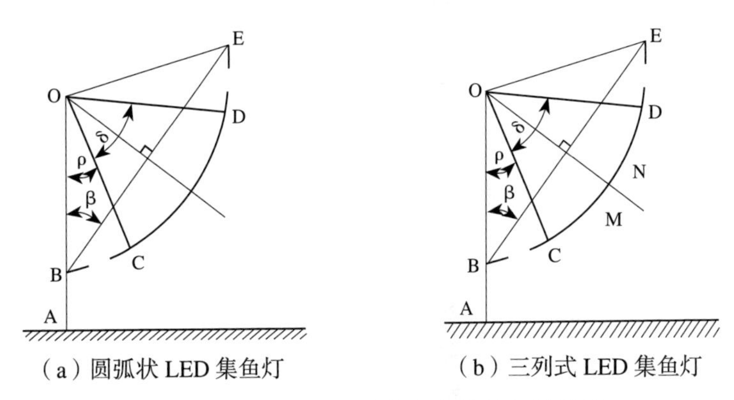

（a）圆弧状 LED 集鱼灯　　（b）三列式 LED 集鱼灯

图 1–65　两种 LED 集鱼灯安装的数学模型

圆弧状 LED 集鱼灯在实际生产中可以用三列式 LED 集鱼灯取代，即将$\widehat{CD}$换成折线段$\overline{CMND}$，$CMND$ 为三列式 LED 集鱼灯，如图 1–65（b），则$\angle CMN=\angle DNM$ 为此三列式 LED 集鱼灯的内置角。由图可得：$\angle CMN=\angle DNM=160°$。

1.7.3　小结

（1）关于 LED 光能传输的计算方法　集鱼灯的能量传输和分布是该领域的研究要点，郑国富、崔淅珍、钱卫国等、官文江等分别应用了不同的照度计算无法对渔场中的灯光分布进行了分析，但主要是针对金属卤化物灯等进行分析的。赵志杰、王淑凡则从 LED 光源本身的结构性能出发，对 LED 光源的内部结构优化布置进行计算的模型。但这些计算模式都不能解决 LED 集鱼灯在渔船上的合理布置这一问题。本研究在分析菲涅尔现象原理的基础上，推导出菲涅尔公式及光在各个方向上的透射率、反射率，并运用 MATLAB 软件仿真出光线在穿过海面时入射角与反射率、折射率的关系图，由此进行 LED 光诱集鱼的最佳入射角分析，从光的物理性能上进行了问题的解析和处理，理论上更为正确。

（2）**LED 集鱼灯在渔船上的合理布置** 我国多数的光诱渔船主要仍是使用金属卤化物集鱼灯，之前的集鱼灯合理配置研究也都是以金属卤化物灯为研究对象的，如沙锋等对鲐鱼灯光围网渔船的水上集鱼灯所进行的研究也是围绕金属卤化物灯进行的。而从目前 LED 集鱼灯的研究现状来看，主要集中在如何使用更高发光效率的 LED 光源，以及探究尽可能选择合适的光谱范围来满足实际的渔业诱集需要。但在合理布置 LED 集鱼灯方面所做的工作并不多，使得 LED 集鱼灯的使用效果不能得到更好的发挥。本研究建立了渔船实际捕捞时 LED 集鱼灯安装的数学模型简图并进行分析，探讨了平面型 LED 集鱼灯安装角度及其存在的问题，并以 53.6° 的入射角为出发点，对三列式 LED 集鱼灯的最佳入射角进行了计算，提出了三列式 LED 集鱼灯，其安装角为 23.6°，其相邻两列集鱼灯的内置角至少为 160°。

1.8 LED 集鱼灯在海中的光谱分布及使用效果分析

1.8.1 材料与方法

1.8.1.1 LED 集鱼灯

目前国产 LED 集鱼灯，大部分为直板型灯具，所有灯芯安排在同一个平面内，若非进行二次开发，灯具的配光曲线等光学特性在出厂后不可改变。本项目使用了新型的 300 W 型三列式 LED 水上集鱼灯，见图 1-66（a），该灯由上海海洋大学与上海嘉宝协力电子有限公司合作开发。

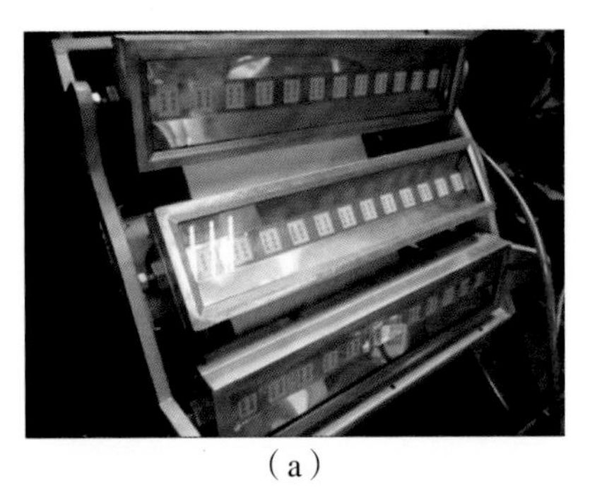

（a）

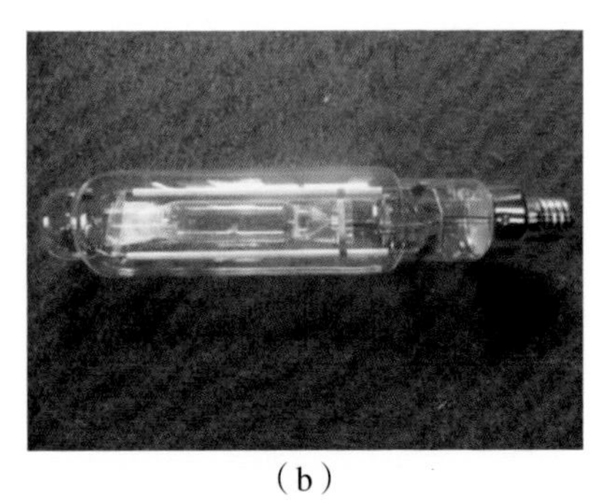

（b）

图 1-66　300 W 型三列式 LED 集鱼灯（a）与传统金属卤化物灯（b）

LED 集鱼灯与传统金属卤化物灯的波谱见图 1-67。由图可知，LED 集鱼灯波谱在 380 ~ 400 nm 波段的强度明显低于金属卤化物灯，该波段范围属于近紫外线波段，长时间照射会使渔业捕捞工作者皮肤黑色素沉淀、皮肤变黑快速老化和损伤。将每一个波段能量值积分，会发现 LED 集鱼灯的能量相对值总和为 285，金属卤化物灯能量相对值总和为 1 300，尽管金属卤化物灯的能量相对值是 LED 集鱼灯的 4.5 倍，但金属卤化物灯功耗为 LED 集鱼灯的 6.6 倍，可见 LED 集鱼灯发光效率明显高于传统金属卤化物灯。

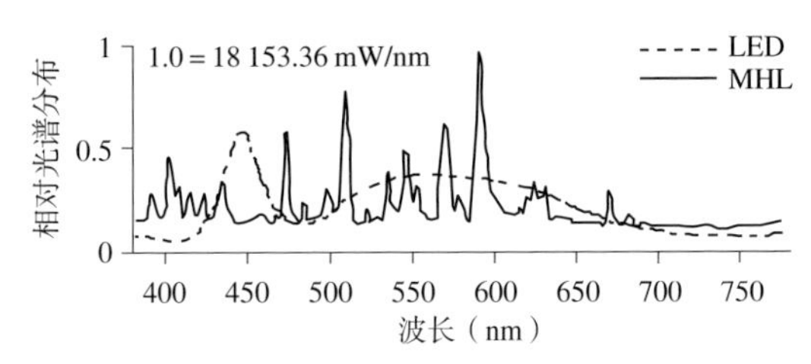

图 1-67　LED 集鱼灯与传统金属卤化物灯波谱分布比较

1.8.1.2 实验船参数

舟山宁泰远洋渔业公司“宁泰 61”号渔船参数如下：总长 51.80 m，型宽 8.00 m，型深 4.00 m；总吨 490 t，舱容 140 t；主机功率 882 kW，副机功率 250 kW × 2 台、150 kW × 1 台、25 kW × 1 台，速冻能力 11 t/d；金属卤化物灯 100 × 2 kW，LED 集鱼灯 100 × 300 W。集鱼灯布置情况参见图 1–68。作为其对照组，“宁泰 62”号仅配备 2 kW 型金属卤化物集鱼灯，未配备 LED 集鱼灯，其他参数均一致。

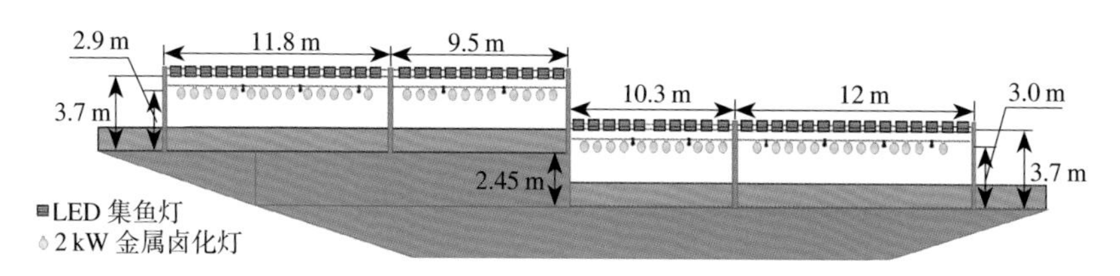

图 1–68 “宁泰 61”号集鱼灯分布示意

（注：2 kW 金属卤化物灯距离上甲板 2.9 ~ 3.0 m，距离下甲板 5.5 m；灯间距 0.58 m；LED 集鱼灯距离上甲板 3.7 m，距离下甲板 6.3 m；灯间距 0.1 m）

1.8.1.3 试验数据

2014 年 6 ~ 7 月跟随宁泰远洋渔业公司的“宁泰 61”号船进行实地测试照度、光谱分布、渔获量（产量）、能耗，试验海域范围为 80°09′ ~ 80°59′ W、15°05′ ~ 15°50′ S；作为对照试验，“宁泰 62”号船捕捞海域范围为 80°09′ ~ 80°59′ W、15°03′ ~ 15°55′ S。

1.8.1.4 试验方法

使用的仪器包括水下照度计 ZDS–10W–2D、Hyperspectral profiler Ⅱ高光谱剖面仪（加拿大 Satlantic 公司生产，光谱测量范围：348 ~ 802 nm；测量深度：0 ~ 100 m；水深精度：0.1 m；分辨率：0.01 m）。

在作业过程中对舟山宁泰远洋渔业公司“宁泰 61”号安装的 LED 集鱼灯和 2 kW 型金属卤化物集鱼灯进行测量。交替开启 LED 集鱼灯和金属卤化物灯 50 盏，在船侧的海面设置 21 个测光点，利

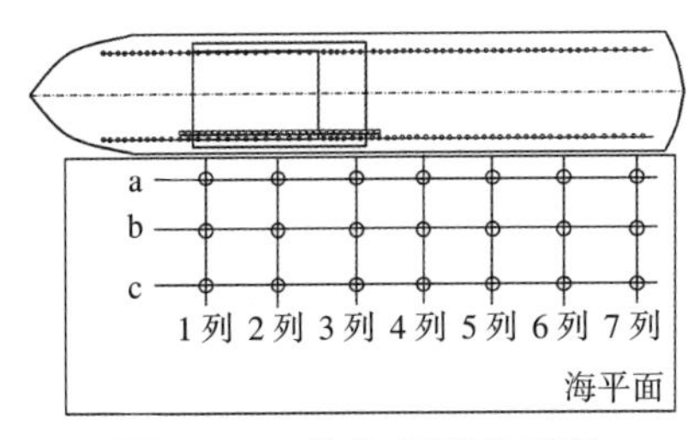

图 1-69 集鱼灯测光示意

（注：第 a 行测光线距离船舷 0.5 m，测光线行间距 2.5 m，测光线列间距 5 m）

用高光谱剖面仪测试不同位置的光谱分布、利用水下照度计 ZDS-10W-2D 测试照度数据（详见图 1-69）。光场实验多次进行，取实验数据最优的一组结果，除去月亮照度的影响，对同一列数据进行指数方式拟合处理，利用拟合结果计算特定照度值所处位置。本结果的数据测试条件为：浪高 0 m、月亮光照强度 0.1 lx。

1.8.2 结果与分析

1.8.2.1 照度对比分析

当打开渔船右侧 50 盏 LED 集鱼灯时，LED 集鱼灯所形成的 0.1 ~ 10 lx 的距离大致在船舷一侧的 25 ~ 35 m；0.1 lx 照度最远距离可达到 35 m，10 lx 最远距离可达到 25 m，船侧 15 m 内照度均在 50 lx 以上。当打开渔船右侧 50 盏金属卤化物灯时，形成的最佳诱鱼区域大致在船舷一侧的 30 ~ 45 m，0.1lx 最远距离可达到 45 m，10 lx 最远距离可达到 30 m，船沿 20 m 内海面照度均在 50 lx 以上，测试结果如图 1-70 所示。

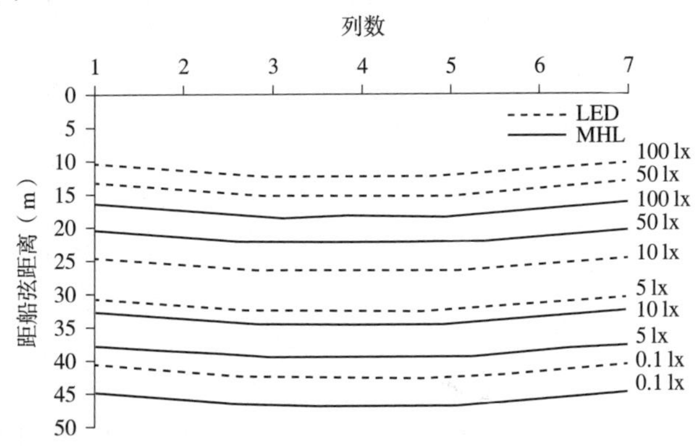

图 1-70 两种灯在海面上照度分布曲线

两种灯在水中照度存在一定差距。在距离船舷 5 m 处，0 ~ 20 m 不同深度的照度分布如图 1–71 所示，LED 集鱼灯照度值为 0.1 lx 最深可至水下 21 m 左右，仅比金属卤化物灯浅 5 m；而 LED 集鱼灯照度值为 10 lx 最深可至 12 m 左右，仅比金属卤化物灯浅 3 m。

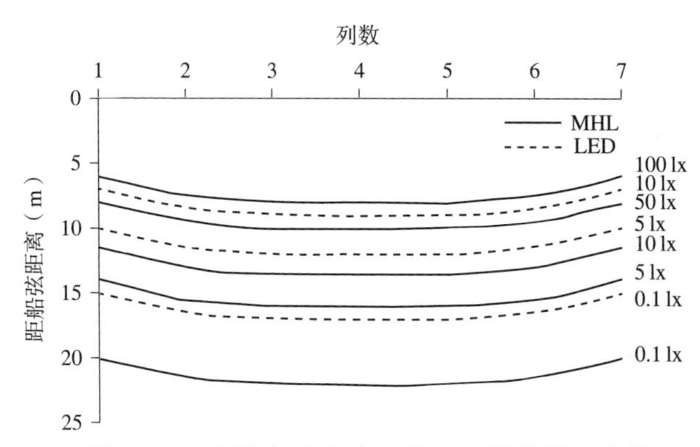

图 1–71　两种灯在距离船舷 5 m 处等照度曲线

在距离船舷 10 m 处，0 ~ 20 m 不同深度的照度分布如图 1–72 所示，LED 集鱼灯照度值为 0.1 lx 最深可至水下 16 m 左右，仅比金属卤化物灯浅 3 m；而 LED 集鱼灯照度值为 10 lx 最深可至 8 m 左右，仅比金属卤化物灯浅 2 m。

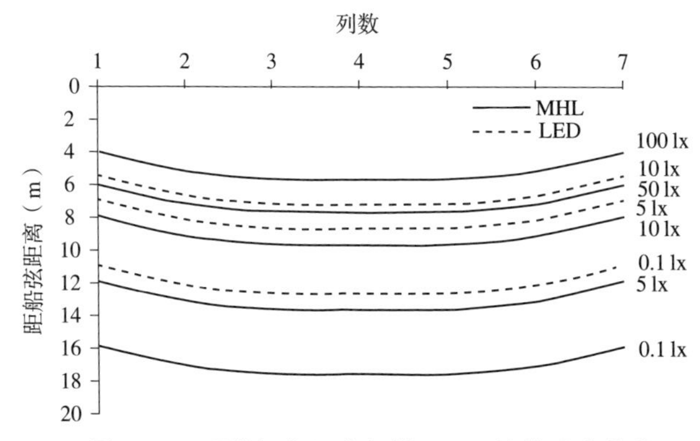

图 1–72 两种灯在距离船舷 10 m 处等照度曲线

1.8.2.2 光谱变化及分析

本文针对船载的两种集鱼灯距离船舷 3 m 处，深度分别为 0.5 m、1.0 m、1.5 m 三个不同水层形成的光谱为例进行分析对比，以期了解其在海面和海水中的组成情况和深度对光谱变化的影响。

在海水中，从水深 0.5 ~ 1.5 m 随着深度增加其光谱能量总和下降，同等深度 LED 集鱼灯光谱分布能量总和小于金属卤化物灯。从光谱分布组成看，LED 集鱼灯光色主要是黄绿色，其次是蓝紫色，在红外光和紫外光波段所占成分较少，见图 1–73（a）；而金属卤化物灯则波长在 500 nm、550 nm、580 nm、600 nm 等波段出现峰值，在紫外光和红外光波段也占有不少的比例，见图 1–73（b）。

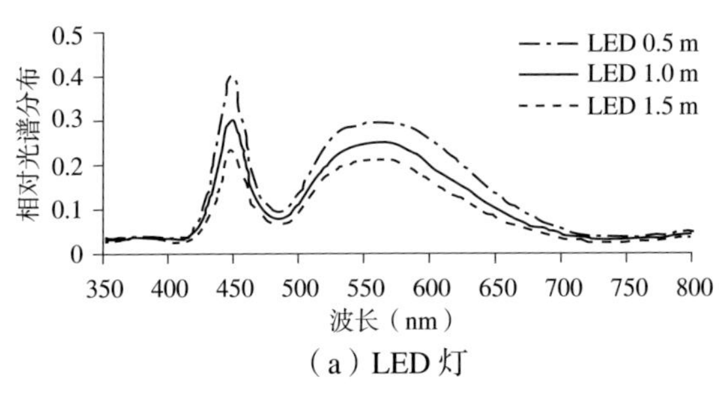

（a）LED 灯

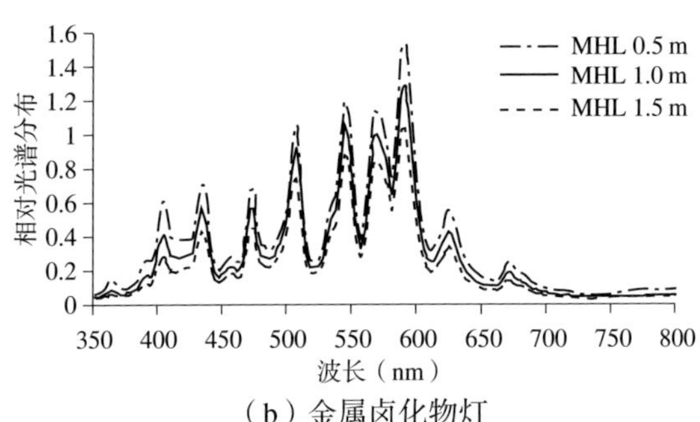

（b）金属卤化物灯

图 1–73 不同深度两种灯光谱分布曲线

LED 集鱼灯和金属卤化物灯灯光在海里传递过程中衰减，但衰减速率不一致，衰减速率如图 1–74 所示。金属卤化物灯形成的光在海水中衰减速率明显大于 LED 集鱼灯。金属卤化物灯在 500 nm、550 nm、580 nm、600 nm 等波段衰减速率也是最快的，而 LED 集鱼灯衰减则稍微缓慢。

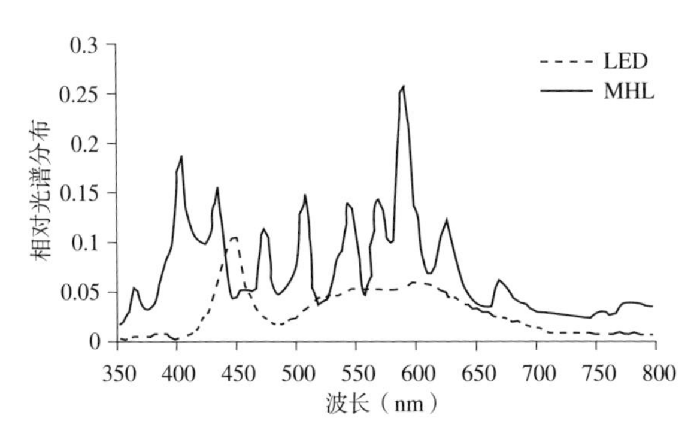

图 1–74　两种灯在水中衰减速率

1.8.2.3　产量与节能效果分析

（1）试验船与参照船产量差异性分析　研究人员跟踪调查的 45 天期间，同时记录了两艘船的渔获量，如图 1–75 所示。我们对两船产量进行假设检验，H0：使用 LED 集鱼灯对产量不影响，H1：使用 LED 集鱼灯对产量有影响，利用 Matlab 分析工具双样本 t 检验（ttest2 函数）进行双样本差异性检验，其结果为 H = 0，故判断两船的产量属于同一正态分布，不存在差异性。

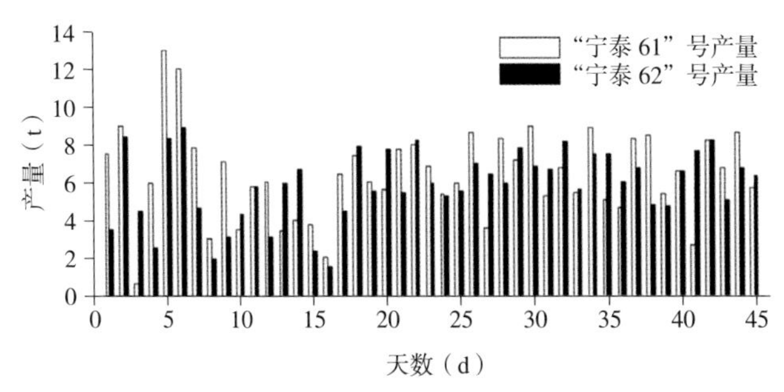

图 1–75　试验船与参照船每日渔获量

（2）**油耗节省效果对比** 上海海洋大学委派科研人员从 2014 年 6 月 1 日至 7 月 15 日期间，跟随“宁泰 61”号船参与实际渔业捕捞作业，并且记录分析，试验船与参照船的能耗和渔获总量相关数据见表 1–8。

表 1–8 试验船与参照船油耗及渔获总产量

船 名	灯具数量（盏）	总功率（kW）	产量（t）	油耗（t）
“宁泰 61”号（示范）	LED × 100	30	286	14
“宁泰 62”号（对照）	MHL × 100	200	263	45

“宁泰 61”号与“宁泰 62”号鱿钓船是上海海洋大学 LED 集鱼灯项目直接参与单位浙江宁泰远洋渔业有限公司直属作业船。为了配合测试 LED 集鱼灯在实际捕捞作业过程中的效果，两艘船在同一海域作业，其间距均在 4 n mile（海里）之内，尽量确保两艘船的作业环境、资源状况等方面维持一致性。同一时间内，作业船的油耗包括主机、冷冻机、钓机和集鱼灯。故采用两条船的油耗量整体对比，可以看出 LED 集鱼灯所节省的油耗量。

可以看出，“宁泰 61”号作业船 45 天总共燃油 14 t 左右，总产量达到了 285 t，相比于“宁泰 62”号产量 263 t 并不存在明显差异性。单纯从燃油角度看，LED 集鱼灯在不影响捕捞产量的同时，能够节约燃油 60% ~ 70%。按此计算，在南太平洋秘鲁和智利外海（离海岸线大于 200 n mile）有中国鱿钓船约 300 艘，其中包括从大西洋新转入的大型鱿钓船，以每艘船现有安装的 100 盏金属卤化物灯全部改换成 100 盏 LED 集鱼灯照明系统，则每年可以节省将近 6 万 t 燃油。

1.8.3 小结

（1）**照度值方面** 以 0.1 ~ 10 lx 为最适照度区域，LED 集鱼灯在空气中产生的照度与金属卤化物灯相比差距较大；而在海水中，LED 集鱼灯产生的照度与金属卤化物灯相比差距较小。距离船舷 5 m 处水面以下 0 ~ 10 m，金属卤化物灯照度相对较高，但是这个深度不是鱿钓作业深度，在海水表层鱿鱼往往容易受到惊吓而躲在更深的水层，甚至有学者提出由于遗传因素，鱿鱼惧怕强光；而在深度 10 m 以上，两种灯照度很接近，故可以认为 LED 集鱼灯水下照度适用于鱿钓作业。

（2）**光谱分布方面** 空气中 LED 集鱼灯与金属卤化物灯相比，后者各个波段能量值叠加总和比 LED 集鱼灯的光谱高。然而不是每个波段能量值越高越好，例如 350 ~ 400 nm 波段为紫外线波段，LED 集鱼灯在该波段的能量值仅为金属卤化物灯光谱的一半；同样，780 ~ 800 nm 波段为红外线范围，这两个波段光线直接照射人体将造成皮肤快速老化和黑色素沉淀，且对诱鱼过程没有太大贡献，LED 集鱼灯在该段的能量值也仅为金属卤化物灯光谱的一半，因此 LED 集鱼灯相对于传统的金属卤化物灯的光线相对更为安全、环保。在水中，LED 集鱼灯各波段衰减率均小于金属卤化物灯，这在很大程度上解释了LED集鱼灯在水中的穿透性高于金属卤化物灯的原因。LED 集鱼灯在 480 ~ 650 nm 波段衰减率较小。两种灯光进入海水中，金属卤化物灯的黄绿色部分将快速消失，而 LED 集鱼灯衰减则相对缓慢。

（3）**节能方面** LED 集鱼灯相比于金属卤化物灯能节省近 60% 的油耗。首先考虑到 LED 集鱼灯和金属卤化物灯光束角的区别，金属卤化物灯属于“万向光”，而 LED 集鱼灯指向性较强，本文设计研发的 LED 集鱼灯，其最大的光束角仅为 112°。金属卤化物灯将近 75% 的灯光投射到空气中和甲板上，不仅造成灯光浪费，还造成一定程度上的光污染；LED 集鱼灯则把大部分光投射到海面上。从油耗方面考虑，钱卫国等学者从灯具效率和功率角度曾计算 LED 集鱼灯节能效果，油耗仅为传统金属卤化物灯的 1/3。本文研究的 LED 集鱼灯使用的水冷系统自身也需要消耗一定燃油，这部分能耗尽管不是很多，但却在一定程度上抵消了 LED 集鱼灯的节能效果，故我们需要将冷却系统能耗纳入节能计算过程。实验结果表明，LED 水冷系统占能耗的 5% ~ 10%。

1.9 LED 水下集鱼灯视频系统的初步设计

1.9.1 概述

利用鱿鱼趋光、集群的特征，采用钩钓作业方式的渔法称为光诱鱿钓捕捞技术。由于鱿鱼具有昼夜垂直移动和趋光的习性，为了钓捕深水层的鱿鱼，争取白天作业以延长作业时间。1990 年开始，日本、韩国和我国的台湾等大型鱿钓渔船上开始使用水下集鱼灯，诱集深水层的鱿鱼，使得白天能够正常进行鱿鱼钓捕作业。这是一种新的捕捞技术，延长了作业时间，提高了产量。日本、韩国和我国的台湾等在新西兰、阿根廷海域和北太平洋东部海域的鱿鱼渔场利用这种新的捕捞技术生产取得了明显的渔获效应。1997 年，我国鱿钓船也开始逐步装配水下集鱼灯进行生产，曾经白天日产量高达 3 t 多。然而，由于海流的影响，水下灯放置的具体深度未知，水下环境条件也未知，因此该海域是否为适捕鱼场只能根据船长的捕捞经验来判断，从而导致产量有较大的起伏。为了提高捕捞效率，必须了解水下灯的具体深度及其周围的视频信息，其中较重要的水下视频信息可帮助船上决策者直观地判断是否可以进行鱿鱼的诱集。

随着计算机技术不断发展，图像处理技术也不断地提高，且宽带网络越来越普及，各个领域都应用上了视频图像技术。视频图像技术中的信号包括模拟信号和数字信号两种。模拟信号的传输载体为同轴电缆，在传输过程中信号衰减大，传输距离短，且同轴电缆的布线成本很高。此外，模拟信号的存储介质容量很小，信息容易丢失且不易查询取证。随着数字技术的发展，20 世纪 90 年代中期，出现了数字视频系统。该系统就是先将外界影像的颜色和亮度信息经过光电转换变为模拟电信号，再经过模数（A / D）转换器，转变为数字的“0”或“1”二进制信号后储存在介质中。播放时，储存的二进制信号经过数模转换器解码成模拟的视频帧信号，并以每秒大于 24 帧的影像速度投影到显示器上，这样人类眼睛看起来就是不断运动的视频信息。随着科学技术的不断发展进步，视频捕捉设备以其小巧可视的优势逐渐应用于水下视频摄像系统。已成功应用于海洋科研、水下考古、水产养殖和水电站等场所。

电力载波通信技术 PLC（Power Line Communication），是利用已有配电网络作为信号传输载体，把载有数字信息的高频信号加载于电流信号之上，进行数据信息传输和交换的载波技术，是利用已有的供电线路作为传输载体，不用重新搭建通信网络，从而大大降低了网络布线的投资。数据传输以供电线路作为载体有成本低、速度快、连接方便等优点，在国外已经占有一定的应用市场。目前，国内大部分网络摄像机采集的数字视频信号是通过有线或无线局域网传输；而传统的模拟视频摄像机信号则是通过同轴电缆进行传输的。国内基于电力线通信技术的视频摄像系统仍不多，而基于电力线通信技术的水下 LED 集鱼灯视频摄像机系统则是一个还未开发的领域。

视频数据通信以电力线作为系统的接入和传输方式具有独特优势。但电力线上信道环境是非常恶劣的，存在噪声干扰强、信号衰减大、阻抗不稳定等问题。为此，本文提出利用正交频分复用（Orthogonal Frequency Division Multiplexing，OFDM）调制技术，以解决低压电力线网络上数据传输信道的各种干扰问题。

正交频分复用技术是 HPA 联盟（HomePlug Powerline Alliance）工业规范，是将载波中大量的不同频率的信号合并成单一的信号，并采用不连续多频调制技术进行传送。此技术能使视频信号在抵抗外界干扰能力较差的媒介中进行传输，如本文的 LED 集鱼灯电力线网络。1971 年，S.B.Weinstein 和 P.M.Ebert 使用 DFT（Discrete Fourier Transform）实现 OFDM 基带的调制解调技术。20 世纪 80 年代，随着数字信号处理（DSP）技术的发展，快速傅立叶变换（FFT）

的运算能够在DSP通用芯片上实现。自此，正交频分复用技术逐步进入数字移动通信的应用领域。正交频分复用技术于20世纪90年代成为IEEE制定的无线局域网标准802.11的核心技术。

本文用Intellon公司电力载波通信芯片组INT5500，以电力线载波通信技术为基础，以LED集鱼灯电力网络为通信媒介设计了基于电力载波技术的LED集鱼灯视频摄像系统的技术方案。为我国鱿鱼钓船新型船载水下LED集鱼灯视频摄像机显示系统设计提供参考。

1.9.2 系统组成

水下LED集鱼灯摄像系统以电力线载波通信技术为基础，通过LED集鱼灯电力网络，将传感器采集到的水下LED集鱼灯的具体深度及其周围的视频信息实时回传到船上的上位机显示。该系统由集鱼灯供电模块、集鱼和诱鱼模块、电力线载波通信模块、传感器模块、视频采集模块、信号接收模块6部分组成（图1–76）。各模块的功能如下。

（1）**水下视频采集模块** 通过摄像头采集水下集鱼灯可视范围内的视频信号。

（2）**水下集鱼、诱鱼模块** 根据鱿鱼趋光特性实现对鱿鱼的诱集。

（3）**水下传感器模块** 用于测量水下LED集鱼灯实际的深度，为科学研究提供依据。

（4）**电力线载波通信模块** 将视频信号及液位传感器采集的深度数字信号调制并耦合到电力线上，然后传输到上位机前端并解调。

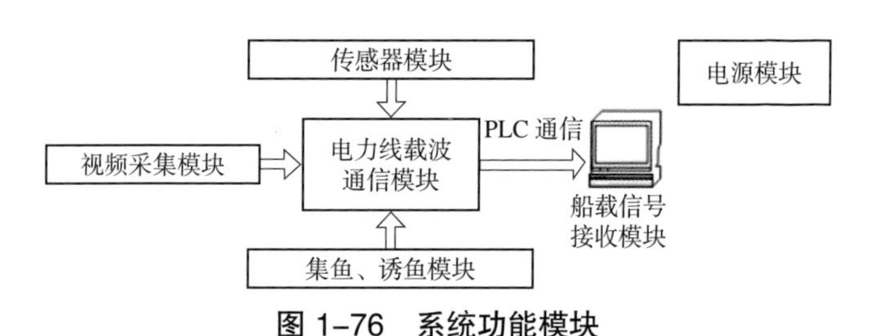

图1–76 系统功能模块

（5）**船载信号接收模块**　接收解调的数字信号，并在上位机上实时显示和存储。

（6）**电源模块**　为整个系统供电，实现前端信号到电力线上的耦合，及电力线上信号的传输。

其中传感器模块和视频采集模块嵌入在集鱼、诱鱼模块中，即摄像头装在水下 LED 集鱼灯的石英玻璃罩球形底部，水深传感器装在集鱼灯灯头部位，与外界水环境接触，如图 1–77 所示。

图 1–77　嵌入式结构设计

水下高清高速摄像头接收到视频数据请求后，开始采集视频数据，处理器以 MPEG–4 视频压缩标准进行视频压缩，完成视频数据编码，实现视频数据的封装。信号经 RJ45 以太网接口传输给以太网控制器处理成标准的工业 MII 接口信号，并将数据流输出给 PLC 处理器。PLC 处理器再将标准的工业 MII 接口信号调制成 OFDM 信号，即 PLC 帧。PLC 帧信号由模拟前端（AFE）发送到耦合电路（Power Line Coupling）上，再经由耦合电路耦合到电力线的电流信号上进行数据传输。

船载视频接收模块的信号处理方式与灯端相反，即从电力线接收而来的 PLC 帧信号经由耦合电路和模拟前端传输给 PLC 处理器。PLC 处理器将 PLC 帧信号进行相关的解调处理，解调后 PLC 帧的电力线通信信号转换为标准的工业 MII 接口信号后传输给以太网控制器。以太网控制器最终将其转换为封装好的视频信号，通过 RJ45 接口送至视频解压处理器进行解压处理，将压缩的 MPEG–4 视频格式解码成原始的视频流文件，最后提供给上位机实时显示或在外存储器存储视频信息，如图 1–78 所示。

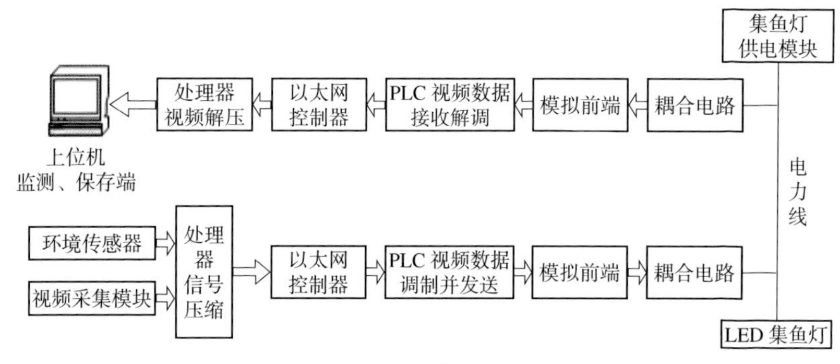

图 1–78　系统工作原理

1.9.3　硬件设计与实现

本系统使用电力线载波通信技术，在水下 LED 集鱼灯的电力线上搭载了 0 ~ 300 m 的数据传输网络。其硬件设计主要包括传感器、INT5500 主控器、发送电路、接收电路和耦合电路。

1.9.3.1　传感器

（1）图像传感器　选用 CMOS 图像传感器为视频图像传感器，它和 CCD 的历史渊源相同，是一种典型的固体成像传感器。CMOS 图像传感器在一块硅片上集成了数据总线输出接口、像敏单元阵列、时序控制逻辑、控制接口、AD 转换器、行驱动器、列驱动器等。其工作过程主要包括初始化（复位）、光电转换、积分运算、数据读取 4 部分。

在 CMOS 图像传感器芯片上也可集成其他的一些数字信号处理电路，如 AD 转换、白平衡处理、伽马校正、自动曝光量控制、黑电平控制、非均匀补偿等。将 CMOS 器件与可编程的 DSP 器件集成组合成的单片数字相机及图像处理系统计算更快速高效。CMOS 图像传感器具有如下优点：①随机窗口读取的能力，也被称为感兴趣区域选取，CMOS 图像传感器在功能上优于 CCD 也是由于其拥有高集成特性，很容易实现同时打开多个跟踪窗口的功能；②抗辐射能力，CMOS 图像传感器比 CCD 拥有更好地抗辐射性能；③系统复杂程度和可靠性，相对于传统的 CCD，CMOS 图像传感器的系统硬件结构更简单可靠；④读出数据时不会破坏数据；⑤优化的曝光控制。

文中选用的 CMOS 图像传感器为高清高速 CMOS 图像传感器 DYNAMAX-11。这款含有全局电子曝光快门技术的图像传感器，极大地提高和改善了在室内外环境中工业成像的应用。此款图像传感器可以应用于很多工业成像领域，如机器视觉、安防监控和高清录像等。

DYNAMAX-11 图像传感器有 320 万像素，像素大小为 5.0 μm × 5.0 μm，其具有以下特点：①灵敏度高，噪声低；②光谱响应范围宽，覆盖范围从 $6 \times 10^{12} \sim 3.8 \times 10^{14}$ Hz；③输出速度快，在全尺寸 3.2 M 和 HDTV1 920 × 1 080 输出时，输出速度可以分别达到 60 帧 /s 和 72 帧 /s；④在高动态模式下，DYNAMAX-11 的动态范围能够达到 120 dB。

（2）**液位传感器**　液位传感器分为接触式和非接触式两类。接触式液位传感器包括浮球式液位传感器、投入式液位传感器和侍服液位传感器等，非接触式液位传感器包括超声波液位传感器和雷达液位传感器等。

本文选用的液位传感器为适用于各种介质的液位测量的静压投入式液位传感器（图 1-79）。它的信号输出方式为标准信号输出方式，可以根据需要选择 4 ~ 20 mA、0 ~ 5 V、0 ~ 10 mA。它具有精细巧妙的结构，调节校验数据也很简单方便，适用于多种行业、多种液体介质中的液位测量。

图 1-79　投入式液位传感器

投入式液位传感器是利用流体静力学原理来进行液位的测量。为了保证传感器不与水直接接触，又能使得参考压力腔与环境压力相通，投入式液位传感器采用了专门的密封技术，并使用了一种中间带有通气导管的电缆，从而保证了液位传感器工作的正常稳定以及数据测量的高精度。

液体环境压力作用于硅压力测压传感器时，测量到的压力值将转换成电信号。转换成的电信号再通过放大电路进行放大，并通过补偿电路进行补偿以保证原始信号的准确性。最后液位计以 4 ~ 20 mA、0 ~ 5 V、0 ~ 10 mA 的电压或电流信号形式输出，并通过电压或电流信号与液位值的校验，最终输出实际的液位值。

用静压测量原理，即：当投入式液位传感器投入到某一深度的被测液体中时，液位传感器中的硅压力测压传感器受到的压强为 P，则：

$$P = \rho g H + P_0 \tag{1-47}$$

式中，P：硅压力测压传感器受到的压强，ρ：被测液体密度，g：当地重力加速度，P_0：液面上大气压，H：液位传感器投入待测液体中的深度。

通过带通气导管的电缆将液体的压力传送到硅压力测压传感器的正压腔，再将硅压力测压传感器的负压腔通过带通气导管的电缆与液面上的大气压 P_0 相连，从而抵消 P_0，由此得到硅压力测压传感器所测的压强 $P = \rho g H$，从而液位深度 H 可由所测的压力值 P 得到。投入式液位传感器主要有如下功能特点：①稳定性好，零度基本不会变化，不需要经常校验；②具有保护电路功能，液位传感器内部设计有反向、限流保护电路，在正负极反接时会自动启动反向保护电路，不会烧毁液位传感器，且传感器发生异常时会启动限流保护电路，电流限制在 35 mA 以内；③该液位传感器的结构为固态结构，没有活动的零部件，增强了其高可靠性，保证了较长的使用寿命；④体积小，设计精巧，适合嵌入在其他大型设备中。

1.9.3.2 主控电路设计

（1）**主控电路** 选用 Intellon 公司开发的 85 M 电力线通信芯片 INT5500，模拟前端采用同一公司生产的 INT1200 芯片，其与 INT5500 的接口电路如图 1–80。

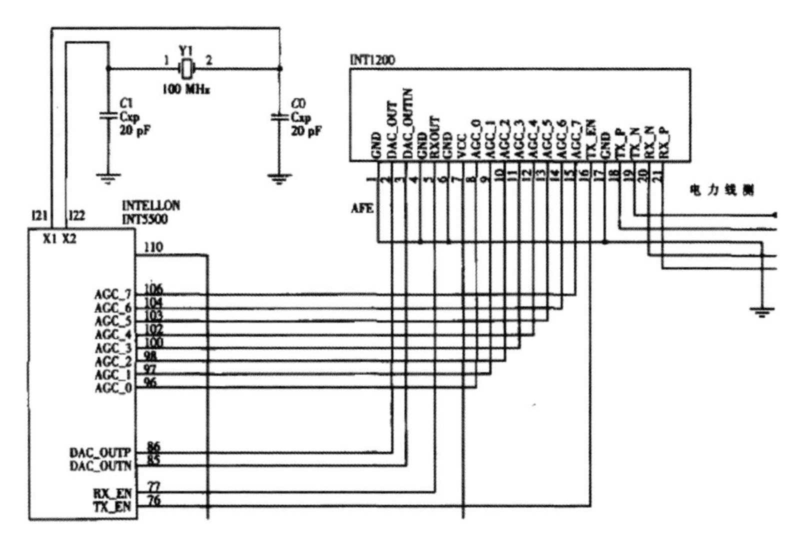

图 1-80 INT5500 与模拟前端 INT1200 接口电路

（2）**芯片连接** INT5500 芯片通过以太网控制模块与以太网接口 RJ45 产生连接。以太网控制模块选用了美国 Broadcom 公司的 AC101LKQT 以太网控制芯片和 Pulse Engineering 公司的网络隔离变压器芯片 H1102 以及 RJ45 底座。

AC101LKQT 芯片是一款低功耗的 10/100BASE-TX/FX 物理层收发芯片，兼容 IEEE802.3 和 IEEE802.3u 标准，本系统设计中 INT5500 的 ASC_DATA/MODE 管脚下拉到低电平，因此其工作模式为 Host/DTE 模式。由于 INT5500 相当于以太网的媒体介入控制层（MAC）层芯片，所以它不能接收物理层（PHY）的数据。在接收物理层的数据时，本文用了上述物理层芯片 AC101LKQT。电路中的隔离变压器芯片 H1102 用差模耦合的线圈将物理层送出来的差分信号进行耦合滤波以增强信号，并且以电磁场转换的形式耦合到网线连接的不同电平的另外一端。隔离变压芯片 H1102 还可以起到隔离电压的效果，它能够隔离通过网线连接的各个设备，使得这些设备间的不同电平不能通过网线导通，从而不会损坏设备。此外，它还具有保护电路系统安全、保障信号传输稳定的作用，因为它不仅能使得线路阻抗匹配，还能修复波形、抑制杂波，并能起到隔离高电压的效果，能有效防止雷电引发的电路故障。

1.9.3.3 发送电路

发送电路包含截止频率为70 MHz低通滤波电路和使用OPA2674I–14D放大器芯片的信号放大电路（图1–81）。发送电路的功能是滤波处理发送信号，并通过放大电路放大发送信号。其中TX+、TX–接到INT1200的DOCA_IOUTP、DOCA_IOUTN脚接收从INT1200发送过来的信号。信号的发送管脚为PL_TXN和PL_TXP，它们连接到耦合电路对应的输出引脚。

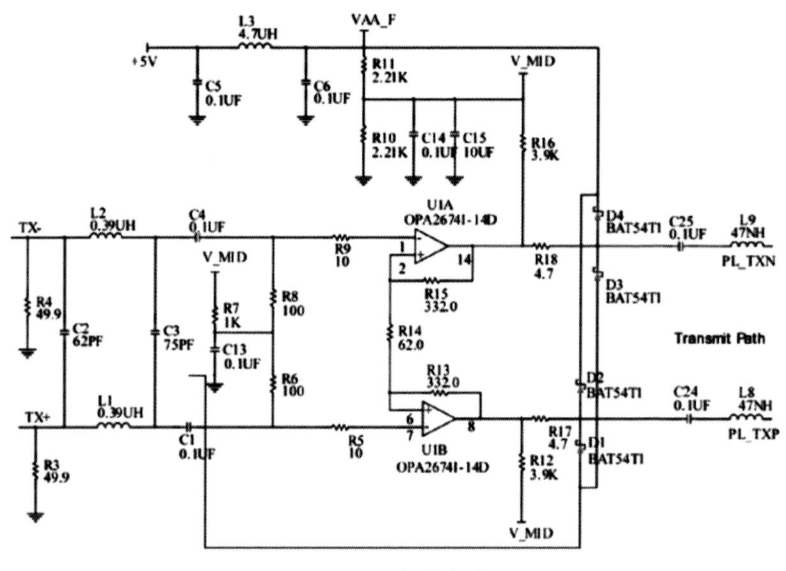

图1–81 发送电路

1.9.3.4 接收电路

接收电路包含低通滤波电路和高通滤波电路，主要功能为滤波处理接收到的信号。如图1–82，以C16和C19连线为分界线，左右两侧分别为低通滤波电路和高通滤波电路，它们组成了带通滤波器。为了满足 HomePlug 规定的 4 ~ 22 MHz 的通带范围，本文设计的带通滤波器通带范围为 4.329 ~ 24.77 MHz，符合 HomePlug 规定。模拟前端芯片的输入是将 INT1200 的 PGA_INP、PGA_INN 连接到带通滤波器的 RX+、RX- 上，而接收电路的输入则将耦合电路对应的输出脚连接到带通滤波器的 PL_RXN 以及 PL_RXP 上。

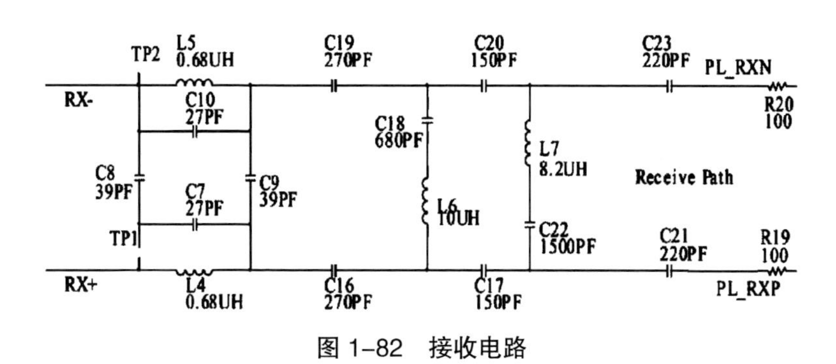

图 1-82 接收电路

1.9.3.5 耦合电路

耦合电路作用主要包括耦合信号和隔离电网。耦合信号是指从电力线上提取信号到模拟前端 INT1200，以及将模拟前端 INT1200 的高频信号耦合到电力线上。隔离电网主要是将信号处理电路与电力线安全隔离，防止电力线上高压冲击到信号处理电路，从而造成元件损坏。电容耦合与电感耦合是两种传统低压电力线信号耦合方式。本文的耦合电路结合两种信号耦合方式，采用电容与电感耦合的复合耦合方式。为了满足能在保证隔离强电的条件下传输高频信号，电路中的耦合电容两端分别连接耦合线圈和电力线。

如图 1–83 所示，将一个压敏电阻 MOV1（ERZ–V07D471）连接到接入的火线与零线之间，这样，压敏电阻 MOV1 可以在火线与零线两端出现浪涌电压时显现出低阻抗，从而短路浪涌电压。高频扼流圈 L19 和耐压值为 300 V 的电容 C88 形成的低通滤波器隔断从 MOV1 输出的高频信号，使之变成工频信号并发送至整流电路。另外，C87 以及 T2 构成的高通滤波器将压敏电阻 MOV1 两端的信号发送至模拟前端的接收端口。

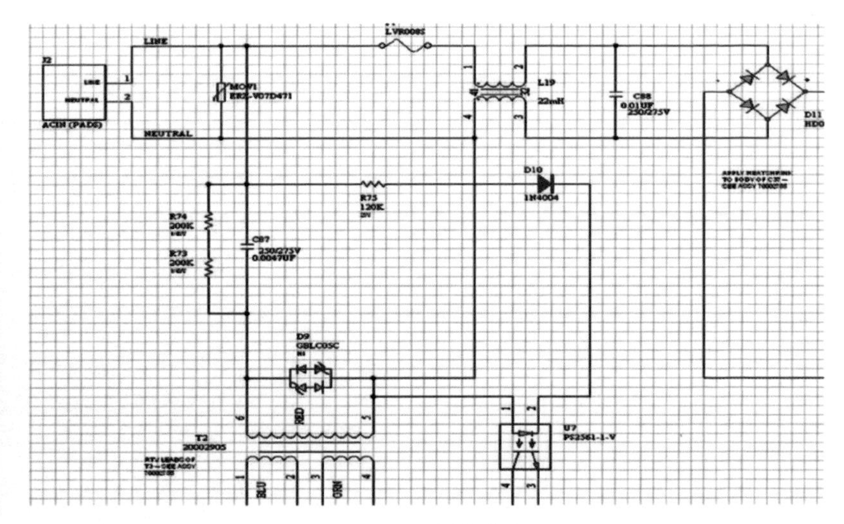

图 1–83　耦合电路

1.9.4　系统软件设计

在电力线的信道上有信号衰减大、阻抗波动和噪声干扰强等主要特点，信号衰减是指电力线拓扑结构复杂，信号会产生反射和多径衰减等现象，阻抗波动是指电力线上负载的数量、种类以及接入时间的变化会导致网络阻抗特性的显著波动，噪声干扰是指电力线上存在着的背景噪声、突发噪声、干扰噪声和周期脉冲噪声等各种噪声对载波信号产生的干扰。本文采用正交频分复用（OFDM）调制技术来克服电力线阻抗特性和配电网络拓扑结构不断变化带来的高衰减、多波动高噪音的传输障碍，来保证数据的稳定和可靠传输。

1.9.4.1　OFDM 的定义

OFDM 技术是在频域内将给定信道分成许多正交的子信道，每个子信道都由一个子载波调制，各个子载波并行传输，在接收端将数据合并，来获得相对较高的传输速率。频率响应曲线对于信道具有频率选择性，大多表现出非平坦性，而频率响应曲线对于子信道而言是相对平坦的。OFDM 技术消除了信号波形间的干扰，提高了频谱利用率。由于信号带宽比信道的相应带宽小，所以信号在每个子信道上其实是窄带传输。OFDM 技术通过快速傅立叶变换（FFT）选用那些即便混叠也能够保持正交的波形，而不是用带通滤波器分隔子载波，这种技术使得信号传送不受杂波干扰，主要应用于抗外界干扰能力较差的介质中传递信号。

OFDM 实质是一种并行调制技术，它的信号频谱利用率很高，在理论上甚至可以达到 Shannon 信息论的极限。信号发送时采用 Homeplug 协议中规定的 Powerpacket 处理技术，对子信道集合进行逆快速傅立叶变换（IFFT）。所有被发送数据信号位的载波信号被合并成一个传输信号进行发送，并进行频域转换到时域的转换，再插入警戒区间和循环前缀后发送出去。其中，OFDM 码的最后一部分被复制作为循环前缀，被干扰信号破坏的编码在接收端接收时就被丢弃。OFDM 信号在接收端再按上述逆过程从时域的载波信号解调为频域的载波信号。发送与接收端还需要同步。设 N 个等间隔的子载波频率载波构成了 OFDM，串行传输的符号序列分别被调制成 N 个子载波后一起发送。

自适应 OFDM 系统结构如图 1–84 所示。首先，接收端需要做信道估计并发送端要获取子载波的信道状态信息，然后发送端为了确定各个子载波分配的比特数，会根据相应的算法进行运算。运算出来的数据会进行相应的星座点映射处理，再经逆快速傅里叶变换、串（并）转换和添加循环前缀，同时传送的还有各子载波的调制方式，这作为信令信息。接收端对各子载波解调以得到相应的数据比特，其依据为信道估计得到的信令和状态信息。

用户模拟信号变成二进制数据通过了模数转换进行。二进制数据在被送入自适应子载波调制模块前又进行了串（并）转换。在自适应载波模块中，各个子信道数据根据比特分配算法进行调制。根

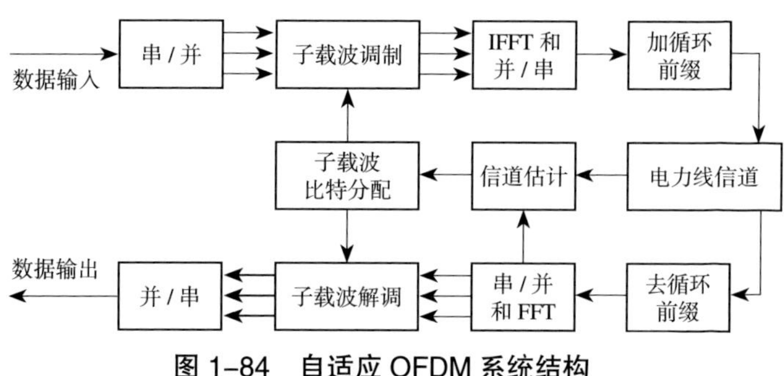

图 1–84 自适应 OFDM 系统结构

据电平数不同可采用 BPSK，2 QAM，4 QAM，16 QAM，64 QAM。调制后，N 列的数据序列经逆快速傅里叶变换为时域的信号。

在接收端，N 列并行信号由接收到的时域信号经快速傅里叶变换而来。比特分配信息模块将解调参数发送给各子信道解调器进行 N 列并行信号的解调，用户数据由解调后的数据再经并（串）转换和数模转换还原而来。

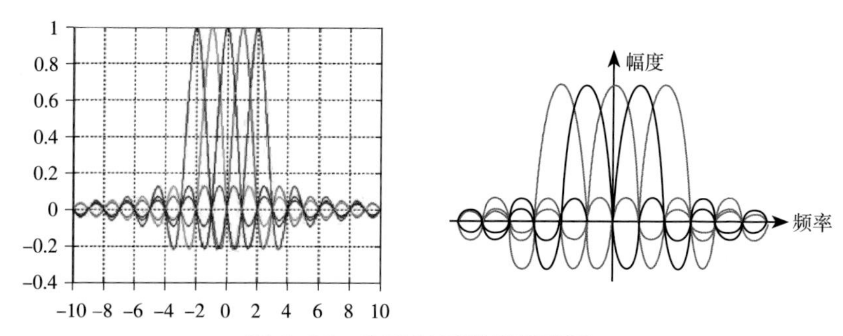

图 1–85 OFDM 系统的频谱图

OFDM 具有以下特点。

（1）OFDM 的频谱利用率很高 OFDM 技术是一种特殊的多载波调制频分复用技术，与传统的频分复用技术有很大不同，它将载波带宽划分成多个正交的子信道，这样各个子信道信号的频谱可以在互不影响的前提下相互交叠，并且 OFDM 系统各个子信道之间无须插入保护频带，如图1–85所示。传统的频分复用技术将频带划分成多个小频段，每个频段传输一路信号，与OFDM不同的是，每个频段之间不交叠，且需要在各个子信道之间插入保护频带，这使得整个系统的频谱利用率下降，见图1–86。从图中还可以更直观地看出OFDM技术并不需要传统FDM技术需要的保护间隔，因而相对于传统的FDM技术而言，OFDM技术具有更高的频谱利用率。当一个频谱处于峰值时，其他频谱的值必然为0，因而，在解调时，频谱之间是互不影响的。此外，对OFDM系统的各个子信道采用多进制调制的调制方法，还能进一步提高了OFDM系统的频谱利用率。

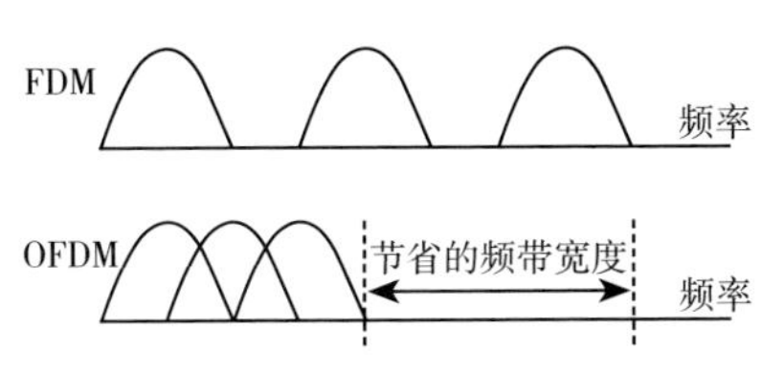

图1–86　FDM与OFDM的信道分配

（2）**抗多径衰落能力强**　OFDM将信道划分成N个子信道，每个符号的信息被分配到N个子信道上，这样每个符号的周期变长，减轻了系统所承受的多径时延带来的影响。而且循环前缀被引入了OFDM系统中，只要最大的信道时延比循环前缀的长度小，那么符号间干扰就不会相互干扰，后一个符号的解调也不会影响前一个符号的解调。

（3）**抗频率选择性衰落**　OFDM的信号传输方式不是采用高速传输的串行数据流，而是以低速传输的并行数据流的方式进行传输。它会将串行数据流转变为并行数据流分配到各个子信道上，子信道相互正交并同时进行数据传输。每个子信道所占用的频带宽度远小于信道的相干带宽，属于窄带传输。虽然总体来看OFDM系统的信道并不是抗频率选择性衰落信道，但OFDM系统具有的抗频率选择性衰落体现在其每个子信道都可看成是平坦衰落信道。

（4）**实现简单**　OFDM技术的调制与解调可以通过IFFT/FFT实现，不需要用多组振荡源和带通滤波器来分离信号。而且FFT/IFFT的实现随着DSP技术和大规模集成电路技术的发展变得越来越容易。

（5）**抵抗码间干扰的能力很强** 码间干扰（ISI）不是加性噪声的干扰，是一种乘性噪声的干扰。除了噪声干扰，它是数字通信系统中最主要的一种干扰。引起码间干扰的原因非常多，在频带有限的情况下，一定会出现码间干扰的状况。OFDM 系统的抗码间干扰能力很强是由于其不仅采用了正交的子信道分别传输部分信息，而且将循环前缀引入到了 OFDM 系统中。

1.9.4.2 OFDM 的数学模型

OFDM 信号常常表示成并行传输的正交调制子载波集合，设 $\{\omega_i\}$ 是 N 个载波频率的关系表达式：

$$\{\omega_i\} = \omega_0 + \frac{2\pi i}{T},\ i = 0,1,2\ldots N-1 \tag{1-48}$$

其中，T 是单元码的持续时间，ω_0 是发送频率，ω_i 为第 i 个子载波中心频率。

作为载波的单元信号组复数表达式为：

$$\mathrm{d}_i = \begin{cases} \mathrm{e}_i^{j\omega_i(\mathrm{t-1T})},\ \mathrm{t} \in [0,T] \\ 0, t \notin [0,T] \end{cases} \tag{1-49}$$

其中，1 的物理意义为视频图像“帧”，即在第 1 时刻有 i 路并行数据流同时同步发送。

OFDM 信号是频谱的相互交叠，由频率上等间隔的子载波构成，子载波被调制成正交信号，d_i 满足正交条件：

$$\int_{-\infty}^{+\infty} \left|\mathrm{d}_i(t)\right|^2 \mathrm{d}_\mathrm{t} = \mathrm{T} \tag{1-50}$$

$$\int_{-\infty}^{+\infty} \mathrm{d}_\mathrm{i}(t)\ \mathrm{d}_j^*(t)\ \mathrm{dt} = 0, i \neq j \tag{1-51}$$

当以一组数字信号（以取自有限集的复数 $\{x_{i,f}\}$ 表示）对 $\mathrm{d_i}$ 进行调制时，则 OFDM 信号表达如下：

$$S(t) = \sum_{t=-\infty}^{+\infty} \mathrm{S}_t(t) = \sum_{t=-\infty}^{+\infty} \sum_{\mathrm{i}=0}^{+\infty} \mathrm{x}_{\mathrm{i},f}\, \mathrm{d}_{i,\mathrm{t}} \tag{1-52}$$

其中，S_1（t）表示第1帧 OFDM 信号，i 为 OFDM 子载波的数量。第 i 帧信号流中的第 f 个要传输的符号以 $x_{i,f}$（$i=0,1,2...N-1$）表示，为一簇信号点。在接收端解调时，是利用的子载波空间的正交性原理，解调器的数学表达式如下：

$$x_{i,f}=\frac{1}{T}\int_{-\infty}^{\infty}\mathrm{S}\ (t)\ \Phi_i^*(t)\ \mathrm{d}_t \qquad (1\text{–}53)$$

若采用快速傅里叶变换 FFT 和逆运算快速傅里叶变换 IFFT 来实现 OFDM 系统发送调制信号和接收解调信号，如图 1–87 所示。

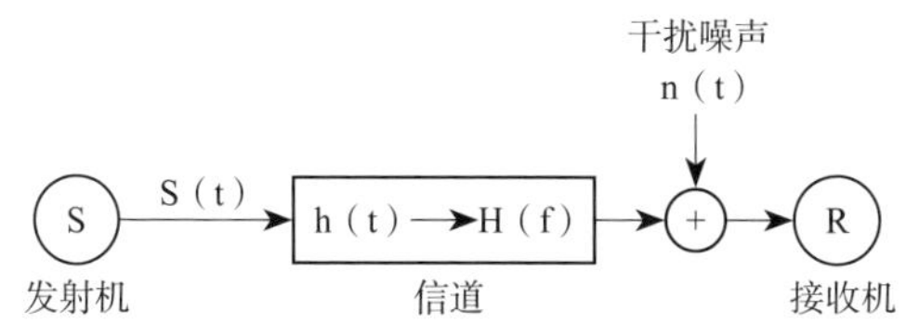

图 1–87 OFDM 通用信道模型

则 OFDM 的发射信号复数表达式为：

$$x_n=\sum_{k=0}^{N-1}X_n\mathrm{e}^{j\frac{2\pi}{N}kn},n=0,1...N-1 \qquad (1\text{–}54)$$

接收信号的复数表达式为：

$$y_n=\sum_{k=0}^{N-1}X_nH_k\mathrm{e}^{j\frac{2\pi}{N}kn}+w_n,n=0,1...N-1 \qquad (1\text{–}55)$$

式中，w_n 为信道噪声，H_K 为第 k 个子载波信道传输函数。

1.9.4.3 上位机软件设计

上位机软件采用 VB 进行开发，其主要功能为：①实时显示并保存水下视频及传感器信息；②控制球形摄像机的方向，观测某一方向的水下视频信息。上位机软件设计流程见图 1–88。

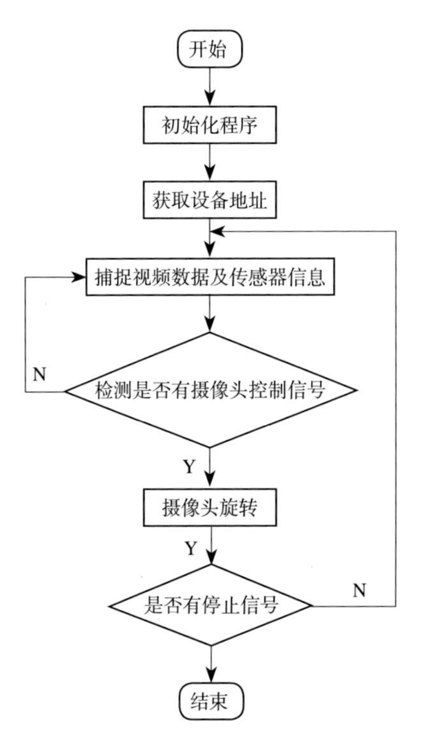

图 1–88 上位机软件设计流程

1.9.5 系统参数及测试

为了测试系统能否正常工作以及相关技术参数，实验组人员对该系统进行了相关测试，该系统的主要技术性能指标见表 1–9。

表 1–9 水下 LED 集鱼灯摄像系统的主要技术性能指标

额定功率	额定电压	最大传输距离	视频接口	传感器类型
1 000 W	60V	300 m	RJ45	1/4 100 万 COMS 传感器

上位机成功接收到摄像头经过电力线传回的数据，电力线长度为 300 米，上位机画面显示延时为 2 s，由于所选集鱼灯为 1 000 W

绿色 LED 水下集鱼灯，故显示画面背景光呈现绿色，测试画面见图 1–89。

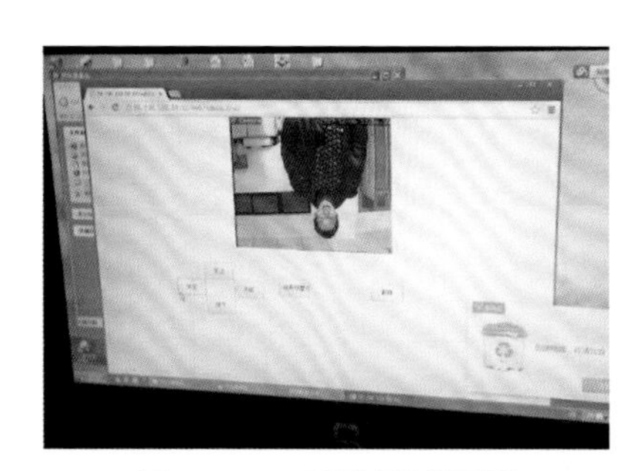

图 1–89　系统测试画面

1.9.6　小结

基于电力线载波通信，用 INT5500 和 INT1200 芯片设计了水下 LED 集鱼灯视频摄像系统，包括其硬件设计和软件设计。并分析了电力线通信过程中存在的信道不稳定，扰动大的问题，提出了正交频分复用技术的解决方案。分析了正交频分复用技术的原理，并建立了其通信的数学模型。

设计的 LED 集鱼灯视频摄像系统，无须改变现有集鱼灯外观结构且无须重新布线，改装成本低。通过该系统能够实时、直观地观测到水下是否有鱼群诱集的视频信息，方便船上决策者实现灵活诱鱼，提高捕捞效率。水下 LED 集鱼灯中嵌入的视频、深度等信息采集系统不会改变集鱼灯原来的光电属性，不影响集鱼效果。该系统提供的水下深度信息和鱼类游动视频信息还可以为鱼类行为学的研究提供科学依据。

2 鱿鱼新型高效罩网捕捞技术研究

2.1 基于灯光罩网法的鸢乌贼声学评估技术

鸢乌贼（*Symplectoteuthis oualaniensis*）是一种大洋性头足类，隶属于头足纲（*Cephalopoda*）、枪形目（*Teuthida*）、柔鱼科（*Ommastrephidae*），主要栖息于大陆斜坡和大洋上表层，广泛分布于印度洋、太平洋的赤道和亚热带海域，以印度洋西北部海域数量较大，是中国远洋鱿钓渔业的主捕对象。在南海，鸢乌贼主要分布于中部和南部深水海域。有关南海的鸢乌贼资源，我国和周边国家过去曾经开展过一些研究，主要包括东南亚渔业发展中心（SEAFDEC）于 1998 年和 1999 年在菲律宾西部和越南东部海域开展的探捕，初步调查了鸢乌贼群体的分布情况；我国台湾地区 1998 年和 1999 年利用“海研Ⅰ”号调查船初步调查了鸢乌贼种群的季节变化和资源量；我国国家海洋勘测专项 2000 年开展的南海中南部海域渔业资源调查，评估了鸢乌贼的资源量。由于南海北部渔业资源明显衰退，南海中南部的鸢乌贼资源正成为近年来外海开发的主要对象，同时也引起南海周边国家的关注。为了推动南海外海渔业资源开发，目前我国有关方面正在酝酿开展南海外海资源调查，其中鸢乌贼资源量评估是调查的重点研究内容。因此，有必要对鸢乌贼资源量评估方法进行专门研究。可以认为，渔业声学是目前评估鸢乌贼资源量最有效的方法，但鉴于鸢乌贼的趋光行为、种群结构、声学特性以及在自然海区的分布特征等方面还没有做过细致的研究，单独利用声学评估鸢乌贼的资源量目前还有一定的技术难度。

课题组为探讨水声学与灯光罩网技术相结合评估鸢乌贼资源量的方法，于 2014 年 4 ~ 5 月期间使用 EY60 型科学鱼探仪在南海南沙群岛海域开展灯光罩网结合声学调查，以期为即将开展的南海外海渔业资源调查鸢乌贼资源评估提供可行的技术途径。

2.1.1 材料与方法

2.1.1.1 调查方案设计

声学调查一般需要辅以网具生物学采样，头足类常规的捕捞方法包括鱿钓、围网和变水层拖网。鉴于鸢乌贼在海洋中分布密度低且白天栖息于深水层，如果采用鱿钓与声学手段结合的方式无法解决以下两方面问题：一是渔获效率很低且钓钩对鸢乌贼具有一定的选择性，小个体难以捕捉，渔获物难以说明资源总体情况；二是渔获物与声学映像的对应上有时间差，渔获物难以与声学映像对应，信号解读上存在很大的不确定性。渔业科学调查船上常用的变水层拖网很难捕捞鸢乌贼，即使捕捞也难以辅助在声学映像中有效识别其信号。因此，探讨利用声学手段以灯光罩网船为调查平台开展鸢乌贼资源评估，即便鸢乌贼自然状态下分布密度低，但夜晚使用灯光可有效诱集鸢乌贼且为主要渔获物；同时，网具捕捞水体在鱼探仪探测的水体范围内，下网作业速度快，渔获物与声学映像间隔时间短，鱼探仪探测的声学映像可认为是对渔获物的真实反映。通过分析鸢乌贼的分布规律、种群结构，使用现场目标强度测量法（*in situ target-strength measurements*）解决其目标强度与鸢乌贼胴长的关系，从而较好地解决资源量的声学评估技术。

2.1.1.2 调查海域及时间

2011 年 4 月 19 日至 5 月 6 日，在南沙群岛海域 9°N ~ 12°N、113°E ~ 116°E，开展灯光罩网结合声学调查。调查布点遵从渔船生

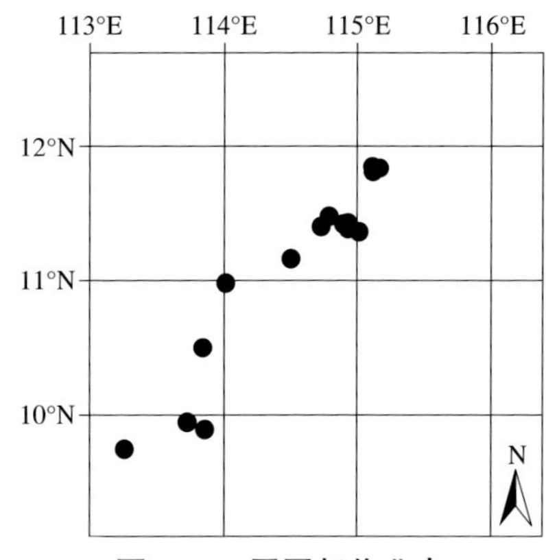

图 2-1 罩网船作业点

产的路线设置，作业 18d，每天设 1 个站位，共 18 个调查站位，每个调查点下网作业 9 次，调查站点平均水深 1 500 m 以上（图 2-1）。

2.1.1.3 调查设备与渔具渔法

调查租用“桂防渔 96886”钢质渔船，总长 41.80 m，总吨 413 t，主机功率 280 kW，配 340 盏 1 kW 金属卤化物灯及日本海马 HE-670 型垂直探鱼仪。罩网的沉子纲长 280 m，网衣为胶丝制成，拉直高度 58 m，最小网目尺寸 25 mm。

调查采用挪威 SIMRAD 公司产 EY60 型科学鱼探仪（120 kHz），换能器固定于船舷中部，吃水深度 0.8 m，方向垂直向下。声学数据使用专用数据显示收录软件（ER60）进行存储保存。

渔船夜晚开灯诱鱼，作业时先通过船上的支架将网衣撑开，再扣罩捕捞被诱集到船下的鸢乌贼。每网统计 50 尾鸢乌贼的胴长数据，科学鱼探仪同步探测罩网下渔获物信号并存储。

2.1.1.4 数据分析方法

（1）**渔获物分析** 在 18 个站点的每个网次均统计 50 尾鸢乌贼胴长数据；然后每一个站点筛选出一网鸢乌贼渔获物比例较高的网次，计算所选网次鸢乌贼胴长平均值。

（2）**声学映像分析** 处理所选网次下网前 15 min 的声学映像，在后处理过程中利用 Echoview 4.9 软件分析罩网下鱼群的回波分布，鉴别目标物种测量目标强度。其中，鸢乌贼的目标强度（Target Strength）是声学信号分析的重点，评估其渔业资源状况的关键参数。国际上鱼类目标强度研究多采用分裂波束或双波束回声探测仪进行测定。目标强度是一个描述鱼类对声波反射能力的物理量，跟超声波频率、鱼类种类、体长、体重、鱼体姿态倾角等因素有关，可以表示为：

$$TS = 10\log\sigma_{bs} \tag{2-1}$$

式中，TS 代表鱼体的目标强度，单位为 dB；σ_{bs} 代表鱼体的声学反向散射截面（Backscattering Cross-section），单位为 m^2。

首先分析鸢乌贼在灯光诱集下的声学信号分布情况，然后使用现场测量法测定鸢乌贼目标强度。这种方法将实测目标强度与鸢乌贼的环境、生物学和行为学因素很好地结合起来。根据计算将得到目标强度与胴长结合起来，建立经验公式，根据实测值结合经验确定重要参数 b_{20}，它是积分值分配的基础参数。其经验公式为：

$$TS = 20\log ML - b_{20} \tag{2-2}$$

式中，ML 代表鸢乌贼的胴长，单位为 cm。

调查前采用 SIMRAD 公司提供的 120 kHz 专用直径 23 mm 的标准铜球对科学鱼探仪进行校准，多项式模型校准的 RMS 值为 0.12，确保仪器测量的准确度。EY60 的规格和调查过程中主要设定参数见表 2–1。

表 2–1 水声学测量系统的主要技术参数及设定参数

换能器参数	数值	其他参数	数值
换能器型号	ES120–7C	频率	120
波束横向角度（°）	7.00	发射功率（W）	500
波束纵向角度（°）	7.00	波束类型	Split-beam
安装水深（m）	0.8	吸收系数（dB/km）	37.44
脉冲宽度（ms）	1.024	声速（m/s）	1 493.89

2.1.1.5 数据处理过程

首先通过 Echoview 4.90 采用时变增益背景噪声分析方法（Time Varied Gain Background Noise）去除海域环境的背景噪声，然后结合鸢乌贼的分布经验和渔获物数据分析声学映像，选出渔获鸢乌贼比例较高的网次，分析其相应时间段的声学数据。将鸢乌贼胴长的分布图对应其实测的目标强度分布图，计算出鸢乌贼胴长的平均值和目标强度平均值。目标强度平均值的处理需要先转化为线性值，求平均后再转化为分贝值。使用 SPSS16.0 统计分析软件，采用回归分析法计算出胴长与目标强度的经验关系式，由此可推算不同胴长的目标强度。

2.1.2　结果与分析

2.1.2.1　鸢乌贼渔获物种群生物学组成

统计 18 个站位 156 网次的鸢乌贼 7 300 尾，胴长范围为 5.1 ~ 23.1 cm，平均胴长 11.77 cm。其中，筛选出的 18 网 900 尾鸢乌贼平均胴长范围为 10.4 ~ 14.2 cm。

2.1.2.2　背景噪声处理结果

处理所选取站位声学数据的背景噪声，A 为原始映像，B 为背景噪声处理后图像，结果表明：噪声处理后，生物的声学映像更为清晰。开灯诱集 1 h 后，在 0 ~ 200 m 水层存在生物群体，其中 100 ~ 150 m 可能是深海散射层（Deep Scattering Layer，DSL）的散射映像。图 2–2 为 2012 年 4 月 19 日晚上 8 点的声学 S_V（Volume Backscattering Strength）映像。

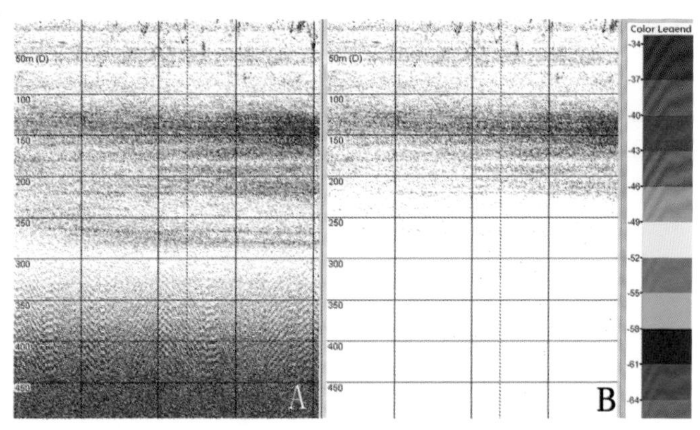

图 2–2　扣除 TVGBN 后目标强度声学映像变化

2.1.2.3 诱集效果

以 2012 年 4 月 19 日调查为例，开灯后（红线所示）大量单体信号（彩色横线为可识别的鱼类运动轨迹）出现在船下（图 2–3），表明罩网船灯光的诱集效果非常明显。图 2–3 中深度 100 m 以下的单体信号强度较大（＞ –50 dB），结合渔获物的组成和鸢乌贼的胴长范围，推断为长体圆鲹（体长＞ 20 cm）等生物信号。

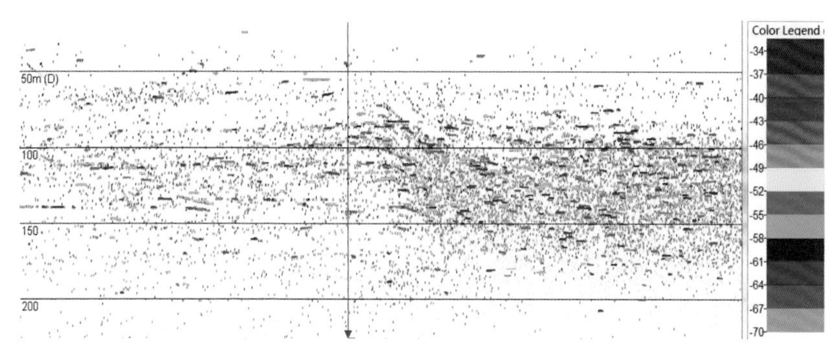

图 2–3 单体目标信号映像

2.1.2.4 目标强度检测阈值设定

结合单体信号分布情况和张引在南海鸢乌贼上的调查工作，根据鸢乌贼的胴长数据，设定鸢乌贼的单体目标强度范围在 –65 ~ –52 dB，参数设置见表 2–2。调查海域可能存在浮游动物，其目标强度在

表 2–2 单体目标检测参数

声呐参数 Parameter	参 数
单体目标检测阈值（dB）	–65
脉冲宽度探测水平（dB）	6
最小标准化脉冲宽度	0.4
最大标准化脉冲宽度	1.5
最大波束补偿（dB）	4

75 dB 左右。渔获物中发现有其他鱼类，如长体圆鲹，其体长大部分在 15 cm 以上，相应目标强度在 −49 dB 以上。设定检测范围可以最大限度地去除浮游动物和长体圆鲹等鱼类信号干扰。

2.1.2.5 单体检测

以 2012 年 4 月 20 日晚上 8 点到次日凌晨 2 点调查为例，选取 5 ~ 100 m 水层，分析鸢乌贼单体检测的 2D 和 3D 图像，分析鸢乌贼在灯光诱集下的分布情况。图 2–4 为罩网船下鸢乌贼单体目标的二维检测结果累加图，Y 轴为声波探测距离，X 轴为波束截面长轴长度，结果表明：6 h 内科学鱼探仪探测水体内鸢乌贼分布密集，平均目标强度在 −60 dB 左右。图 2–5 为科学鱼探仪探测的三维空间声学映像，黄色线为调查船航迹线，蓝色平面为海面，彩色柱为 TS 分布情况，图右下角所示为探测声波，结果表明：20 日晚渔船漂移 2.5 n mile，船下 60 ~ 100 m 水层之间，存在有大个体（ > −55 dB ）的可能性。图 2–6 为目标强度随水深分布图，结果表明：随水深增加，船下鸢乌贼个体亦有增大趋势，可以反映出小个体鸢乌贼趋光性更强的特征。

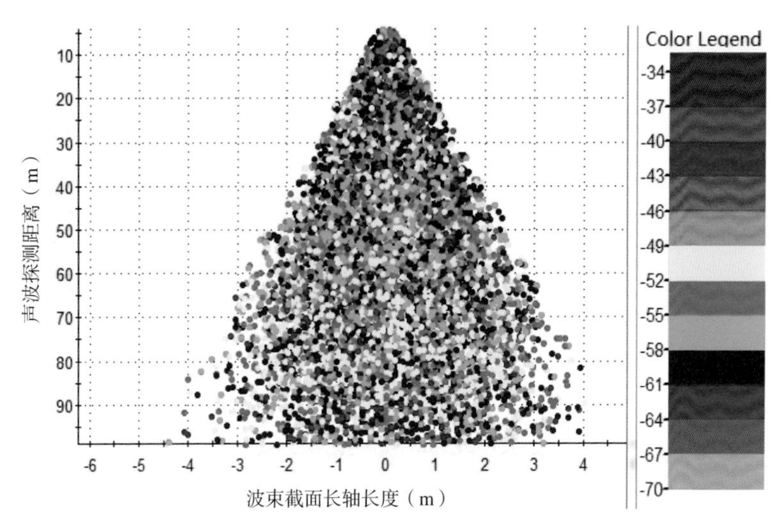

图 2–4 鸢乌贼二维投影映像

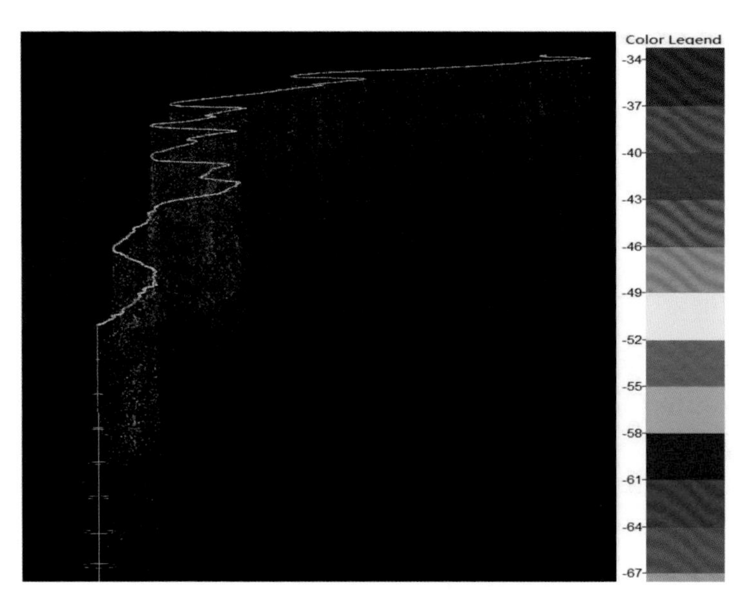

图 2-5　鸢乌贼三维空间声学映像

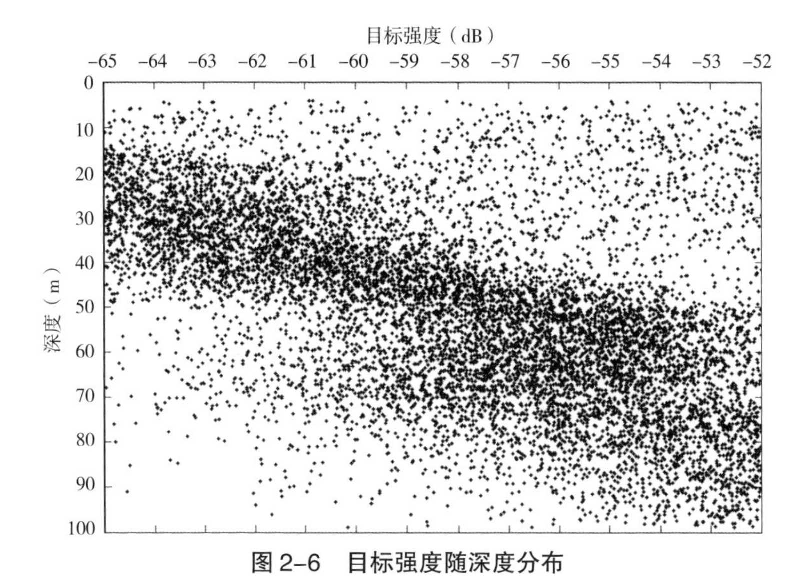

图 2-6　目标强度随深度分布

2.1.2.6 建立鸢乌贼目标强度与胴长经验公式

假设在罩网下不同胴长鸢乌贼的姿态分布特性都是相同的，鸢乌贼的分布是均匀、离散的，完全满足目标强度的测定条件。所测量的目标强度因为已经包括姿态倾角和各种环境影响因素，测量值可认为是对自然环境中鸢乌贼的真实反映。鉴于罩网的作业方式，分析认为鸢乌贼采样结果可以对应目标强度的分布。

根据罩网的捕捞深度和鱼探仪的近场效应（3.2 m），选定5 ~ 50 m 水层分析其映像。18 个作业站位，每个站位筛选出一网。分析鸢乌贼的胴长以及声学数据：胴长数据的偏度系数 Skewness = –0.335，峰度系数 Kurtosis = 0.901；目标强度数据的偏度系数 Skewness = 0.905，峰度系数 Kurtosis = 0.333，数据都符合正态分布的特征。满足正态分布的数据具有集中性：图 2–7 为所筛选出网次的鸢乌贼目标强度统计图，图 2–8 为作业 18 天渔获的鸢乌贼胴长总体统计图。计算出每一组鸢乌贼胴长平均值和目标强度平均值。网获鸢乌贼平均胴长为 10.4 ~ 14.2 cm，对应平均目标强度范围为 –60.7 ~ –58 dB，使用 SPSS16.0 软件拟合出胴长与目标强度的公式（见图 2–9），相关系数 R^2 = 0.941：

$$TS = 21.23\log ML - 82.48 \tag{2–3}$$

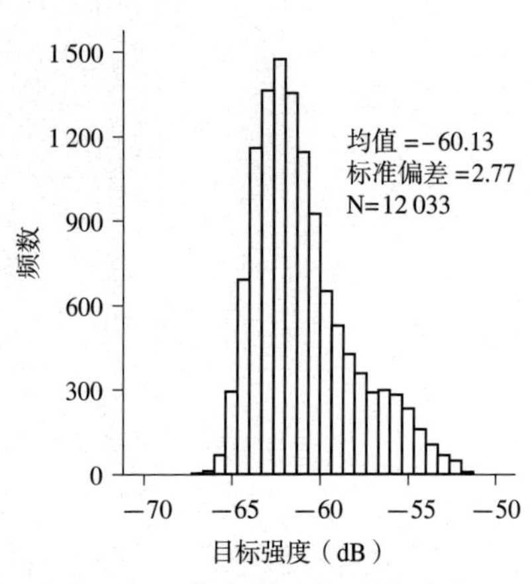

图 2–7 鸢乌贼目标强度分布

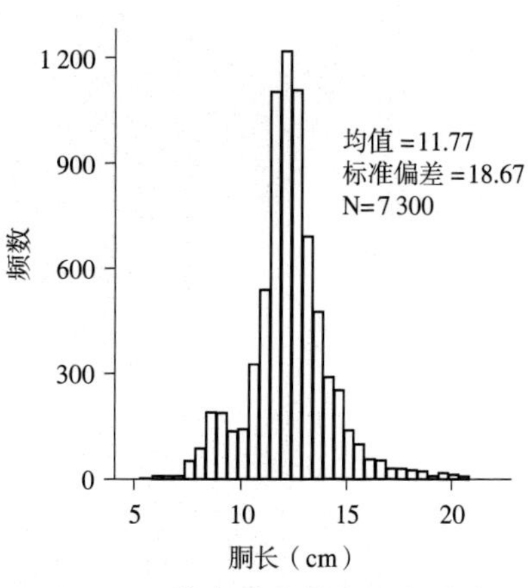

图 2–8 鸢乌贼渔获物胴长分布

由于鱼体的反向散射截面基本与其体长的平方呈线性关系，这里假定鸢乌贼的声学模型也符合这种规律，因此目标强度与胴长的关系式可以采用常规标准化的 20 log*ML* 形式。b_{20} 便于与其他鱼类声波反射能力进行比较，但结果并不用于资源评估。b_{20} 的确定采用鸢乌贼的均方根胴长，得鸢乌贼的目标强度与胴长关系式：

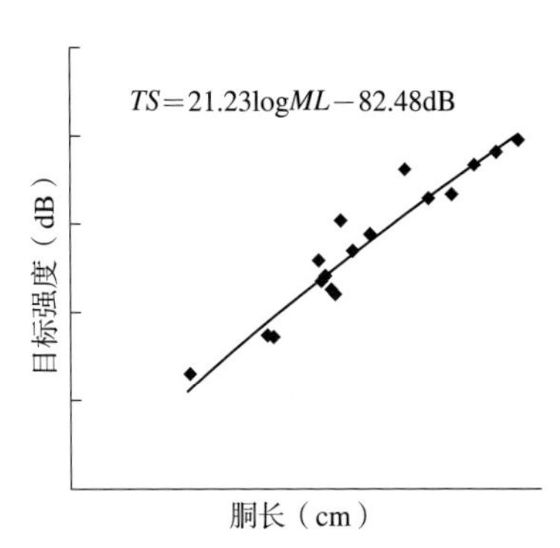

图 2–9　鸢乌贼目标强度与胴长的关系曲线

$$TS = 20\log ML - 81.14 \tag{2–4}$$

2.1.3　小结

（1）**分析鸢乌贼的胴长以及声学数据**　胴长数据的偏度系数 Skewness = – 0.335，峰度系数 Kurtosis = 0.901；目标强度数据的偏度系数 Skewness = 0.905，峰度系数 Kurtosis = 0.333，数据都符合正态分布的特征。

（2）**计算出每一组鸢乌贼胴长平均值和目标强度平均值**　网获鸢乌贼平均胴长为 10.4 ~ 14.2 cm，对应平均目标强度范围为 – 60.7 ~ – 58 dB，使用 SPSS16.0 软件拟合出胴长与目标强度的公式，相关系数 R^2 = 0.941：$TS = 21.33\log ML - 82.48$。

（3）**建立目标强度与胴长关系式**　由于一般情况下鱼体的反向散射截面基本与其体长的平方呈线性关系，这里假定鸢乌贼的声学模型也符合这种规律，因此目标强度与胴长的关系式可以采用常规标准化的 20 log*ML* 形式。b_{20} 便于与其他鱼类声波反射能力进行比较，但结果并不用于资源评估。b_{20} 的确定采用鸢乌贼的均方根胴长，得鸢乌贼的目标强度与胴长关系式：$TS = 20\log ML - 81.14$。

2.2　基于水声学手段分析鸢乌贼灯光诱集效果

灯光罩网结合声学手段调查鸢乌贼，首次使用科学手段研究鸢乌贼的趋光性行为，研究鸢乌贼的诱集行为，探明鸢乌贼的行为规律和分布水层规律。课题组于 2012 年 9 ~ 10 月在南海南沙群岛中南部海域使用 SIMRAD EY 60 科学鱼探仪对灯光罩网作业中鸢乌贼灯光诱集效果进行研究，以期为这种新型资源调查模式的可行性提供理论依据，同时也为调查船的渔具渔法改良提出科学的指导意见。

2.2.1　材料方法

2.2.1.1　调查时间与调查海域

本次调查时间为 2012 年 9 月 4 日至 10 月 15 日。调查海域为南海南沙群岛中南部：5.3°N ~ 15°N，109°E ~ 117.5°E，设置调查站位 43 个。

2.2.1.2　调查设备与渔具渔法

调查船总长 43.6 m，钢质灯光诱捕船，总吨位 421 t，型宽为 7.60 m，型深为 4.10 m，设计排水量为 660.36 t，设计吃水为 3.20 m，设计航速≥ 11 km，自持力 70 d，续航力 6 500 n mile，船员定额 10 人（图 2-10）。

图 2-10　灯光罩网渔船

调查采用挪威 SIMRAD 公司产 EY60 型科学鱼探仪（120 kHz），换能器固定于船舷中部，吃水深度 0.8 m，方向垂直向下。声学数据使用专用数据显示收录软件（ER60）进行储保存，科学鱼探仪 EY60 具体参数见表 2–3。

表 2–3 水声学测量系统的主要技术参数及设定参数

换能器参数	数 值	其他参数	数 值
换能器型号	ES70–7C	频率（kHz）	70
双向波束宽（dB）	–21.0	发射功率（W）	800
波束横向角度	7°	接收机带宽（kHz）	10.92
传感器横向角度	23°	增益（dB）	27.00
传感器纵向角度	23°	波束类型	Split-beam
波束纵向角度	7°	吸收系数（dB/km）	18.36
横向偏移量	0°	声速（m/s）	1 545.22
纵向偏移量	0°	安装水深（m）	0.5
脉冲宽度（ms）	0.512	采样间隔（ms）	0.128

罩网网具沉子纲长 280 m，网衣为胶丝制成，拉直高度 58 m，最小网目尺寸 25 mm。渔船夜晚开灯诱鱼，作业时先通过船上的支架将网衣撑开，再扣罩捕捞被诱集到船下的鸢乌贼。

2.2.1.3 数据分析方法

Echoview 声学后处理软件：此软件有鸢乌贼物种鉴别、鸢乌贼种群探测、鱼体跟踪和鸢乌贼计数、鸢乌贼生物量评估等功能，是海洋环境和淡水环境水声学研究的标准声学数据分析工具。

积分阈值设定方法去除环境背景噪声和混响：根据 Simmonds 和 Maclennan 对噪声和混响的分析，在海洋环境中，海面风浪、海洋生物活动、海上航运等自然和人为海洋调查与作业活动产生的声波，在传播过程中与海洋表面、海洋底部、水体等发生相互作用，在这种机制下会形成一个复杂的背景噪声场，这些背景噪声就是通常所描述的海洋环境噪声。

在本次南海中上层渔业资源调查中，分析鸢乌贼信号的干扰之一是海洋混响，它的存在极大地限制和干扰了声呐设备的有效探测距离。混响是伴随声呐发射信号产生的，它与发射信号特征密切相关，而且还与传播声道特征有关。

本文提出使用调试法选择和优化积分阈的原因：根据渔业声学的线性原理（Simmonds et al. 2005），科学鱼探仪输出的积分值可视为是对所有被探测目标回波能量的线性加和。因此，理论上可以将积分值在不同类型被探测目标（如被探测目标强度频率分布不同的被探测目标）之间进行重新分配。假设某一分析区域的回波声学信号的 Sva 分布在 3 个区间（假设 SvA 和 SvB 是区间界值，且 $SvA > SvB$）。

以 SvA 为积分阈，则参与积分的样本数量是 N1，占样本总数的 x%，用 $s_A(SvA)$ 表示低于阈值的分析区域积分值。

以 SvB 为积分阈，则参与积分的样本数量是（N1+N2），占样本总数的（x%+y%），用 $s_A(SvB)$ 表示低于阈值的分析区域积分值。

积分阈改变时积分值的变化与信号强度分布情况、被探测目标密度密切相关，而回波声学信号的强度分布即与被探测目标的声反射能力和大小有关，又受群体分布密度的影响。因此，可以通过调试法选择和优化积分阈。

根据实际的鸢乌贼分布密度情况提出两种办法。

（1）情况之一 假设一个声脉冲取样水体内只有 1 个被探测目标（见图 2–11）。

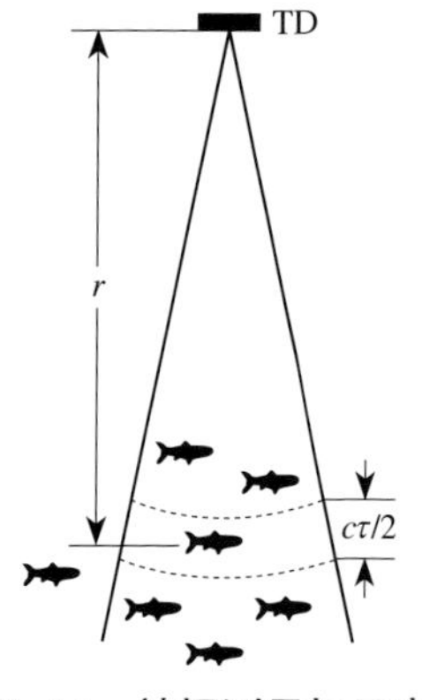

图 2–11 被探测目标示意图

使用以下方法设置积分阈值：

$$S_{V,threshold} = TS_{threshold} - 20\log r - \psi - 10\log(c\tau/2) \quad (2\text{-}5)$$

体积反向散射强度 S_v 与目标强度 TS 之间的关系；其中 ψ, c, τ 均为仪器技术参数。从式中可以看出，当 TS 一定时，S_v 随着 r 的增加而降低。

$TS_{threshold}$ 可根据鸢乌贼最小个体的胴长和目标强度经验公式计算而得；$TS_{threshold}$ 亦可根据鸢乌贼的目标强度数据确定。$TS_{threshold}$ 见本部分的第 2.2.2 小节。

（2）**情况之二**　假设一个声脉冲取样水体内有多个被探测目标。

S_V 阈值法：观察鸢乌贼图像的变化情况以及 *NASC* 的变化情况，找个合适的 S_V 阈值。

以 $s_A(-80)$ 为参照，用积分值相对变化率为积分阈相对 $s_A(-80)$ 的变化程度。相对变化率［R（i）］的表达式为：

$$R(i) = [s_A(i) - s_A(1)]/s_A(1) \quad (2\text{-}6)$$

式中，i =1、2、3⋯；$s_A(1) = s_A(-80)$ $s_A(2) = s_A(-79)$，依次类推。

以积分值梯度变化值表示积分阈每调整 1 dB 时积分值的绝对变化，用于分析不同积分值相对于积分阈变化的敏感程度。积分值梯度变化为：

$$g(k) = [s_A(k+1) - s_A(k)] \quad (2\text{-}7)$$

式中，k = 1、2、3⋯36；当 k = 10 时，即积分阈为 –71 dB 时计算积分值梯度变化。

积分阈调整前后区域积分值的相对变化程度。积分值梯度变化率为：

$$G(j) = [s_A(j+1) - s_A(j)]/s_A(j) \quad (2\text{-}8)$$

式中，j = 1、2、3⋯36；当 j = 10 时，即积分阈为 –71 dB 时计算积分值梯度变化率。

用 Echoview 专业声学数据后处理软件中的阈值响应图 Threshold response graph，通过这个模块观察体积散射强度 S_V 阈值与单位海里

散射强度系数 *NASC* 的对应变化关系。单位海里散射强度系数 *NASC* 可以反映选定水层选定调查区域内，被调查物种的资源密度情况。

通过比较积分值变化，同时参考声学映像各水层鸢乌贼分布规律、取样时间、鸢乌贼的生活习性和声反射能力，选择一个能较准确的反应被调查海域中鸢乌贼组成的积分阈。

（3）时变增益背景噪声（TVGBN）去除环境背景噪声和混响　当被调查海域的生物声学信号鸢乌贼与环境噪声的 SNR 值太小时，本次调查采用的方法就是先建立评估模型，评估背景噪声的大小，然后扣除它的影响。本调查真的调查区域水深超过 100 m 后使用积分阈值不能有效去除调查环境中的背景噪声，通过 Echoview 中的时变增益背景噪声 TVG 模型，使用线性去除模块 Linear minus operator 扣除背景噪声。

使用虚拟变量法对噪声等级进行评估，使用线性去除模块 Linear minus operator 扣除背景噪声。将原始声学图像 S_V+ noise，去除评估的背景噪声（Data Generator Noise Estimate），得到去除环境背景噪声的 S_V 图像 S_V− noise。方法参照《the Great Lakes SOP》标准规范操作手册，设置 1 m 处 S_V 环境噪声。

由于鸢乌贼的趋光性行为，可以确定鸢乌贼在夜晚会上浮，在灯光下出现密集行为，因此在调查区域内弱光区（大于 100 m 水层）其生物量必定稀少。所以通过时变增益背景噪声（TVG）模型，改变 1 m 处背景噪声，去除调查水层随深度增加的噪声和混响，当数据结果显示出调查区域内存在鸢乌贼上浮，深层海域鸢乌贼稀少的现象时，即可达到去除背景噪声的目的。

本次调查中首先通过 Echoview 设置海面线 5 m，剔除海面混响和噪声。所谓的海底混响是指海底及其附近散射体形成的混响，考虑到本次调查中调查海域为南沙群岛，调查区域深度为 2 000 m 左右，不会对调查水层（＜ 100 m）产生影响。

（4）灯光诱集下鸢乌贼分布分析方法　分析鸢乌贼群体密度变化，本文主要涉及两个重要声学参数是体积反向散射系数 S_V 和单位

海里散射强度系数 *NASC*。灯光诱集下趋光性鸢乌贼非常密集，灯光诱集区域 0 ~ 50 m，还是可能存在浮游动物的 S_V 回波，找到合理方式设置积分阈值去除可能存在的其他生物回波。但是在 100 m 以下水层无法去除，上文通过时变增益背景噪声 TVG 模型可去除整个水层存在的噪声，然后通过 *NASC* 计算开灯时鸢乌贼的分布变化（深度、密度）。

当被探测物体规格较小，而且在采样水体中生物较多时，科学鱼探仪会把它们的回波通过拟合形成一个整体回波，这个回波包含不同的振幅。这种回波不用于解释单个被探测目标，但是其回波强度可用于评估被探测水体内生物量。基本的声学测量是体积反向散射系数 S_V，定义公式如下：

$$S_V = \sum \sigma_{bs} / V_0 \tag{2-9}$$

其中，σ_{bs} 为反向声学截面积，V_0 为选定水层，反向声学截面积总和是所探测水体内的所有被探测目标贡献的。等价的对数公式为 $S_V = 10\log(s_V)$，其单位是 dB/m，S_v 为平均体积反向散射强度。

单位海里散射强度系数（*NASC*）也是实际调查过程中用到的重要参数，标记为 s_A，转换公式表示为：

$$s_A = 4\pi\ (1\,852)^2 S_a \tag{2-10}$$

其中，面积散射强度系数（S_a）主要是用来表示在探测水体内某个水层的积分值，比如 0 ~ 50 m 或 50 ~ 100 m 水层。S_a 可以理解为所调查选定水层 S_V 积分值，面积散射强度系数是在渔业资源评估中的一个非常重要的参数，大多数的科学鱼探仪都提供多个水层积分值，而且在调查区域生物的分布也基本上是分层分布，这正是面积散射强度系数（S_a）提出的意义和价值所在。面积散射强度系数（S_a）是无纲量的参数。本文单位海里散射强度系数 *NASC* 采用单位海里的表达方式（$m^2/n\ mile^2$）。

基于以上分析其重要性，对鸢乌贼群体声学信号的分析需要设定阈值，不仅是渔业资源调查的需要，也是分析其群体的需要。计算密度变化公式如下：

$$\text{Biomass density（Indv/n mile}^2\text{）} = \frac{PCR\_NASC}{4\pi\bar{\sigma}} \quad （2\text{–}11）$$

$$\bar{\sigma} = \sum_{all\ ML} \frac{\%contribution}{100} 10^{\frac{TS}{10}} \quad （2\text{–}12）$$

$$TS = 21.23 \log ML - 82.48 \quad （2\text{–}13）$$

2.2.2 结果与分析

2.2.2.1 积分阈值法去除背景噪声对数据的影响

调查设置站位中有 29 个站位进行了生物学采样，测量鸢乌贼胴长。调查鸢乌贼总数 3 120 尾，胴长最小值 91.5 mm，最大值 144.1 mm，平均值 118.7 mm。每个站位都统计其胴长平均值，渔获物统计见图 2–12。

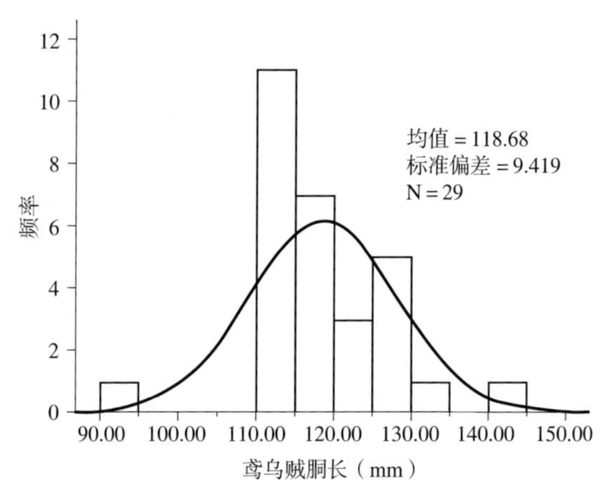

图 2–12 鸢乌贼渔获物胴长分布

（1）情况一 一个声脉冲取样水体内只有 1 个鸢乌贼目标。根据公式（2–1），使用 $TS_{threshold}$ 计算 $S_{v,threshold}$。根据第一章计算得到的鸢乌贼经验公式：

$$TS = 21.23 \log ML - 82.48 \quad （2\text{–}14）$$

最小胴长 ML_{min} 根据本次调查为 91.5 mm，代入公式（2–14），得到在鸢乌贼分布较分散情况下，鸢乌贼的单体检测阈值 $TS_{threshold}$ 为 –62.07 dB。将 $TS_{threshold}$ 代入公式（2–1），具体参数参照表 2–3，声速（Sound Velocity）为 1 545.22 m/s，脉冲宽度（Transmitted Pulse Length）为 0.512 ms，得到 $S_{v,threshold}$ 的随深度变化的公式（2–15）。

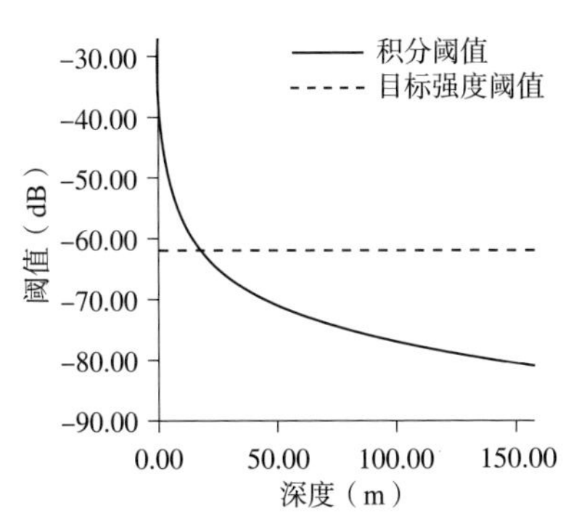

图 2–13 积分阈与目标水层的关系

$$S_{v,threshold} = -20\log r - 37.04 \qquad (2\text{–}15)$$

在深度 70 m 处，鸢乌贼的积分阈值约为 –73 dB。鸢乌贼的目标强度阈值为 –62.07 dB，调查水层为鸢乌贼灯光诱集效果较明显的 0 ~ 70 m 水层（图 2–13）。

（2）情况二 一个声脉冲取样水体内有多个鸢乌贼目标。根据积分阈值变化法观察调查区域积分值的变化情况。

选定 2012 年 9 月 6 日站位 S4，晚上 7 点的作业采样为例分析，以 30 min 为时间间隔分段。分析水层为 0 ~ 70 m。首先使用 Echoview 模块中的 Minimum T_S threshold 设置 T_S threshold 为 –62 dB。改变 Minimum S_V threshold 的阈值，初始值为 –80 dB。$s_A(1)=s_A(-80)$，$s_A(2)=s_A(-79)$，依次类推。观察积分阈值与 NASC 值的变化情况。

图 2–14 分别是积分阈值为 –80 dB、–70 dB 和 –60 dB 时 Sv 映像。S_V 积分阈值由 –80 dB 逐步调到 –70 dB 时，在 0 ~ 70 m 水层图像变化很小，鸢乌贼映像的数量和面积几乎没有变化，可认为留的都是可信的鸢乌贼映像；积分阈值由 –70 dB 逐步调到 –60 dB 时，0 ~ 70 m 水层显示的鸢乌贼映像的数量和面积发生较大变化，但 100 m 水层以下很多深蓝色映像没有被消除。图 2–16 很明显地表明，在调查海域中 0 ~ 70 m 水层可有效通过积分阈值对生物种群信息进行筛选。但针对南沙群岛海域鸢乌贼种群的筛选可发现，由于可能存在的体

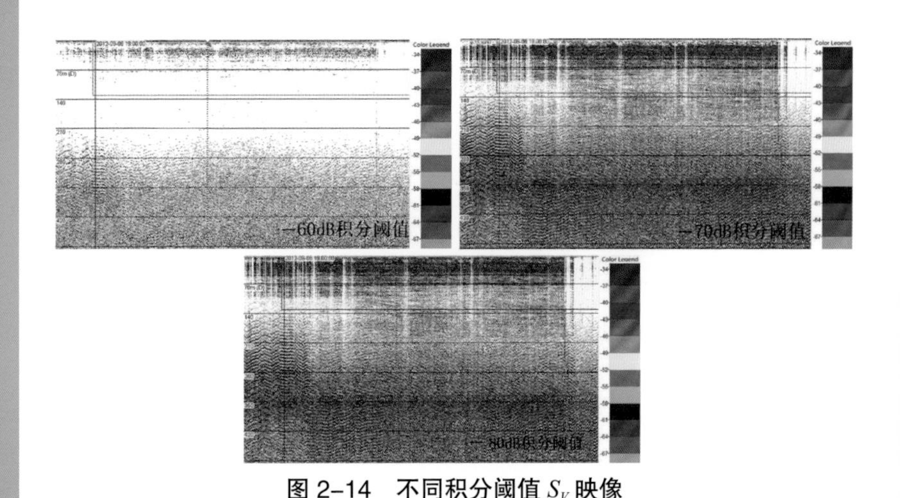

图 2–14 不同积分阈值 S_V 映像

积混响（DSL 层中的浮游动物，蓝圆鲹、长体圆鲹等其他种类趋光性鱼类）与鸢乌贼种群信号差异很小。

表 2–4 是不同积分阈下调查区域的积分值。图 2–15 是不同积分阈下的积分值，计算的是单位平方海里反向体积散射强度系数。图 2–16 是积分阈逐步调高时的积分值单位平方海里反向体积散射强度系数相对变化趋势。图 2–15 和图 2–16 表明，积分阈逐步调高时，从积分值 *NASC* 单位平方海里反向体积散射强度系数变化看，可将积分值的变化大致分为 3 个 step：第 1 step，积分值先以较小微弱的变化率逐步降低；第 2 step，变化率在逐渐变大；第 3 step，非常大的变化率。结合鸢乌贼 S_V 声学映像的变化，第 1 step 可能代表浮游动物逐步被消除，第 3 step 可能代表鸢乌贼鱼等鱼类的信号消除，因此，从过渡阈值第 2 step 中选择和确定积分阈更合适。

图 2–17 是积分阈逐步调高时积分值（单位平方海里反向体积散射强度系数）变化值。图 2–18 是积分阈逐步调高时，积分值相对梯度变化率。根据以上分析，在过渡区域（−75 dB ~ −70 dB）中选择一个阈值是比较合理的方法。结合公式（2–12）的计算结果与积分阈值变化研究，认为 −73 dB 是较为合理的 $S_{v,threshold}$。

表 2-4 不同积分阈下的积分值

s_A (m^2/n $mile^2$)	Region 0 ~ 70 m 水层
s_A (−80)	255.25
s_A (−79)	255.24
s_A (−78)	255.23
s_A (−77)	255.1
s_A (−76)	254.9
s_A (−75)	254.5
s_A (−74)	253.9
s_A (−73)	253.0
s_A (−72)	251.7
s_A (−71)	249.9
s_A (−70)	247.5
s_A (−69)	244.4
s_A (−68)	240.2
s_A (−67)	235.1
s_A (−66)	228.8
s_A (−65)	221.7
s_A (−64)	213.9
s_A (−63)	205.6
s_A (−62)	197.4
s_A (−61)	189.0
s_A (−60)	181.5

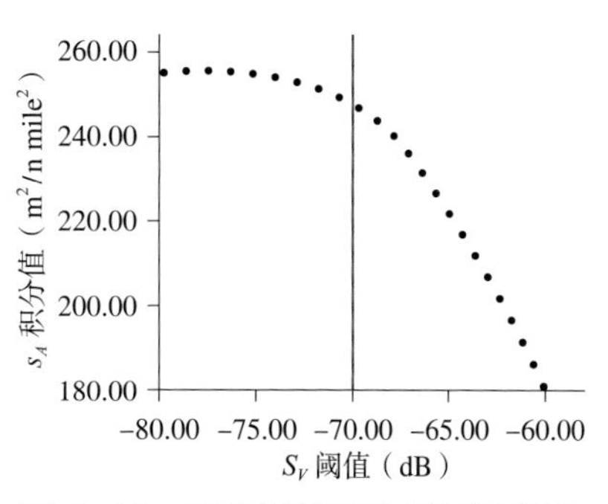

图 2-15 积分阈值逐步调试过程中积分值变化

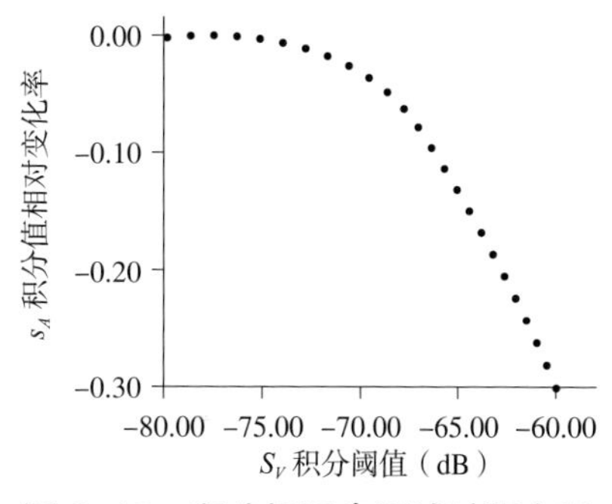

图 2-16 积分阈逐步调试过程中积分值相对变化

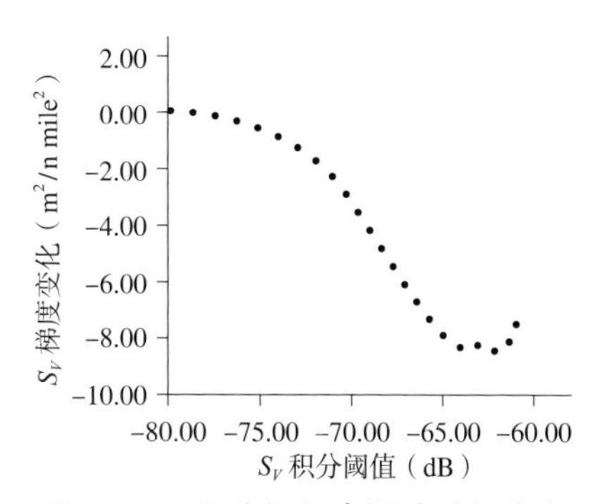

图 2-17 积分阈逐步调试过程中积分值梯度变化

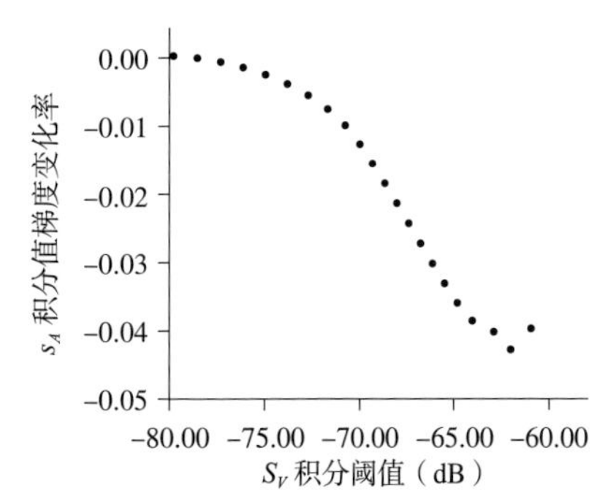

图 2–18　积分阈逐步调试过程中积分值相对梯度变化

2.2.2.2　时变增益背景噪声（TVGBN）去除环境背景噪声和混响对数据的影响

当然，在对鸢乌贼声学数据分析时发现，由于在调查区域中环境存在的背景噪声和混响与鸢乌贼信号差异很小，SNR 很小，所以针对信噪比较小的情况，只用阈值 $S_{v,threshold}$ 不是最合适的方法。使用 $S_{v,threshold}$ 可以发现在 100 m 水层以下调查海域中并没有办法有效去除存在的背景噪声或混响，为了研究清楚调查海洋鸢乌贼的分布情况以及进一步分析资源量，需要对整个调查水层的鸢乌贼信号进行有效提取。

针对调查环境中 SNR 较小的情况，以及 100 m 水层以下噪声以及混响无法有效剔除的情况，使用时变增益背景噪声（TVBGN）是一个较为合理的处理办法。

使用 Echoview 软件，数据处理过程简单易操作。建立 TVG 模型改变本底噪声，分别为 –110 dB、–113 dB、–116 dB、–119 dB。研究发现，本底噪声值设置为 –113 dB 可有效消除环境中存在的噪声与混响。如图 2–19 所示。

2.2.2.3　鸢乌贼在灯光诱集下的变化

计算在本底噪声 –113 dB 情况下鸢乌贼的密集情况，根据公式 2–11、公式 2–12、公式 2–13 计算灯光诱集下鸢乌贼的分布变化规律，以及密度变化情况。鸢乌贼的平均胴长为 118 mm，将计算得到的平均 *TS* 代入公式 2–12，得到平均反向声学散射截面 $\overline{\sigma_{bs}}$，再将 $\overline{\sigma_{bs}}$ 代入公式 2–11 得到鸢乌贼密度。根据图 2–20 对鸢乌贼密度进行分析。

调查数据见表 2–5、表 2–6、表 2–7，表明开灯后从 100 m 水层以下的鸢乌贼被灯光诱集，上浮到适合鸢乌贼活动的光强区 0 ~ 100 m，且随着灯光诱集时间的增加密度逐渐增大到饱和密集状态。

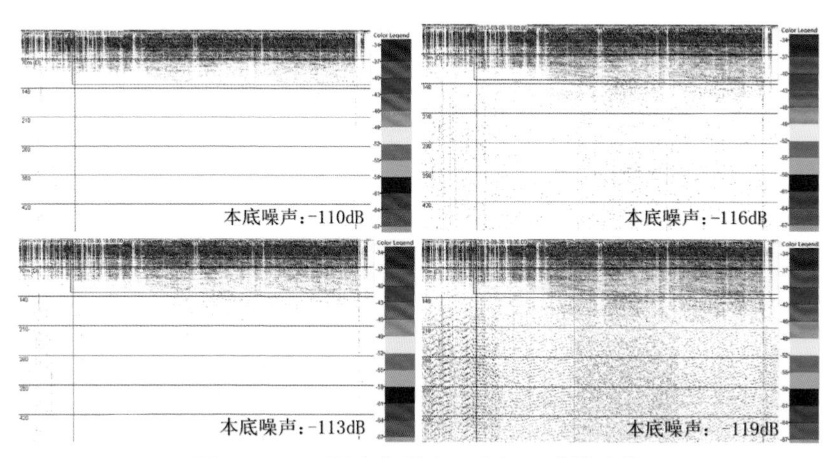

图 2-19　不同本底噪声下分析区域的映像

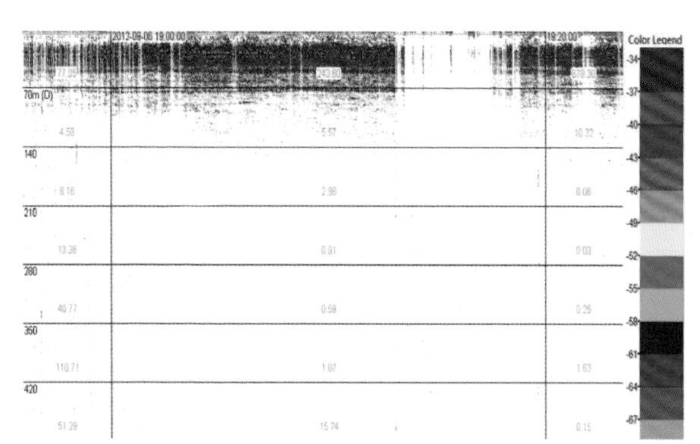

图 2-20　鸢乌贼单位海里面积散射强度变化

表 2-5　开灯后鸢乌贼单位海里面积散射强度变化

调查水层深度（m）	放网前 20 min *NASC*（m^2/n $mile^2$）	开灯 0 ~ 20 min *NASC*（m^2/n $mile^2$）	开灯 20 ~ 40 min *NASC*（m^2/n $mile^2$）
0 ~ 70	77.05	243.6	678.3
70 ~ 140	4.58	5.57	10.32
140 ~ 210	8.16	2.96	0.06
210 ~ 280	13.36	0.91	0.03

（续表）

调查水层深度（m）	放网前 20 min *NASC*（m^2/n $mile^2$）	开灯 0 ~ 20 min *NASC*（m^2/n $mile^2$）	开灯 20 ~ 40 min *NASC*（m^2/n $mile^2$）
280 ~ 350	40.77	0.59	0.25
350 ~ 420	110.71	1.07	1.73
420 ~ 490	51.29	15.74	0.15

表 2-6　开灯后单位平方海里鸢乌贼密度变化

调查水层深度（m）	放网前 20 min 密度（Indv /n $mile^2$）	开灯 0 ~ 20 min 密度（Indv/n $mile^2$）	开灯 20 ~ 40 min 密度（Indv /n $mile^2$）
0 ~ 70	5 754 294.249	18 192 681.11	50 657 206.87
70 ~ 140	342 046.303 2	415 982.076 2	770 724.421 2
140 ~ 210	609 410.007 5	221 060.492 9	4 480.955 937
210 ~ 280	997 759.522	67 961.165 05	2 240.477 969
280 ~ 350	3 044 809.559	44 062.733 38	18 670.649 74
350 ~ 420	8 268 110.53	79 910.380 88	129 200.896 2
420 ~ 490	3 830 470.5	1 175 504.108	11 202.389 84

表 2-7　开灯后单位平方米鸢乌贼密度变化

调查水层深度（m）	放网前 20 min 密度（Indv /m^2）	开灯 0 ~ 20 min 密度（Indv/m^2）	开灯 20 ~ 40 min 密度（Indv /m^2）
0 ~ 70	1.677 683 763	5.304 137 114	14.769 278 34
70 ~ 140	0.099 724 745	0.121 280 968	0.224 707 287
140 ~ 210	0.177 675 529	0.064 450 927	0.001 306 438
210 ~ 280	0.290 900 131	0.019 814 305	0.000 653 219
280 ~ 350	0.887 724 426	0.012 846 638	0.005 443 49
350 ~ 420	2.410 595 32	0.023 298 139	0.037 668 954
420 ~ 490	1.116 786 505	0.342 722 16	0.003 266 094

（1）0～70 m **水层** 晚上7点没开灯前，鸢乌贼密度1.6 Indv/m^2；开灯后20 min内，鸢乌贼密度增加到5.3 Indv/m^2；开灯继续诱集40 min后，鸢乌贼密度增加到14.7 Indv/m^2。表明鸢乌贼灯光诱集效果明显。

晚上7点没开灯前，70～490 m水层鸢乌贼密度逐渐变大，说明在未开灯前鸢乌贼分布广泛，且在深水区有种群密度变大的趋势，这里可能有DSL层的影响。主要是乌贼和桡足类动物。散射体是生物性的，为存在于海洋中的海洋生物；低频选频特性是由含气鱼鳔所造成；非生物性的散射体对散射贡献微不足道。本次调查使用70 kHz频率声波，可检测到DSL深水散射层的存在。

（2）70～490 m **水层** 开灯后20 min内（晚上7：00～7：20），鸢乌贼密度逐渐变低。说明开灯后鸢乌贼群体整体上浮到0～70 m水层。

开灯后40 m内（晚上7：20～7：40），鸢乌贼分布密度进一步降低，且密度趋于稳定。说明在灯光诱集下鸢乌贼趋光性明显且在开灯1 h后密度达到饱和状态。具体数据参见表2–5、表2–6、表2–7。

根据采样的鸢乌贼生物学测量发现，鸢乌贼的平均体重为100 g左右，根据调查结果可知鸢乌贼的资源密度，结果见表2–8。

表2–8 开灯后单位平方海里鸢乌贼资源密度变化

调查水层深度（m）	放网前20 min密度（kg /n $mile^2$）	开灯0～20 min密度（kg /n $mile^2$）	开灯20～40 min密度（kg /n $mile^2$）
0～70	575 429.424 9	1 819 268.111	5 065 720.687
70～140	34 204.630 32	41 598.207 62	77 072.442 12
140～210	60 941.000 75	22 106.049 29	448.095 593 7
210～280	99 775.952 2	6 796.116 505	224.047 796 9
280～350	304 480.955 9	4 406.273 338	1 867.064 974
350～420	826 811.053	7 991.038 088	12 920.089 62
420～490	383 047.05	117 550.410 8	1 120.238 984

由于调查船在做鸢乌贼声学调查时，船只是抛锚漂流在海上的。船只在抛锚作业时是随海流移动的，速度为 1.3 n mile/h，可能有鸢乌贼随船一直游动的可能性。

2.2.3 小结

（1）**一个声脉冲取样水体内只有 1 个目标** 计算鸢乌贼的积分阈值得到 $S_{v,threshold}$ 随深度变化的公式 2–12：$S_{v,threshold}=-20\log r-37.04$。在深度 70 m 水层处，鸢乌贼的积分阈值约为 –73 dB。鸢乌贼的目标强度阈值为 –62.07 dB, 调查水层为鸢乌贼灯光诱集效果较明显的 0 ~ 70 m 水层。

（2）**一个声脉冲取样水体内有多个目标** 计算鸢乌贼的积分阈值。改变 Minimum S_V threshold 的阈值，初始值为 –80 dB。为精细、完整地反映积分值对积分阈变化的响应，以 1 dB 为梯度差，在 –80 ~ –60 dB 范围内设置 21 个积分阈调试值进行积分值变化分析。以 i=1、2、3…21 代表积分阈的序号，以 s_A（i）代表第 i 个积分阈调试值，则有 s_A（1）= –80 dB，s_A（2）= –79 dB，以此类推。观察积分阈值与 *NASC* 值的变化情况，根据以上分析，在过渡区域（–75 ~ –70 dB）中选择一个阈值是比较合理的方法。结合公式 2–12 的计算结果与积分阈值变化研究，认为 –73 dB 是较为合理的。

（3）**关于鸢乌贼的趋光性** 调查数据表明，总体来讲开灯后从 100 m 水层以下的鸢乌贼被灯光诱集，上浮到适合鸢乌贼活动的光强区 0 ~ 100 m，且随着灯光诱集时间的增加密度逐渐增大到饱和密集状态。根据采样的鸢乌贼生物学测量可得，鸢乌贼的平均体重为 100 g 左右，根据调查结果可知鸢乌贼的资源密度。由于调查船在做鸢乌贼声学调查时，船只是抛锚漂流在海上随海流移动的，调查船以时速 1.3 n mile 漂流。

2.3 南海灯光罩网沉降性能研究

南海是中国最大的外海，地理环境优越，渔业资源丰富多样。研究发现，南海陆架区以外蕴含着丰富的中上层鱼类和头足类生物，鸢乌贼（*Symplectoteuthis oualaniensis*）和金枪鱼类是其中最为典型的代表，仅深水鸢乌贼保守估计资源量在 1.5×10^6 t 以上，具有极强的开发潜力。由于灯光罩网渔业渔获量高、生产效益好、作业稳定，已成为捕捞南海中上层鱼类的主要作业方式。

灯光罩网作业规模小，网具结构简单，技术要求低，操作简单，但其捕捞效率高，劳动强度也低。迄今为止，未发现国内外学者有对灯光罩网的沉降性能做过相关研究，只有国内学者对南海灯光罩网渔业的渔获组成、开发现状、技术效率等进行过相关研究。但有相关学者对围网网具沉降性能做过研究，认为围网下纲的沉降速度和最大沉降深度是反映围网沉降性能的主要指标，是评价围网网具作业性能的重要参数。

南海灯光罩网作业时，通过光诱技术将鱼群诱集后再行扣罩，当网口纲未下降到预定深度时，鱼群会从网口纲下方逃逸，网具能否在最短的时间内下沉到鱼群下方是灯光罩网捕捞效益的关键。因此，灯光罩网的网具最大沉降深度及其沉降速度对渔业产量有着重要影响，也是反应灯光罩网沉降性能最重要的参数，具有重要研究意义。课题通过 2013 年 3 月 ~ 4 月在南海海域测定的灯光罩网网具作业数据，结合渔场环境数据，通过多元回归分析筛选出影响灯光罩网最大沉降深度的影响因子，并分析灯光罩网最大沉降深度和沉降速度与时间的关系，以期为改善南海灯光罩网沉降性能提供参考。

2.3.1 材料方法

2.3.1.1 试验渔船

调查船为广西壮族自治区北海市的“桂北渔 80208”号渔船，钢质，船长 39.02 m，型宽 7.2 m，型深 4.1 m，总吨 416 t，撑杆舷外有效长度 36 m，主机 2 台，每台功率 201.0 kW。船上配 460 盏金属卤化物集鱼灯（每盏集鱼灯功率 1 kW）及 HE–670 型垂直探鱼仪、GPS 导航仪、单边带对讲机等仪器设备，作业时开灯 230 盏左右。

2.3.1.2 试验网具

调查船使用的灯光罩网网具的主尺寸为 281.60 m × 80.18 m，即结附网衣的沉子纲（网口纲）长为 281.60 m，均匀装配 1 kg 的铅沉 2 816 个，网身的纵向拉直高度为 80.18 m。全身网衣构成锥形，材料为 PA（锦纶，白胶丝），网口网目尺寸为 35 mm，网囊最小网目尺寸为 17 mm（图 2–21）。

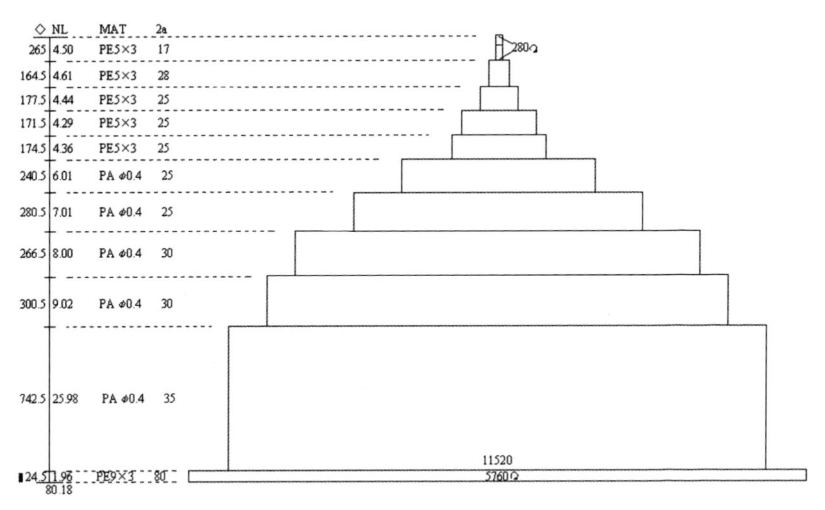

图 2–21 网衣展开

灯光罩网在我国渔具分类中属于掩罩类渔具，到达渔场后，用船上的 4 个支架先将网衣撑开，日落后开灯进行诱鱼，诱鱼时长大约为 2 h，视当天月光强度而有所变化；待鱼群诱集后，关灯并迅速将网具扣罩下去，待网具沉降到一定深度之后，快速收缴网口纲，将网口封闭；而后逐步将整个网具拉上甲板，倒出渔获。一般每晚作业 6 ~ 10 网次。

2.3.1.3 调查方法与数据处理

（1）**测试仪器** 测试仪器为加拿大RBR公司生产的TDR-2050型微型温度深度计（简称TDR，下同）。仪器测定深度范围为10～740 m，测试精度为满量程的0.05%，分辨率为满量程的0.001%。该仪器可自动记录和保存数据。海流速度及风力数据分别由船上多功能卫星导航仪（赛洋T150）和风力计读出。

（2）**测试方法** 考虑灯光罩网渔业的作业特性，在收网的一侧（即网口纲的一边）使用3个TDR进行测试。1号和2号TDR分别置于船左侧的2个支架正下的网口纲上，3号TDR置于支架撑开的网口纲中部。测定时，TDR设置时间与电脑同步，时间间隔为1 s，以便记录灯光罩网操作过程中的各个时间点（图2–22）。

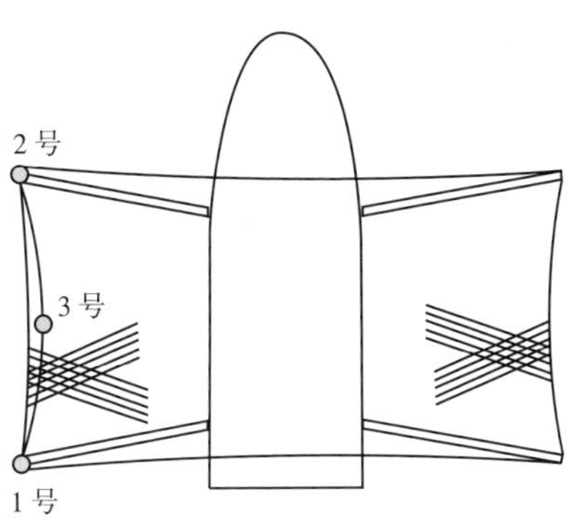

图2–22 TDR装备示意

（3）**数据处理**

① 沉降深度和沉降速度测算。根据海上测试中有效网次的网口纲各测量点的最大沉降深度值，分析网口纲各部分的最大沉降深度；以5 m水深为单位，计算各测量点单位内的平均沉降速度，分析各测量点网口纲沉降过程中的平均沉降速度随水深的变化情况。

② 沉降深度和沉降速度与时间的关系。考虑到支架正下测量点的网口纲最大沉降深度最大，因此在分析沉降深度和沉降速度与时间的关系时选取1号TDR的数据进行分析。沉降深度以5 s为单位选取，沉降速度以20 s为单位取20 s内沉降速度的平均值，采用多项式回归分析沉降深度和沉降速度与时间的关系。

③ 多元线性回归。选用1号TDR部位网口纲的沉降数据，以及采集的环境数据，利用R软件的多元线性回归模型来分析灯光罩

网最大沉降深度（D）与放网时间（T_1）、海流速度（V_1）、风力（V_2）、风流向夹角（C）、绞纲时间（T_2）等变量因子之间的影响关系，并对各因子与模型方程分别进行 t 检验和 F 检验。多元线性回归模型的表达式为：

$$Y=\beta_0+\beta_1X_1+\ldots+\beta_pX_p+\varepsilon \quad (2\text{–}16)$$

式中，$\varepsilon \sim N(0, \sigma^2)$，$\beta_0, \beta_1\cdots\beta_p$ 和 σ^2 是未知参数，$X_1\cdots X_p$ 为变量因子，$p\geqslant 2$。

④ 模型的逐步回归。为了能够区分不同因子对最大沉降深度的影响效应，以及避免因子间可能存在的交互效应，故在利用多元线性回归模型时，采用逐步加入因子进行分析的方法。以 AIC 信息统计量为准则，AIC 值相对较小的模型为最适合的模型，以此达到删除和增加变量的目的，最后选择对网具最大沉降深度影响最为显著的因子进行模型的进一步修正，从而得到最优回归方程。

⑤ 多重共线性的检验。由于某些自变量之间存在相互关系，在进行回归模型分析时可能会产生让人非常费解的结果，估计的效应也会由于模型中的其他自变量而改变数值，故在分析时，了解自变量间的关系影响非常重要。这一复杂问题称为多重共线性，通常对于 p（>2）个自变量，如果存在常数 c_0，$c_1\cdots c_p$，使得：

$$c_1X_1+c_2X_2+\ldots+c_pX_p=c_0 \quad (2\text{–}17)$$

近似成立，则表示这 p 个变量存在多重共线性。

度量多重共线性严重程度的一个重要指标是矩阵 $X^{\mathrm{T}}X$ 的条件数，即：

$$\kappa(X^{\mathrm{T}}X)=\|X^{\mathrm{T}}X\|\cdot\|(X^{\mathrm{T}}X)^{-1}\|=\frac{\lambda_{\max}(X^{\mathrm{T}}X)}{\lambda_{\min}(X^{\mathrm{T}}X)} \quad (2\text{–}18)$$

条件数刻画了 $X^{\mathrm{T}}X$ 的特征值的大小，一般情况下 $\kappa<100$，则认为多重共线性的程度很小；若 $100\leqslant\kappa\leqslant 1\,000$，则认为存在中等程度或较强的多重共线性，若 $\kappa>1\,000$，则认为存在严重的多重共线性。

2.3.2 结果与分析

2.3.2.1 网具最大沉降深度

从采集的数据中提取出最大沉降深度数据，如表 2–9。结果显示，灯光罩网网口纲各部位中，1 号 TDR 和 2 号 TDR 部位的平均最大沉降深度分别为 71.26 m 和 70.90 m，变化范围分别为 59.38 ~ 84.90 m 和 59.90 ~ 84.89 m；3 号 TDR 部位的平均最大沉降深度为 68.44 m，变化范围为 52.86 ~ 83.31 m。网口纲各部位（选取网口纲的一边来说明）的最大沉降深度呈现中间浅两端深的趋势，这与围网下纲的最大沉降深度变化趋势正好是相反的；1 号 TDR 和 2 号 TDR 部位的最大沉降深度基本一致，但在不同海况条件下受环境影响会有所差异，3 号 TDR 部位的最大沉降深度明显要小于 1 号 TDR 和 2 号 TDR。

表 2–9 灯光罩网各测试部位的最大沉降深度

网　次	各测试部位对应 TDR 编号			
	放网时间（s）	1 号（m）	2 号（m）	3 号（m）
1	84	68.45	66.38	61.31
2	69	64.17	60.56	59.43
3	68	67.17	63.24	59.82
4	71	63.92	60.43	57.18
5	66	74.10	73.04	71.46
6	105	72.32	71.23	69.71
7	103	71.95	71.16	69.93
8	79	69.61	69.33	67.91
9	74	68.26	67.59	65.19
10	75	74.66	74.29	72.98
11	77	64.19	62.66	60.45
12	56	66.24	66.28	58.12

（续表）

网　次	各测试部位对应 TDR 编号			
	放网时间（s）	1 号（m）	2 号（m）	3 号（m）
13	70	72.31	72.43	71.74
14	57	73.52	72.67	71.46
15	68	64.59	64.32	62.44
16	54	59.68	59.90	57.12
17	59	59.81	59.98	59.27
18	76	59.38	60.13	56.55
19	102	74.78	75.19	73.60
20	97	75.14	74.75	73.59
21	98	75.85	75.87	75.00
22	100	74.26	73.17	72.78
23	105	76.60	76.23	75.60
24	102	72.71	72.63	72.39
25	101	72.36	72.43	71.84
26	121	78.08	78.14	77.85
27	50	61.02	64.64	58.57
28	47	64.73	66.97	61.19
29	45	64.12	66.35	61.56
30	51	60.12	62.71	55.78
31	46	68.94	70.21	68.62
32	50	59.74	61.18	57.04
33	47	63.62	65.19	61.52
34	47	61.97	62.23	61.02
35	104	79.67	80.70	76.37
36	111	84.90	84.89	81.72

（续表）

网　　次	各测试部位对应 TDR 编号			
	放网时间（s）	1 号（m）	2 号（m）	3 号（m）
37	106	82.27	82.13	79.73
38	82	78.96	78.95	76.38
39	152	80.70	80.46	78.28
40	94	75.25	75.30	68.94
41	59	66.40	66.04	62.44
42	58	65.04	64.36	59.81
43	64	68.84	69.51	65.27
44	95	66.38	67.13	64.14
45	72	66.21	68.14	63.41
46	60	62.92	64.25	60.74
47	77	63.61	63.40	52.86
48	85	76.26	76.19	74.95
49	69	69.26	69.25	67.45
50	96	78.36	77.30	77.24
51	100	83.87	83.62	83.31
52	53	76.72	77.08	75.69
53	81	76.03	75.64	75.06
54	85	76.75	76.68	75.11
55	81	77.28	77.49	75.36
56	92	78.72	78.35	77.21
57	80	70.52	76.92	77.91
58	89	73.13	75.02	75.70
59	82	72.54	72.44	71.98
60	57	69.12	70.44	69.44

（续表）

网　　次	各测试部位对应 TDR 编号			
	放网时间（s）	1 号（m）	2 号（m）	3 号（m）
61	51	73.85	75.20	75.57
62	62	72.73	70.99	69.24
63	66	74.02	73.64	72.17
64	60	77.96	77.98	75.93
65	82	76.99	76.59	74.81
66	78	75.27	75.68	73.31
67	67	75.08	76.25	73.43
68	58	73.88	75.64	72.63
69	80	72.94	74.04	71.77
70	76	74.85	75.42	73.00
71	48	76.11	66.38	64.64
72	40	70.17	62.50	60.59
73	49	70.46	64.36	59.72
74	51	70.59	63.83	60.98
75	46	73.83	70.89	65.47
76	53	69.19	63.95	61.50

2.3.2.2　网具沉降速度

根据测试数据，分析灯光罩网网口纲各部位的沉降速度变化。结果显示，灯光罩网网口纲两端、网口纲中部沉降速度差异较大，1 号 TDR 和 2 号 TDR 部位的网口纲沉降速度相对较快，平均沉降速度分别为 0.295 m/s 和 0.268 m/s，3 号 TDR 部位的网口纲沉降速度较慢，平均沉降速度为 0.215 m/s。从整体来看，网口纲的沉降趋势是先快后慢，且沉降速度都随深度的增加而递减。1 号和 2 号 TDR

部位网口纲的沉降速度都在 10 m 达到最大，分别为 0.550 m/s 和 0.732 m/s，而 3 号 TDR 部位网口纲的沉降速度在 5 m 达到最大，为 0.621 m/s。且 1 号和 2 号 TDR 部位网口纲的沉降速度在 20 ~ 35 m 区间变化相对平稳，在其他水深变化剧烈，而 3 号 TDR 部位网口纲在整个沉降过程中沉降速度变化都比较剧烈，在最后 20 m 内沉降速度有回升的趋势，这可能是由于网口纲中部受环境影响较大（图 2-23 ~ 图 2-25）。

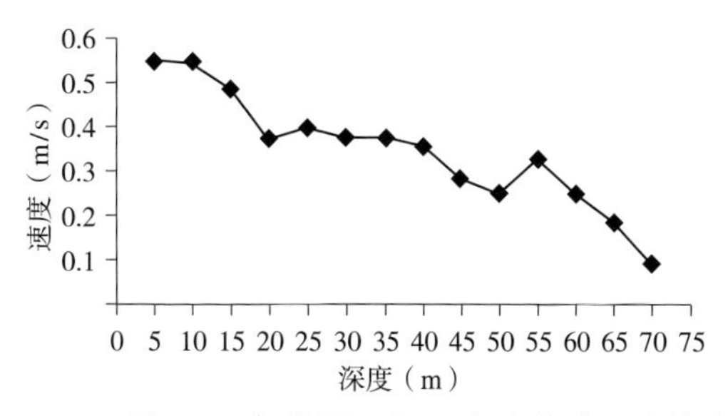

图 2-23　1 号 TDR 部位网口纲沉降速度随深度的变化

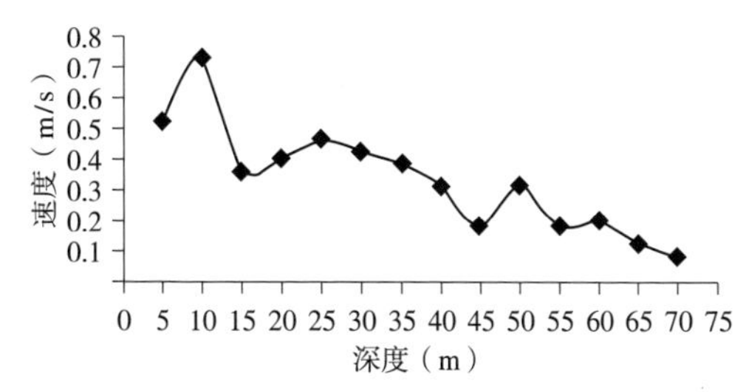

图 2-24　2 号 TDR 部位网口纲沉降速度随深度的变化

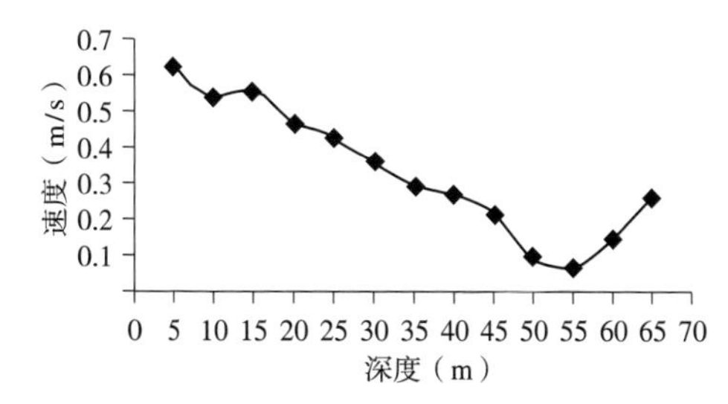

图 2-25　3 号 TDR 部位网口纲沉降速度随深度的变化

2.3.2.3 网具沉降深度与时间的关系

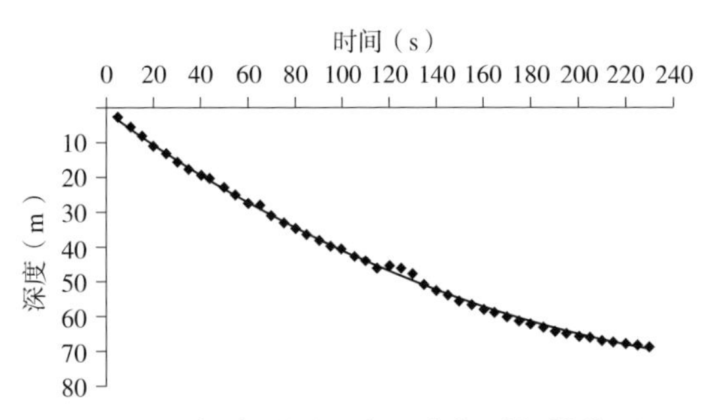

图 2–26 灯光罩网沉降深度与时间的关系

南海灯光罩网网口纲沉降时间一般为 250 s 左右，波动范围较小。如图 2–26 所示，以 5 s 为单位，提取沉降深度数据，分析灯光罩网 1 号 TDR 部位网口纲沉降过程中沉降深度与时间的关系。结果显示，灯光罩网前期沉降较快，在 180 s 内就能沉降到 60 m，而后沉降速度变慢，沉降趋于稳定。1 号 TDR 部位网口纲沉降深度与时间关系采用多项式回归法，得到沉降深度与时间的关系式为：

$$H = -0.0008t^2 + 0.4766t + 1.2063 \qquad (2\text{–}19)$$

R^2=0.998 5，式中，H 为沉降水深，单位为 m；t 为沉降时间，单位为 s。

2.3.2.4 网具沉降速度与时间的关系

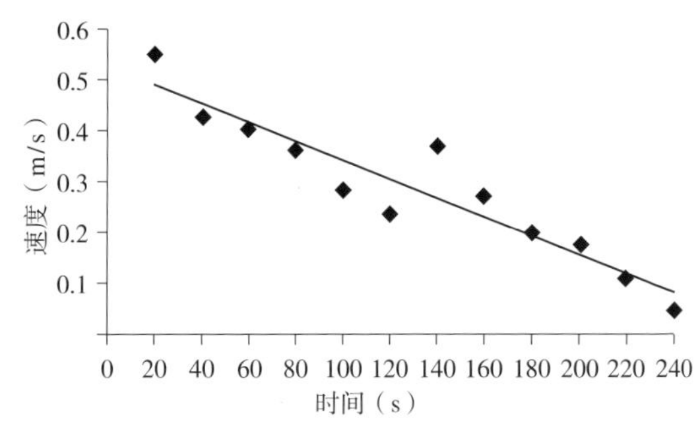

图 2–27 灯光罩网网口纲沉降速度与时间的关系

南海灯光罩网网口纲沉降速度随时间的增加而递减，如图 2–27 所示，以 20 s 为单位，计算 20 s 内沉降速度的平均值，分析 1 号 TDR 部位网口纲沉降过程中沉降速度与时间的关系。结果显示，网具在沉降过程中沉降速度前期下降较快，在 120 ~ 180 s 期间内会有波动，而后下降趋势减慢。1 号 TDR 部位网口纲沉降速度与时间关系采用多项式回归法，得到沉降速度与时间的关系式为：

$$V = -1E - 07t^2 - 0.0018t + 0.5269 \qquad (2\text{–}20)$$

$R^2 = 0.8813$，式中，V 为沉降速度，单位为 m/s；t 为沉降时间，单位为 s。

2.3.2.5　多元线性回归模型

研究发现，灯光罩网网口纲在沉降过程中受环境影响较高，在沉降过程中沉降速度波动较大。为了明确各个环境因子对灯光罩网沉降过程的影响机制，利用灯光罩网网口纲的沉降数据及采集的环境数据，采用多元线性回归分析网口纲最大沉降深度与放网时间、海流速度等 5 个因子的线性关系。

结果显示，放网时间、风流向夹角、绞纲时间对网具最大沉降深度影响极为显著（$P < 0.001$），而海流速度、风力对网具最大沉降深度影响不太显著（$P < 0.1$）。为了剔除对网具沉降性能影响较小的变量，选用逐步回归法进一步确定影响网具沉降的有效因子，可以得到最优的多元回归模型。但是由于该 5 个因子对灯光罩网网

表 2–10　影响网口纲最大沉降深度各因子的参数估计

因子	估计值	t 值	P	F 统计量	P	R^2
截距	26.264 584	5.929	$1.05e^{-7}$	39.35	$<2.2e^{-16}$	0.737 6
T_1	0.194 256	10.775	$<2e^{-16}$			
V_1	−3.272 792	−1.947	0.055 569			
V_2	0.497 126	1.896	0.062 075			
C	−0.015 671	−3.857	0.000 252			
T_2	0.078 920	9.027	$2.36e^{-13}$			

口纲最大沉降深度都有影响，因此采用逐步回归法分析时，不能得到更优的多元线性回归模型，其 AIC 值已达到最小，为 185.23。

因此，得到灯光罩网网口纲最大沉降深度与各因子关系的最终模型为：

$$D = 26.265 + 0.194T_1 - 3.273V_1 + 0.497V_2 - 0.016C + 0.079T_2 \quad (2\text{-}21)$$

由式 2-21 得出，网具最大沉降深度与放网时间、风力、绞纲时间成正比，而以海流速度、风流向夹角成反比。由变量因子生成的相关矩阵 $X^{T}X$ 的条件数表明，放网时间、风力、绞纲时间、海流速度、风流向夹角 5 个因子之间不存在多重共线性（$k = 2.396 < 100$）。

2.3.3 小结

（1）南海灯光罩网网口纲最大沉降深度 呈现两端深中间浅的特点，网具中部相较于网具两端最大沉降深度相差为 3 ~ 5 m，海上测试过程中，由于不能准确地保证 3 号 TDR 每次都处于网口纲正中间部位，所以网具中部与两端的最大沉降深度差值有差异，甚至由于海流、风力等环境影响出现比网口纲两端的最大沉降深度还大的数值；平均沉降深度约为 70 m，与围网的平均沉降深度 160 m 相差很大，沉降时间大约为 250 s，远小于围网的沉降时间；沉降过程中，网具两端与网具中部的沉降速度差异较大，网具两端沉降速度明显大于网具中部，且网具两端沉降速度都在 10 m 达到最大，而网具中部在 5 m 就达到了最大，这与围网网具沉降速度也有所差异。

（2）灯光罩网最大沉降深度与各影响因子的相关性 采用了多元线性回归统计对影响因子的影响机制进行了表达分析，并采用多重共线性分析了各影响因子之间是否存在相关性，并利用模型预测了灯光罩网最大沉降深度与各影响因子之间的表达式，在一定程度上解释了灯光罩网网具沉降的外部规律，为改进南海灯光罩网渔业方式提供了理论基础。结果中，海流速度对网具最大沉降深度影响不太显著，影响效果明显低于放网时间、风流向夹角、绞纲时间，这可能是由于测量的海流速度为表层流，初始下网后由于网口纲及网衣较重，入水后未完全展开就快速下沉所造成的。

2.4 灯光罩网网口沉降与闭合性能研究

灯光罩网的研究前期主要集中在渔具渔法调查方面。近年来，有关南海灯光罩网渔业的渔获组成、开发现状、技术效率等方面的研究已见报告。但对罩网作业性能的研究却相对较少，且仅限于罩网沉降性能的初步研究。相对而言，作为一种新兴渔业，罩网作业性能的研究目前仍处于起步阶段，这与国内外学者对围网的较深入研究形成鲜明对比。

罩网放网后，为避免网衣下方的鱼群逃逸，呈矩形撑开的网口纲必须尽快下沉到鱼群下方，然后快速闭合将鱼群包裹在网内，使之无法逃脱。因此，除了网口沉降速度外，网口闭合速度也是决定罩网作业性能的主要参数，具有重要研究意义。2014 年 11 月，我们开展了一个航次的罩网海上捕鱼试验，期间利用 SDKN-500 型网位仪采集了罩网网口深度和网口距离随时间变化数据，在此基础上，我们结合开始放网时间、绞收括纲时间等关键作业参数，开展了罩网网口闭合与沉降性能的分析，以期为优化灯光罩网渔具渔法、提高罩网捕捞效率提供参考。

2.4.1 材料与方法

2.4.1.1 试验渔船与时间

试验船为广东电白区博贺渔港的“粤电渔 42212”号灯光罩网渔船（图 2-28），钢质，船长 44.42 m，型宽 7.80 m，型深 4.30 m，设计排水量 816.9 t，4 根撑杆长度都为 40 m。渔船主机 2 台，总功率 318 kW，发电

图 2-28 试验渔船

机 4 台，总容量 720 kW；渔船配 500 盏金属卤化物集鱼灯（×1 kW）；船员 11 人。海上试验航次时间为 2014 年 11 月 10 日至 12 月 1 日。

2.4.1.2　试验渔具

试验罩网是在南海渔民常用网型基础上优化改进而来，网具主尺度为 303.00 m × 87.66 m，即结附网衣的网口纲（沉子纲）长度 303.00 m，网衣纵向拉直高度 87.66 m（图 2–29）。试验罩网整体呈锥形，采用多段圆周递减的直筒型网衣缝合而成；网身分为 5 段，材料为 PA（锦纶，白胶丝）；网囊也分为 5 段，材料为 PE；罩网网身最大网目 35 mm，网囊最小网目 20 mm。网具网口纲均匀装配 1.25 kg 的铅沉 1 212 个，合计 1 515 kg。

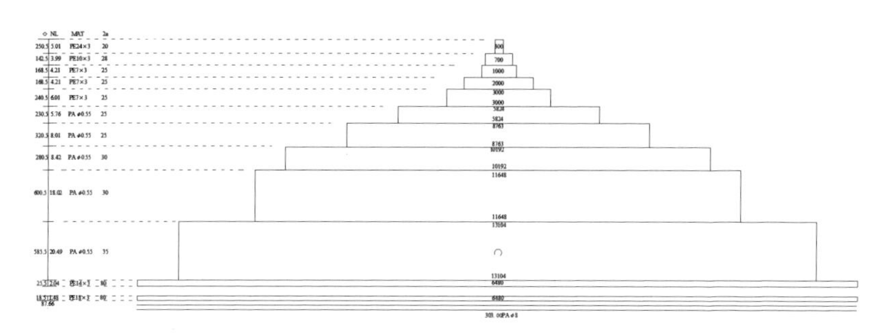

图 2–29　试验网具

2.4.1.3　测量仪器与方法

测量仪器为日本 FUSION 公司生产的 SDKN–500 型网位仪（图 2–30），尺寸 $\varphi 60 \times 270$ mm，质量 3 kg。分为母机和子机，母机带有 SD 数据卡，可自动记录和存储数据；测距方式为相互应答式，测量参数包括距离、深度、温度。其中距离测量范围为

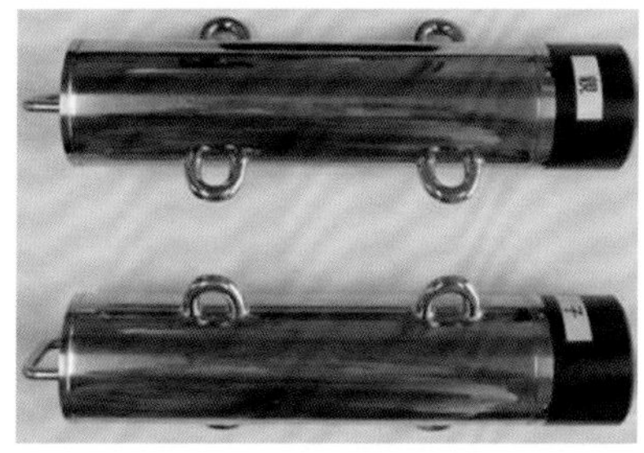

图 2–30　SDKN–500 型网位仪

0 ~ 500 m，精度为 1 cm；深度测量范围为 0 ~ 600 m，精度 1%；温度测量范围为 −5 ~ 30℃，精度 ±0.1℃；测量时间间隔为 1 s。

罩网网具撑开后，网口纲近似呈正方形（每条边之间的垂直距离约 65.0 m，该垂直距离定义为“网口距离”，用于研究“网口闭合性能”），为避免船底对测试声波的干扰，试验期间将 SDKN−500 型网位仪的母机和子机分别捆绑在渔船左舷前后网角沉纲上进行海上实时数据的测量，同时记录渔船操作数据（图 2−31）。

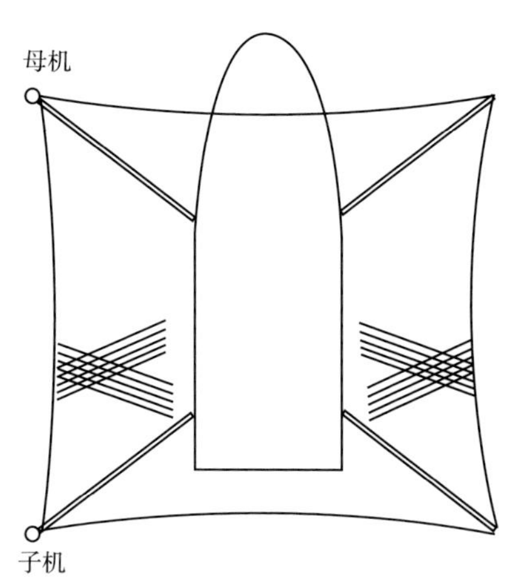

图 2−31　SDKN−500 型网位仪位置示意

2.4.1.4　数据处理

试验期间，合计获得试验网具 4 个夜晚、21 个有效网次的数据。试验期间因天气原因，风、海浪等海况因素存在较大差异，为降低海况差异对试验数据的影响，本研究选择了海况因素相似且在同一位置试验的 11 月 24 日和 26 日合计 10 个网次的数据进行分析。这 2 晚渔船是在海南岛东部 19°46′N、111°41′E 海域作业，水深 92 m。

根据 SDKN−500 型网位仪记录的数据，并结合各网次绞收网口纲时间，认为决定罩网捕捞性能的 5 个关键时间节点依次为：开始放网时间、绞收网口纲时间、网口加速闭合时间、网口达最大深度时间、网口完全闭合时间，并分析各关键时间节点时罩网的网口深度与网口间距。5 个关键的时间点将网口沉降与网口闭合过程分为 4 个阶段，比较每个阶段网口沉降与网口闭合情况的变化。

网口深度和沉降速度与时间的关系。网口深度以 5 s 为单位选取，沉降速度以 20 s 为单位取 20 s 内沉降速度的平均值，采用多项式回归法（Polynomial Regression）分别分析网口深度、沉降速度与时间的关系。

网口间距和闭合速度与时间的关系。网口间距以 5 s 为单位选取，闭合速度以 20 s 为单位取 20 s 内闭合速度的平均值，采用多项式回归法分别分析网口间距、闭合速度与时间的关系。

利用变异系数 CV（Coefficient of Variance）反映网口深度与网口间距在不同时刻的波动情况。CV 是标准偏差与平均值之比，其表达式为：$CV=\frac{s}{\bar{x}}\%$，s 为标准偏差，$\bar{x}$ 为平均值。

2.4.2 结果与分析

2.4.2.1 网口随时间变化及关键节点的确定

根据 SDKN-500 型网位仪记录的数据，分别绘制出 4 个代表性网次的网口深度和网口间距随时间变化的趋势图（图 2-32）。从图中可初步了解罩网网口状态随时间的变化：罩网放网后，网口深度到达最大深度后，大多会维持一段时间的相对稳定（平均 77.8 s）；网口间距开始阶段呈缓慢变小的趋势，然后出现一个相对较明显的拐点，网口间距快速变小直至完全闭合。

结合各网次的开始放网时间、绞收网口纲时间等关键作业参数，研究认为决定罩网捕捞性能的 5 个关键时间节点依次为：开始放网时间（A，设为 0 s），开始绞收网口纲（B，平均 104.0 s），网口加速闭合（C，平均 224.7 s），网口达最大深度（D，平均 266.6 s）和网口完全闭合（E，平均 334.6 s）（图 2-32a）。渔船绞收网口纲后，网口沉降和闭合速度并不会马上突变，而是存在一个滞后时间。网口降至最大深度时，仍未完全闭合，此后深度相对稳定，直至网口完全闭合并停滞一段时间后，网口才开始上升。

2.4.2.2 5 个关键时间节点的网口深度和间距

统计了 10 网次 5 个关键时间节点的网口深度与网口间距，图中直线表示此时间节点网口深度与网口间距 10 网次的平均值（图 2-33）。从图中可以看出罩网放网后网口深度加深的同时，网口间距变小。各时间节点网口状态为：①渔船开始放网（深度 0 m、间

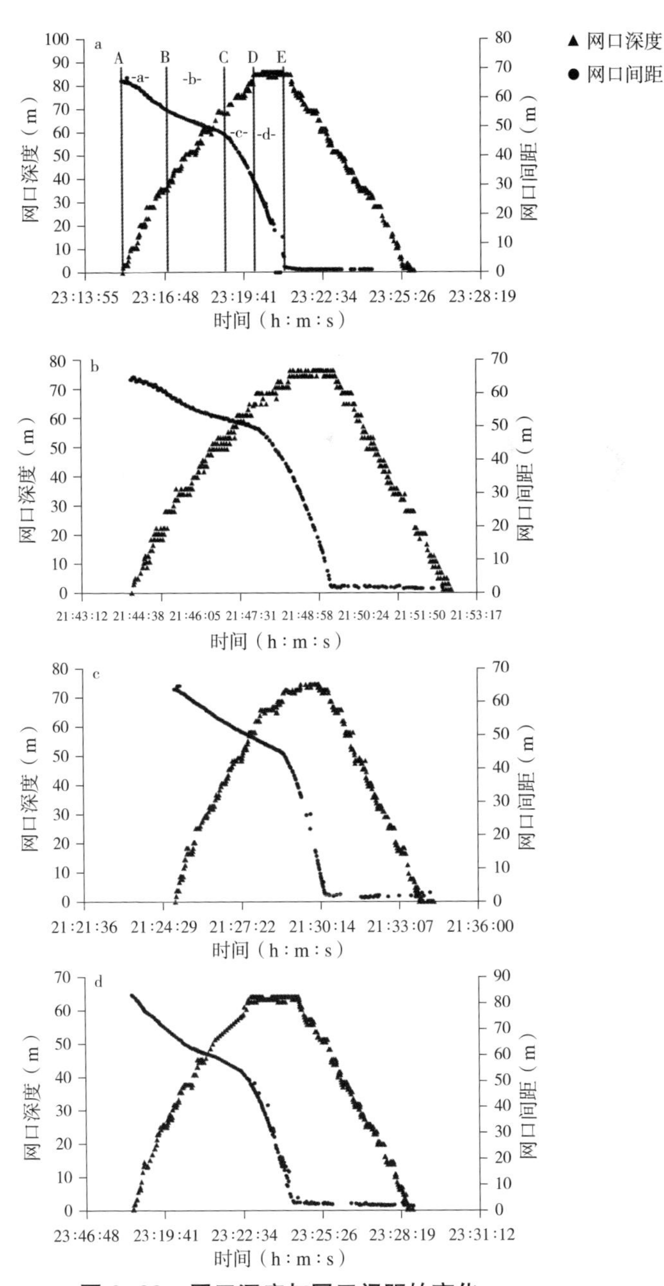

图 2-32 网口深度与网口间距的变化

距 65.0 m），②开始绞收网口纲（深度 43.5 m、间距 54.3 m），③网口加速闭合（深度 72.2 m、距离 41.6 m），④网口达最大深度（深度 82.0 m、距离 31.0 m），⑤网口完全闭合（深度 80.5 m、距离 2.1 m）。其中 SDKN-500 型网位仪因其安装位置之间存在一定距离，故最终读数并不为 0。

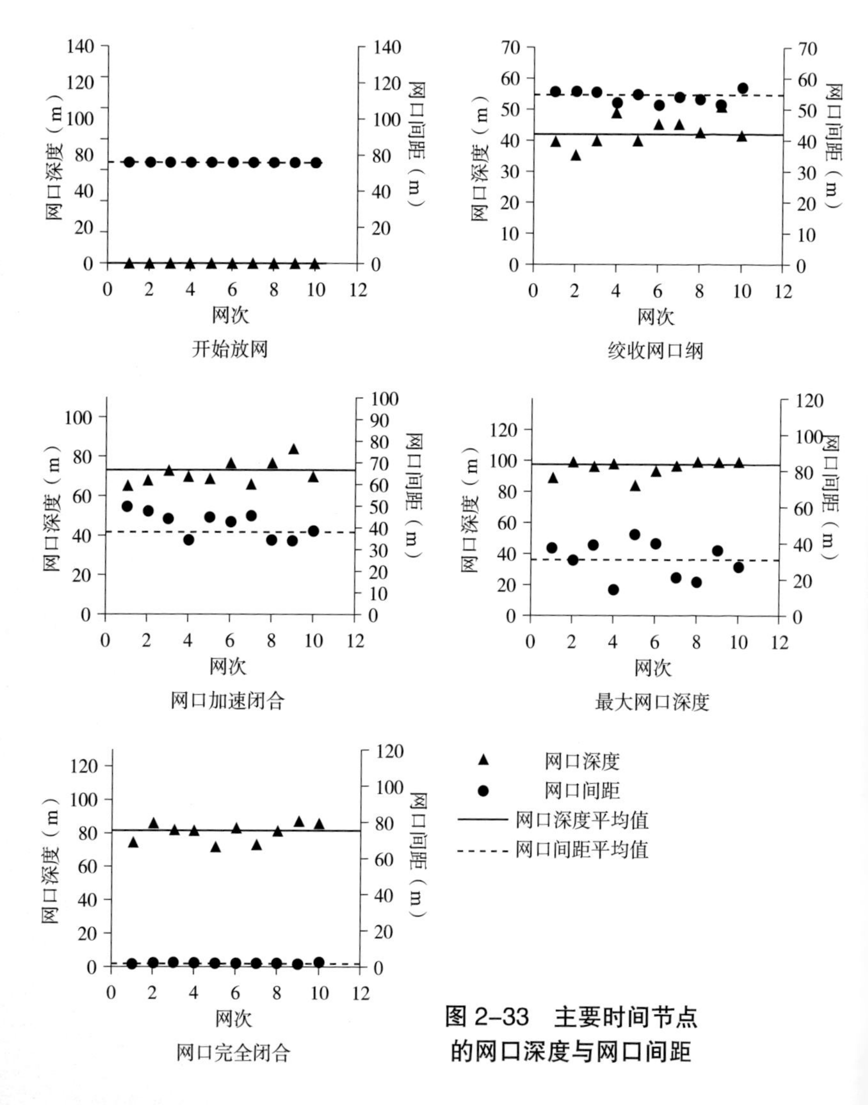

图 2-33　主要时间节点的网口深度与网口间距

2.4.2.3 4 个时间段的网口沉降与闭合速度

根据 5 个关键时间节点（图 2–32），可以将罩网沉降和闭合过程分为 4 个时间段，依次为开始放网至绞收网口纲（a）、绞收网口纲至急剧闭合（b）、急剧闭合至最大深度（c）和最大深度至完全闭合（d），4 个时间段的平均持续时间分别为 104.0 s、120.7 s、41.9 s 和 68.0 s。

图 2–34 统计了 4 个时间段内平均的网口沉降速度和闭合速度。4 个时间段的网口沉降速度呈递减趋势，分别为 0.419 m/s、0.238 m/s、0.233 m/s、–0.021 m/s；4 个时间段的网口闭合速度呈递增趋势，分别为 0.103 m/s、0.105 m/s、0.253 m/s、0.424 m/s。

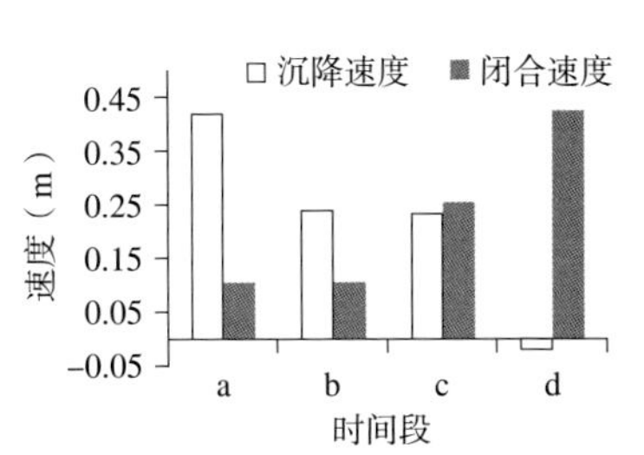

图 2–34 4 个时间段网口沉降与闭合速度

2.4.2.4 网口深度、沉降速度与时间的关系

以 5 s 为时间段选取每网次的网口深度，并对所有网次的数据进行平均来研究网口深度与时间的关系，见图 2–35。由图中可以看出，网口深度随时间的变化而加深，变化的趋势由快到慢，沉降 3 min 网口纲便能沉降到 64.3 m 的深度，而后网口深度变化的趋势变缓，沉降趋于稳定。由网口深度的变异系数 CV 可知，网口纲入水后的

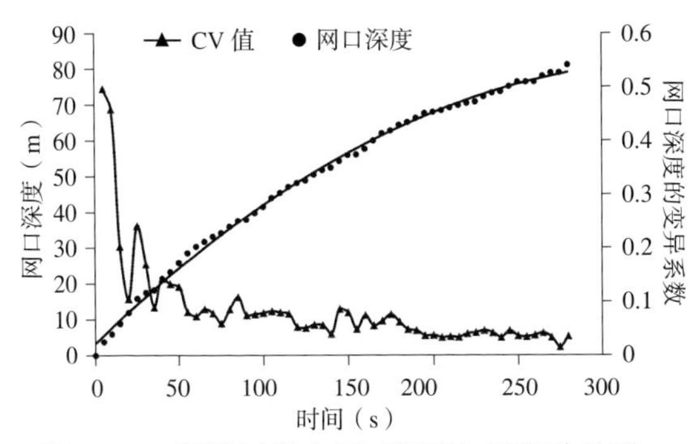

图 2–35 沉降过程中网口深度与时间的关系

1 min 内网口深度变化最明显，之后随着沉降时间的增加，网口深度变化趋于稳定。

对网口深度与时间的关系采用多项式回归法，得到网口深度与时间的关系式为：

$$D = -0.000\,6t^2 + 0.451\,1t + 3.337\,1 \qquad (2\text{–}22)$$

$R^2 = 0.997\,7$，式中 D 为网口深度，单位为 m；t 为沉降时间，单位为 s。

以 20 s 为时间段选取每网次的网口深度，计算每个时间段内的沉降速度来研究网口沉降速度与时间的关系（图 2–36）。图中可看出随着沉降时间的变化，沉降速度整体呈变小的趋势，沉降中期速度存在波动。

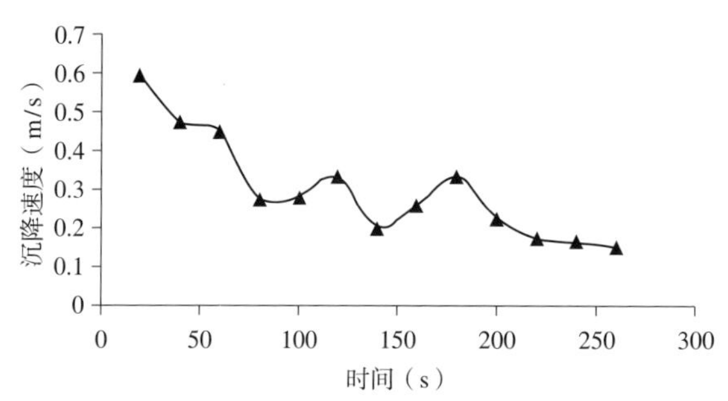

图 2–36　沉降过程中网口沉降速度与时间的关系

2.4.2.5　网口间距、闭合速度与时间的关系

以 5 s 为时间段选取每网次的网口间距，并对所有网次的数据进行平均来研究网口间距与时间的关系（图 2–37）。因绞收网口纲的影响，网口在沉降后期闭合较快，沉降 3 min 网口间距为 46.9 m，与初始距离相比仅缩小 18.1 m；之后 1.5 min 网口间距可缩小至 30.9 m，缩小 16.0 m。由网口间距的 CV 值可知，网口间距的变化随沉降越来越明显，100 s 附近时网口间距的变化开始加剧，这可能与网口纲绞收（104.0 s）有关。

对网口间距与时间的关系采用多项式回归法，得到网口间距与时间的关系式为：

$$W=-0.0002\,t^2-0.0629\,t+64.295 \qquad (2\text{–}23)$$

$R^2=0.9889$，式中 W 为网口间距，单位为 m；t 为沉降时间，单位为 s。

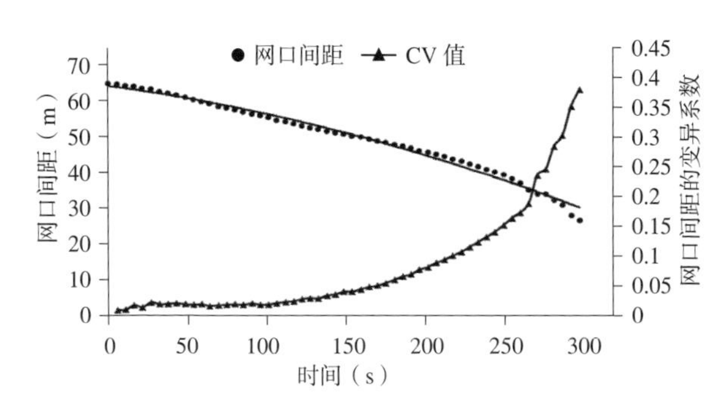

图 2–37　沉降过程中网口间距与时间的关系

以 20 s 为时间段选取每网次的网口间距，计算每个时间段内的闭合速度来研究网口闭合速度与时间的关系（图 2–38）。沉降前期闭合速度呈现先变大后变小的趋势，沉降后期，闭合速度呈现出明显变大的趋势。沉降 100 s 后闭合速度有所减少，此时间与网口纲绞收时间 104.0 s 较为一致。

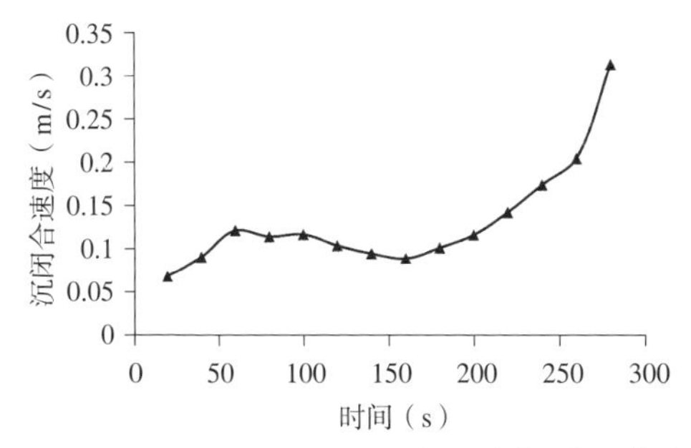

图 2–38　沉降过程中网口闭合速度与时间的关系

2.4.3 小结

（1）**罩网放网后网口深度变化** 网口深度总体呈先逐渐增大，到达最大深度后保持相对稳定（平均 82.0 m、持续 77.8 s），最后又逐渐减小的趋势；网口间距入水均值 65.0 m，总体呈先缓慢闭合，然后突然加速直至完全闭合的趋势；渔船绞收括纲后，网口沉降和闭合速度不会马上突变，存在一个滞后时间；网口降至最大深度时，仍未完全闭合，此后深度相对稳定，直至网口完全闭合并停滞一段时间后，网口才开始上升。

（2）**决定罩网捕捞性能的 5 个关键时间点** 渔船开始放网时间点（设为 0 s、深度 0 m、间距 65.0 m）、开始绞收括纲时间点（平均时间 104.0 s、深度 43.5 m、间距 54.3 m）、网口加速闭合时间点（平均时间 224.7.2 s、深度 72.2 m、距离 41.6 m）、网口最大深度时间点（平均时间 266.6 S、深度 82.0 m、距离 31.0 m）、网口完全闭合时间点（平均时间 334.6 s、深度 80.5 m、距离 2.1 m）是决定罩网捕捞性能的 5 个关键时间节点。

（3）**5 个节点之间的 4 个时间段网口速度趋势** 分别为 104.0 s、120.7 s、41.9 s 和 68.0 s，4 个时间段的网口沉降速度呈递减趋势，分别为 0.419 m/s、0.238 m/s、0.233 m/s、−0.021 m/s；4 个时间段的网口闭合速度呈递增趋势，分别为 0.103 m/s、0.105 m/s、0.253 m/s、0.424 m/s。

（4）**网口深度变化趋势** 网口深度与时间的关系式为：$D=-0.0006t^2+0.4511t+3.3371$，网口深度随时间的变化而加深，变化的趋势由快到慢，3 min 网具便能沉降到 64.3 m 的深度，由沉降深度的变异系数 CV 可知，网口纲入水后的 1 min 内沉降深度变化最明显，之后随着沉降时间的增加，沉降深度变化趋于稳定；沉降速度整体呈变小的趋势，沉降中期速度存在波动。

（5）**网口间距变化趋势** 网口间距与时间的关系式为：$W=-0.0002t^2-0.0629t+64.295$，因绞收网口纲的影响，网口在沉降后期闭合较快，沉降 3 min 网口间距为 46.9 m，与初始距离相比仅缩小 18.1 m；之后 1.5 min 网口间距可缩小至 30.9 m，缩小 16.0 m。由网口间距的变异系数 CV 可知，网口间距的变化随沉降越来越明显，100 s 附近时网口间距的变化开始加剧，这可能与网口纲绞收（104.0 s）有关。闭合速度在沉降前期呈现先变大后变小的趋势，沉降后期，闭合速度呈现出明显变大的趋势。该试验结果可为改善南海灯光罩网作业性能提供参考，并为海上生产提供指导。

2.5 “直筒型”与“剪裁型”罩网的沉降试验

在同一种渔业生产活动中，往往存在规格、结构不尽相同的网具。网具结构的差异会导致不同网具在水动力性能上存在差异，最终会对渔获效率产生影响。因此，诸多学者都对同一渔业中不同规格网具的性能差异进行了广泛的研究。南海大型渔船使用的罩网存在“剪裁网”和“直筒网”两种网衣结构。为找出这两种网衣结构水动力性能更加优异的网具，课题组于 2014 年 11 月份在南海北部湾进行了“剪裁网”和“直筒网”两种网衣结构罩网的沉降试验，对两种网具的沉降性能与网口闭合性能进行比较分析，以期为南海罩网渔业渔具的选择提供参考。

2.5.1 材料方法

2.5.1.1 试验渔船、时间与海域

试验船仍为“粤电渔 42212”号灯光罩网渔船。剪裁网与直筒网作业性能对比试验的时间为 2014 年 11 月 10 日至 12 月 1 日，试验海域在 19°46′N、111°41′E 海域。

2.5.1.2 试验网具

课题组结合 2012 ~ 2013 年度 2 个航次海上生产调查掌握的情况，完成了剪裁网和直筒网两种网衣结构罩网的优化设计和制作。如图所示：剪裁网（图 2–39）为 3 段式尼龙网身结构，第 3 段网衣采用

剪裁减目缝合，拉直高度 22.21 m；直筒网（图 2–40）为 5 段式尼龙网身结构，其第 3、4、5 段为圆周递减的直筒型网衣，用以取代剪裁网的第 3 段网衣，拉直高度合计 22.19 m。除此之外，这两顶网的网具结构和装配工艺完全一致。

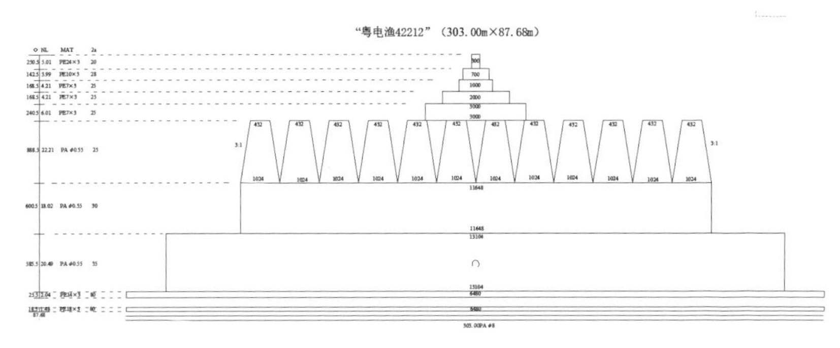

图 2–39 剪裁网

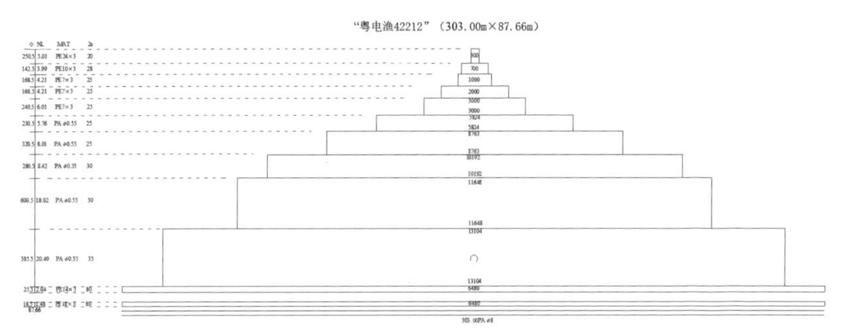

图 2–40 直筒网

2.5.1.3 试验方法

剪裁网与直筒网作业性能对比试验中先后使用两种网进行捕捞作业，并利用网位仪实时记录的网口深度与网口间距数据来分析网具作业性能的差异。试验期间，共获得直筒网有效数据 4 天共 13 网，剪裁网有效数据 2 天共 6 网。

2.5.1.4 测量仪器与方法

测量仪器与 2.4.1.3 节所述相同。

因为罩网网具撑开后，网口纲近似呈正方形（入水后每条边之间的垂直距离定义为“网口间距”，用于研究“网口闭合性能”），为避免船底对测试声波的干扰，试验期间将 SDKN–500 型网位仪的母机和子机分别捆绑在渔船左舷前后网角沉纲上进行海上实时数据的测量。

2.5.1.5 数据处理

利用单因素方差分析对直筒网与剪裁网的网口最大沉降深度、最大深度时的网口间距、沉降速度及闭合深度进行分析；此方法可用于研究两种网具最大沉降深度、最大深度时的网口间距、沉降速度及闭合深度是否存在显著性差异。利用箱形图比较两种网具最大沉降深度、最大深度时网口间距、沉降速度及闭合深度等数据的分布特征。

2.5.2 结果与分析

2.5.2.1 概述

试验期间共获得直筒网有效网次 13 网，剪裁网有效网次 6 网。统计网口最大沉降深度等数据见表 2–11。由试验数据初步分析可得，直筒网的平均最大沉降深度大于剪裁网，最大沉降深度时平均网口间距小于剪裁网，见图 2–41a；直筒网的平均沉降速度小于剪裁网，平均闭合速度大于剪裁网，见图 2–41b。

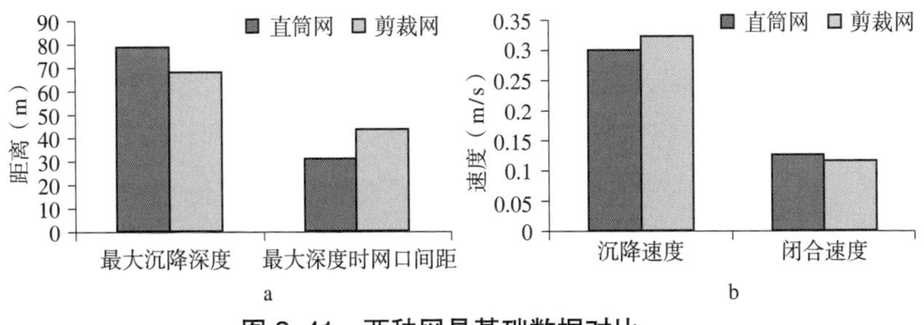

图 2–41 两种网具基础数据对比

表 2-11 试验基础数据

网口最大沉降深度（m）		初始网口间距（m）		最大深度时网口间距（m）		沉降时间（s）	
直筒网	剪裁网	直筒网	剪裁网	直筒网	剪裁网	直筒网	剪裁网
67.0	69.1	66.1	66.7	43.8	46.0	219	196
70.2	68.2	66.4	66.8	37.1	39.7	230	214
73.9	69.2	65.5	66.9	21.4	31.4	297	224
76.2	68.2	64.8	66.4	36.7	40.2	245	212
85.1	52.8	65.8	68.4	31.3	56.1	288	148
82.5	49.1	65.3	67.9	38.8	52.0	276	169
85.0		65.0		14.6		276	
72.3		64.3		44.9		240	
80.8		65.1		39.7		255	
82.5		65.1		20.8		285	
85.0		64.5		18.8		292	
85.2		65.1		35.4		251	
85.1		64.8		28.7		258	

2.5.2.2 直筒网与剪裁网的沉降深度与最大深度时的网口间距

直筒网的最大沉降深度平均为 79.3 m，最大深度时网口间距平均为 31.7 m；剪裁网的最大沉降深度平均为 62.8 m，最大深度时网口间距平均为 44.3 m。对两组数据分别进行单因素方差分析，发现两种网具的最大沉降深度（$P = 0.000\,32 < 0.05$）与最大深度时网口间距（$P = 0.017\,9 < 0.05$）存在显著性差异。

根据图 2-42，发现直筒网的最大沉降深度一般大于剪裁网且数据分布较剪裁网更为集中；从图 2-43 看出，直筒网的最大深度时网口间距一般小于剪裁网且数据分布更为分散。从图可以看出两种网型最大沉降速度与最大深度时网口间距的数据分布范围与中位数均差异较大，侧面反映出两种网具的最大沉降深度与最大深度时网口间距存在显著性差异。

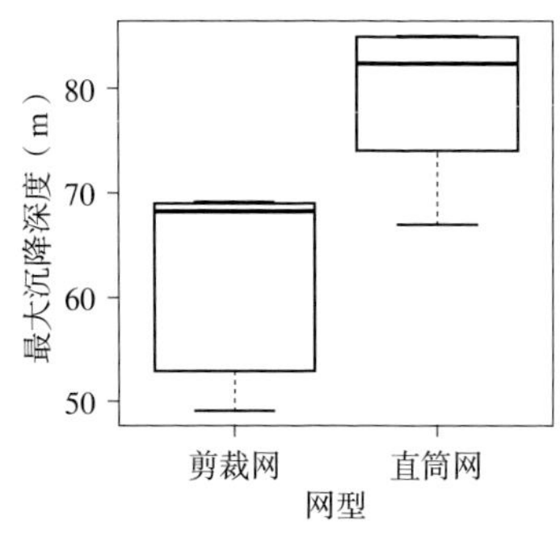

图 2–42　两种网的最大沉降深度

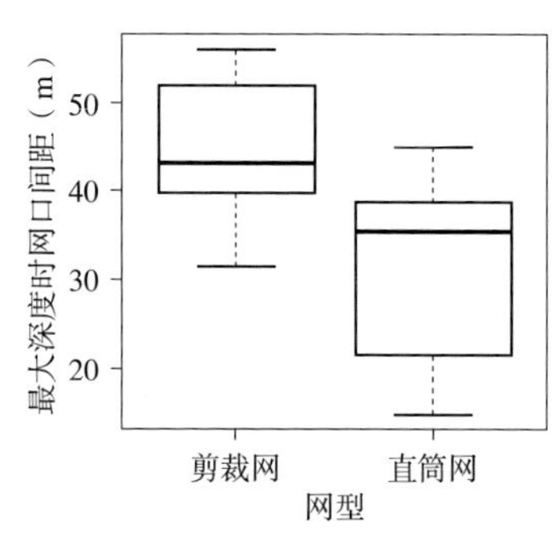

图 2–43　两种网最大深度时网口间距

2.5.2.3　直筒网与剪裁网的沉降速度与闭合速度

直筒网的沉降速度平均为 0.303 m/s，闭合速度平均为 0.126 m/s；剪裁网的沉降速度平均为 0.325 m/s, 闭合速度平均为 0.115 m/s。对两组数据分别进行单因素方差分析，发现两种网具的沉降速度（$P=0.069\,1>0.05$）与闭合速度（$P=0.442>0.05$）不存在显著性的差异。

直筒网与剪裁网相比，沉降深度慢 0.022 m/s，闭合速度快 0.011 m/s。由于罩网沉降过程中存在沉降速度逐渐变小而闭合速度逐渐变大的趋势，网具提前触底也在一定程度上可以解释直筒网沉降速度较小而闭合速度较大。不过，两种网具间的沉降速度与闭合速度无显著性差异，一定程度上说明两种网具的水动力性能差异不大。

根据图 2–44，发现直筒网的沉降速度一般小于剪裁网且数据分布较剪裁网更为集中；从图 2–45 看出，直筒网的闭合速度一般大于剪裁网且数据分布更为分散。从图中可以看出两种网型沉降速度与闭合速度的数据分布范围较为一致且中位数差距不大，可较为直观地反映出两种网具的沉降速度与闭合速度不存在显著性的差异。

表 2–12　两种网具的沉降速度与闭合速度

沉降速度（m/s）		闭合速度（m/s）	
直筒网	剪裁网	直筒网	剪裁网
0.306	0.353	0.102	0.105
0.305	0.319	0.127	0.127
0.249	0.309	0.149	0.158
0.311	0.322	0.114	0.124
0.296	0.357	0.120	0.083
0.299	0.291	0.096	0.094
0.308		0.182	
0.301		0.081	
0.317		0.100	
0.289		0.156	
0.291		0.156	
0.339		0.118	
0.330		0.140	

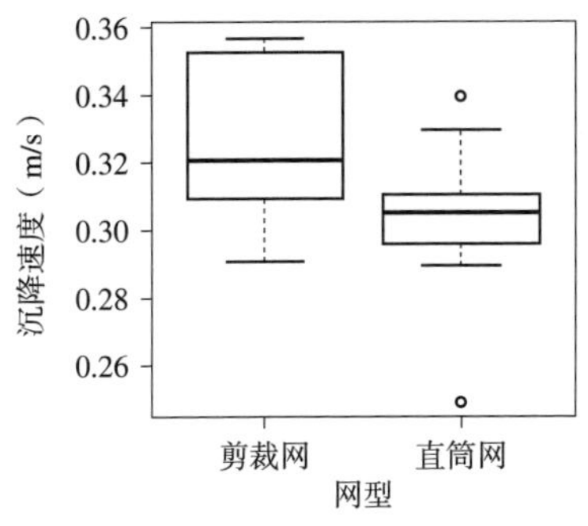

图 2–44　两种网的沉降速度

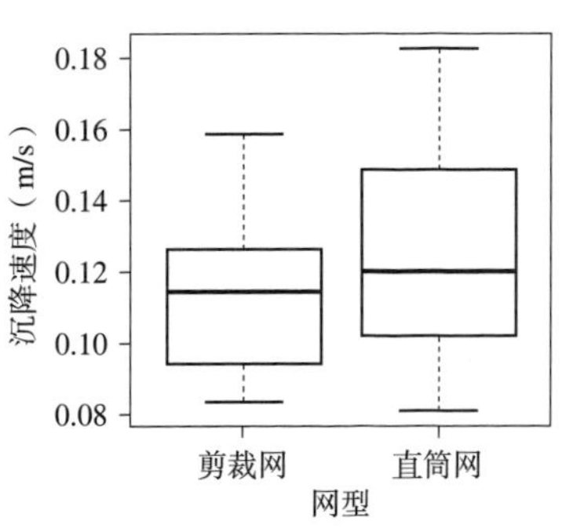

图 2–45　两种网的闭合速度

2.5.3 小结

（1）**两种网的水动力性能** 直筒网的沉降速度平均为 0.303 m/s，闭合速度平均为 0.126 m/s；剪裁网的沉降速度平均为 0.325 m/s，闭合速度平均为 0.115 m/s。单因素方差分析发现两种网具的沉降速度（$P=0.0691>0.05$）与闭合速度（$P=0.442>0.05$）不存在显著性的差异，一定程度上说明两种网具的水动力性能差异不大。

（2）**两种网的作业性能** 在两种网具水动力性能差异不大的基础上，直筒网与剪裁网相比，装配简单且更换、补网更为方便，故建议在作业中使用直筒网，并应对直筒网的作业性能进行更深入的研究。

2.6 基于不同配重的“直筒型”罩网沉降试验

近年来，有关南海灯光罩网渔业沉降性能、网口闭合性能等方面的研究已见报告。但这些研究只限于沉降性能与闭合性能的初步分析。为进一步深入对直筒型罩网作业性能的研究，提高罩网捕捞技术，课题组于 2015 年 3 月于南海南沙海域进行了直筒型网在 4 种不同配重下的作业性能对比试验，以期确定罩网作业时的最优配重，并分析影响罩网沉降性能的各种因素，为实际作业提供参考。

2.6.1 材料和方法

2.6.1.1 试验渔船、时间与海域

试验船仍为“粤电渔 42212”灯光罩网渔船。直筒型网 4 种不同配重下作业性能对比试验的时间分别为 2015 年 3 月 9 日至 21 日，试验海域在 11°15′N ~ 11°44′N、114°28′E ~ 114°38′E 海域附近。

2.6.1.2 试验网具

试验罩网是在南海渔民常用网型基础上优化改进而来，网具主尺度为 303.00 m × 87.66 m，即结附网衣的网口纲（沉子纲）长度

303.00 m，网衣纵向拉直高度 87.66 m（见图 2–41）。试验罩网整体呈锥形，采用多段圆周递减的直筒型网衣缝合而成；网身分为 5 段，材料为 PA（锦纶，白胶丝），网囊也分为 5 段，材料为 PE；罩网网身最大网目 35 mm，网囊最小网目 20 mm。网具网口纲均匀装配 1.25 kg 的铅沉 1 212 个，合计 1 515 kg。

2.6.1.3 试验方法

不同配重试验中所需安装的铅沉与网具网口纲原有铅沉同一规格，每个 1.25 kg，铅沉分别装配到网口的 4 个网角沉纲处。该试验为单因子试验，试验中考虑到过大的配重在风浪较大时不利于生产作业，故将额外增加的最大配重设计为 300 kg，且额外配重由小到大分别为 0 kg、100 kg、200 kg 与 300 kg，故试验中网口纲配重分别为 1 515 kg、1 615 kg、1 715 kg、1 815 kg，共 4 个档次。每个档次共获得的有效网次数据分别为 20 网、21 网、23 网和 20 网，共 84 网次。

2.6.1.4 测量仪器与方法

测量仪器同 2.4.1.3 节所述相同。

利用渔船上的多功能卫星导航仪记录罩网放网时的经纬度，利用风速计记录风速，利用罗盘判断大致风向，同时记录罩网放网时间、绞收时间等操作数据。

2.6.1.5 数据处理

网口深度和沉网口间距与时间的关系。网口深度、网口间距以 5 s 为单位选取，分别分析不同配重下网口深度、网口间距与时间的关系。

利用箱型图进行异常值检测。利用单因素方差分析对直筒网 4 种配重下网口最大沉降深度、最大深度时的网口间距、沉降速度及闭合深度进行分析；此方法可用于研究直筒网 4 种配置下最大沉降深度、最大深度时的网口间距、沉降速度及闭合深度是否存在显著性差异。

根据 SDKN–500 型网位仪记录的数据，并结合各网次绞收网口纲时间，认为决定罩网捕捞性能的 5 个关键时间节点依次为：开始放网时间、绞收网口纲时间、网口加速闭合时间、网口达最大深度时间、网口完全闭合时间。分析直筒网不同配重下各关键时间节点时罩网的网口深度与网口间距。

利用多元线性回归模型来分析网口最大沉降深度 D 与各变量因子（配重 W、放网时间 T_s、绞收时间 T_h、漂移速度 S_d、风速 S_w、风向与漂移方向的夹角 α）之间的关系。然后对该模型进行逐步回归分析，对影响网口最大沉降深度的变量因子进一步遴选，以 AIC 信息统计量为准则，AIC 值相对较小的模型为最适合的模型，以此达到删除和增加变量的目的，根据 AIC 值确定对网具最大沉降深度影响最为显著的因子，得到最优回归方程。

多元线性回归模型的表达式为：$Y=\beta_0+\beta_1X_1+\cdots+\beta_pX_p+\varepsilon$，其中，$\varepsilon \sim N(0,\sigma^z)$，$\beta_0$，$\beta_1\cdots\beta_p$ 和 σ^2 是未知参数，$X_l\cdots X_p$ 为变量因子，$p \geqslant 2$。

偏相关系数（Partial Correlation Coefficient）它反映的是排除其他变量的影响后，自变量与因变量之间的相关程度，没有单位，故偏相关系数的绝对值大小也常用于表示各变量的相对重要性，取值范围在 –1 ~ +1 之间。当自变量超过两个时，建议采用偏相关系数来判断自变量的相对重要性。

2.6.2 结果与分析

2.6.2.1 试验概述

该试验共进行 110 网次，因天气或作业原因不便安装 SDKN–500 型网位仪及仪器数据缺失等因素，共获得有效数据 84 网，其中 4 个档次配重 1 515 kg、1 615 kg、1 715 kg、1 815kg 所对应有效网次分别为 20 网、21 网、23 网和 20 网。

表 2-13 直筒网不同配重试验测试结果

配重（kg）	沉降深度（m）	最大深度时网口间距（m）	沉降速度（m/s）	闭合速度（m/s）
1 515	77.5	28.8	0.303	0.141
1 615	81.5	29.1	0.318	0.145
1 715	83.7	29.9	0.342	0.144
1 815	97.9	23.3	0.349	0.158

2.6.2.2 沉降深度、网口间距与时间的关系

以 5 s 为时间段选取每网次的网口深度，对各网次的数据进行平均来研究不同配重下网口深度与时间的关系。从图 2-46 可以看出，在沉降中后期不同配重下网口沉降深度的散点在图中呈现出层次分明的分布情况；相同的时刻，沉降深度随配重的增加越来越大。

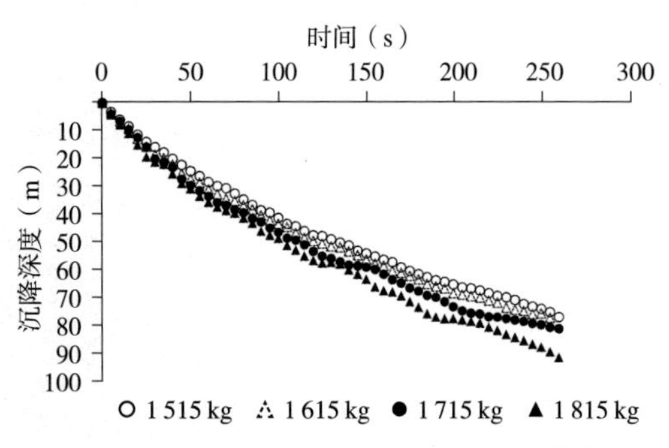

图 2-46 不同配重下网口深度与时间的关系

以 5 s 为时间段选取每网次的网口间距，对各网次的数据进行平均来研究不同配重下网口深度与时间的关系。从图 2-47 可以看出，各个配重下，网口间距随时间变化的趋势大体一致，其散点在图中重叠在一起。与图 2-46 相比，说明网口配重的增加对网口沉降性能的影响较大，而对网口闭合性能的影响较小。

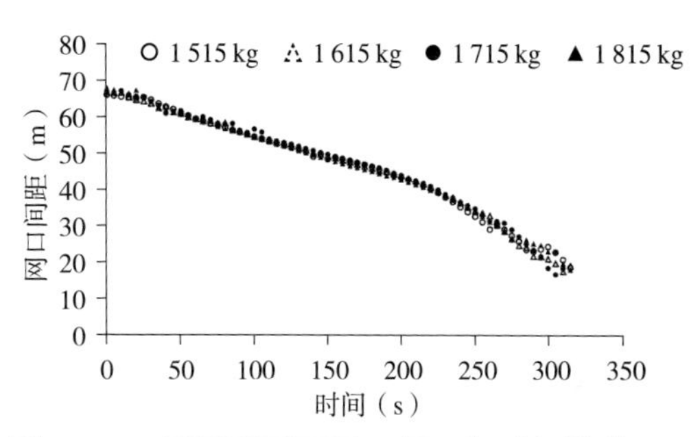

图 2–47　不同配重下网口间距与时间的关系

2.6.2.3　不同配重下网口最大沉降深度与沉降速度

通过箱型图对不同配重下网口最大沉降深度与沉降速度的数据进行异常值检测，发现数据并无异常值（图 2–48、图 2–49）。对 4 个配种档次的网口最大沉降深度进行单因素方差分析，发现不同配重下网口最大沉降深度存在显著性差异（$P = 2.39e^{-13} < 0.05$）；配重由小到大所对应的沉降速度的平均值分别为 0.303 m/s、0.318 m/s、0.342 m/s 及 0.349 m/s。对 4 个配重档次的沉降速度进行单因素方差分析，发现不同配重下沉降速度存在显著性差异（$P = 3.69e^{-06} < 0.05$）。

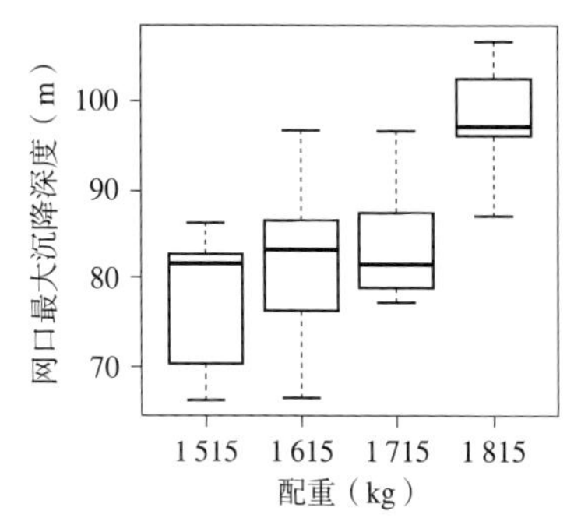

图 2–48　不同配重下网口的最大沉降深度

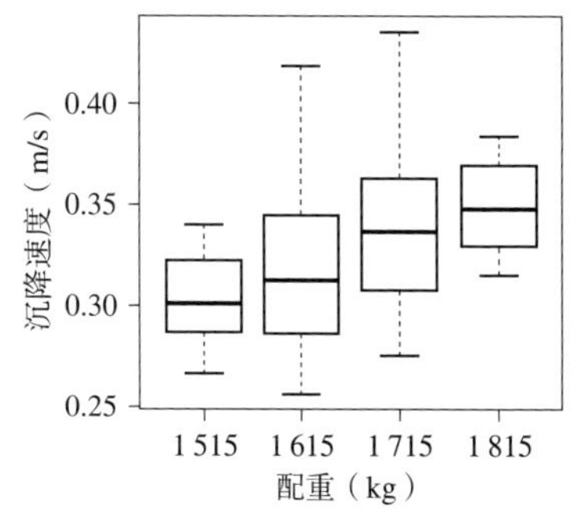

图 2–49　不同配重下的沉降速度

2.6.2.4 不同配重下网口最终宽度与闭合速度

通过箱型图对不同配重下网口最终宽度与闭合速度的数据进行异常值检测（图 2–50、图 2–51），发现闭合速度存在一异常值，将此异常值所属网次的网口宽度及闭合速度数据删除，对剩余 83 网数据进行处理。对 4 个配重档次的网口最终宽度进行单因素方差分析，发现不同配重下网口最终宽度不存在显著性差异（$P = 0.081\,8 > 0.05$）；配重由小到大所对应的沉降速度的平均值分别为 0.141 m/s、0.145 m/s、0.144 m/s 及 0.158 m/s。对 4 个配重档次的沉降速度进行单因素方差分析，发现不同配重下闭合速度存在显著性差异（$P = 0.010\,5 < 0.05$）。

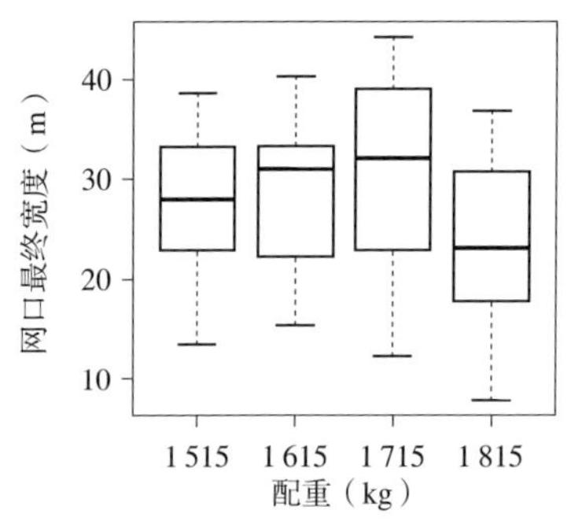

图 2–50 不同配重下网口的最终宽度

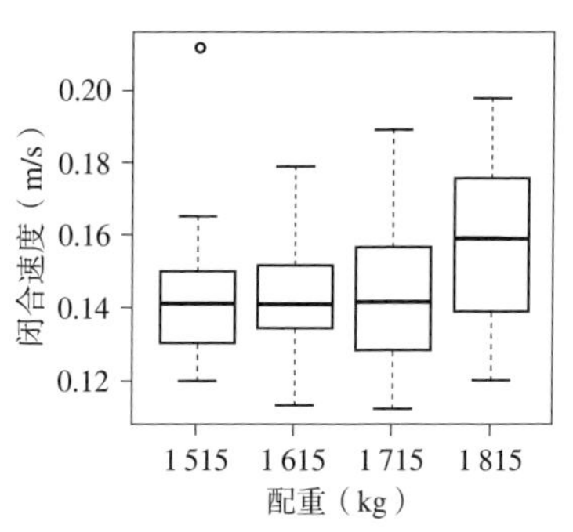

图 2–51 不同配重下网口的闭合速度

2.6.2.5 关键时间节点的网口状态

确定决定罩网作业性能的 5 个关键时间节点：开始放网时间、开始绞收网口纲、网口加速闭合、网口达最大深度及网口完全闭合。统计四种配重下各关键时间节点时的网口间距及网口深度见图 2–52。从图中可以看出，各关键时间节点时网口深度随配重的增大而变深，而网口间距的变化规律不明显。当网口达最大深度时，四种配置由小到大网口最终间距的平均值分别为 28.8 m、29.1 m、29.9 m 及 23.3 m，说明单纯的增加配重无法对网口沉降至最大深度时网口间距过大的现象起到明显的改善作用。

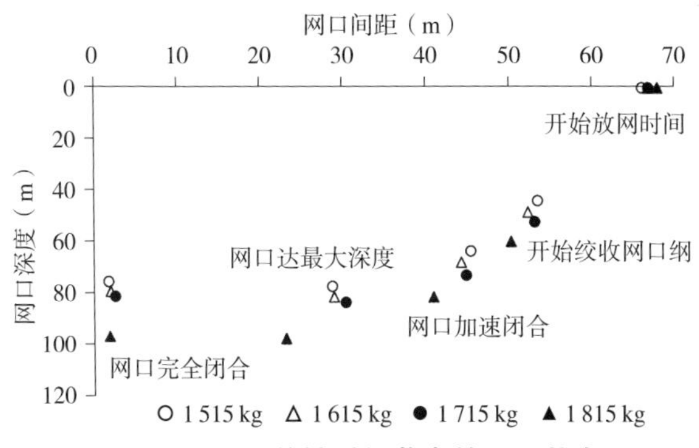

图 2–52 关键时间节点的网口状态

2.6.2.6 网口最大沉降深度的多元回归分析

以网口最大沉降深度 D 为因变量，配重 W、放网时间 T_s、绞收时间 T_h、漂移速度 S_d、风速 S_w、风向与漂移方向的夹角 α 等 6 个因素为自变量，建立多元回归模型，模型结果见表 2–14。结果表明，配重 W、放网时间 T_s、绞收时间 T_h、漂移速度 S_d、风速 S_w 均对网口最大沉降深度 D 产生了显著的影响（$P < 0.05$），而风向与漂移方向的夹角 α 对网口最大沉降深度 D 的影响不显著（$P = 0.808\,6 < 0.05$）。为提高回归模型的预测精度，得到更优的回归模型，以 AIC 信息统

表 2–14 影响网具沉降性能的 6 个因子的参数估计

因子	估计值	t 值	P	F 统计量	P	标准差	R^2
Intercept	−91.291 755	−5.349	$8.79e^{-07}$*				
W	0.072 831	8.853	$2.31e^{-13}$*				
T_s	0.134 645	5.303	$1.06e^{-06}$*				
T_h	0.066 076	7.649	$4.82e^{-11}$*	59.83	$< 2.2e^{-16}$	4.362	0.809 6
S_d	−19.736 743	−2.507	0.014 3*				
S_w	1.710 434	2.538	0.013 2*				
α	−0.004 021	−0.243	0.808 6				

注：* 表示显著相关（$P < 0.05$）。

计量为准则，运用逐步回归法剔除影响程度较小的变量。由表 2–15 可得，经逐步回归法删除变量 α 后，剩余 5 个变量及回归模型均显著，且模型残差的标准差（Residual Standard Error）有所下降（4.362 减至 4.336），相关系数的平方 R^2 有所上升（0.809 6 升至 0.811 9），说明逐步回归后的模型更为合理。

表 2–15　逐步回归计算的统计结果

因子	估计值	t 值	P	AIC	P	标准差	R^2
Intercept	–90.435 94	–5.448	$5.74e^{-07}$*	252.22	$< 2.2e^{-16}$	4.336	0.811 9
W	0.072 40	9.062	$8.17e^{-14}$*				
T_s	0.135 03	5.361	$8.18e^{-07}$*				
T_h	0.065 94	7.695	$3.66e^{-11}$*				
S_d	–18.963 78	–2.650	0.009 75*				
S_w	1.660 43	2.603	0.011 07*				

注：* 表示显著相关（$P < 0.05$）。

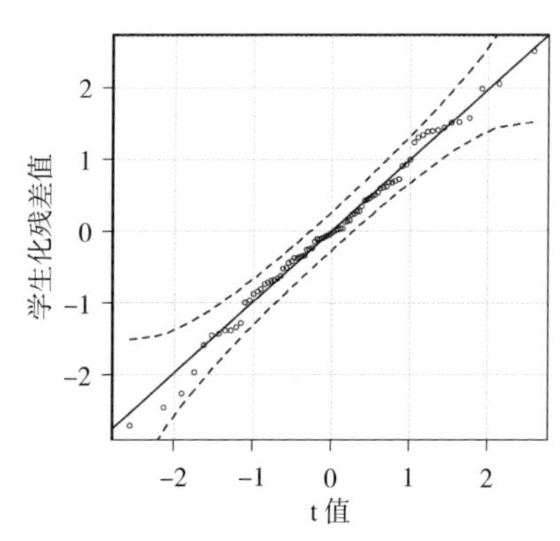

图 2–53　学生化残差的 Q–Q 概率图

利用学生化残差的 Q–Q 图（图 2–53）结合异常值检测（Outlier Test）来判断数据集中是否存在离群点。由图可见，所有的点均落在 95% 置信区间带内，且异常值检测所得 Bonferonni p 值为 0.703 36 > 0.05，说明数据集中没有离群点。其中，异常值检测根据单个最大（或正或负）残差值的显著性来判断是否有离群点，若不显著，则说明数据集中无离群点。

模型回归诊断图见图 2–54。左上为“残差图与拟合图”验证因

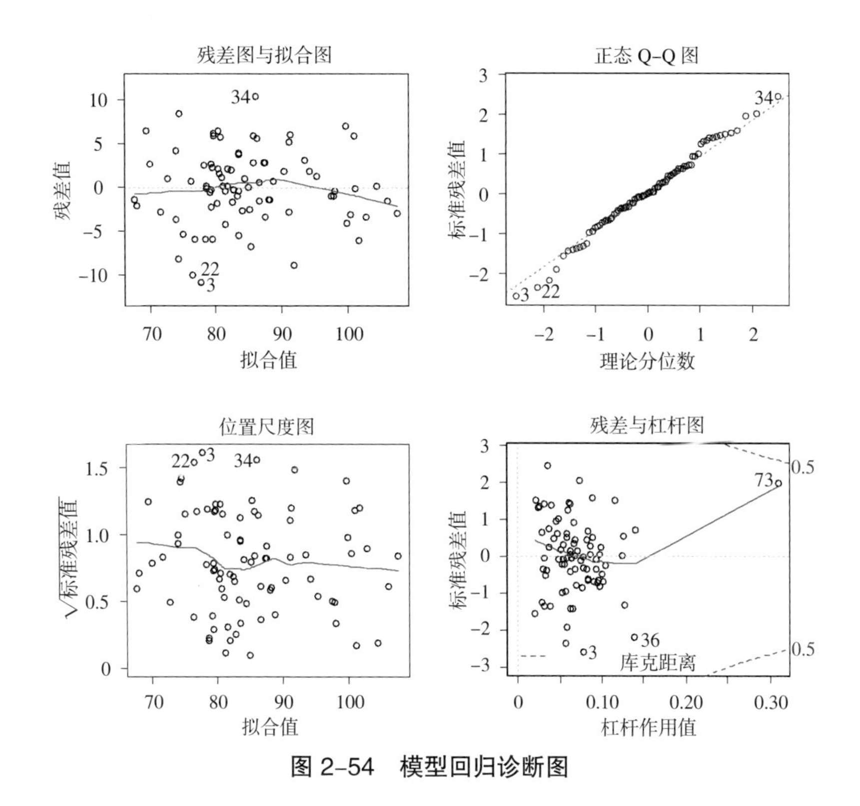

图 2-54 模型回归诊断图

变量与自变量线性相关的假设，此时残差值与拟合值没有任何系统关联；右上为“正态 Q–Q 图”，其中所有的点分布于 45° 直线两侧，满足残差值的正态性假设；左下为“位置尺度图”，水平线周围的点随机分布，满足同方差性假设；最后为“残差与杠杆图”，图中可看出 73 号数据是一个强影响点，对模型参数的估计产生的影响较大。根据模型回归诊断图发现模型各假设都得到了很好的满足。

由变量因子生成的相关矩阵 X^TX 的条件数表明，配重 W 等 5 个变量因子之间不存在多重共线性（k=14.984 ＜ 100）。综上，认为该模型为预测网口最大沉降深度的最优模型。

利用多元回归分析得到的网口最大沉降深度 D 与配重 W、放网时间 Ts、绞收时间 T_h、漂移速度 S_d、风速 S_w 之间的回归方程为：

$$D = 0.0724W + 0.135T_s + 0.0659T_h - 18.964S_d + 1.660S_w - 90.436 \quad (2-24)$$

由回归方程可知，网口最大沉降深度 D 与配重 W、放网时间 T_s、绞收时间 T_h 及风速 S_w 成正比关系，与漂移速度 S_d 呈反比关系。利用模型回归方程所得观测值与预测值之间的走势大体一致。（图 2–55）对两组数据分别进行 Shapiro–Wilk 检验来判断数据是否符合正态分布，发现观测值（$W = 0.975$，$P = 0.1018$）符合正态分布，而预测值（$W = 0.9574$，$P = 0.007232$）不符合正态分布。在此情况下，对两组数据进行 Wilcoxon 秩和检验，发现两组数据间无显著性差异（$P = 0.8727$），说明模型的预测效果较为理想。

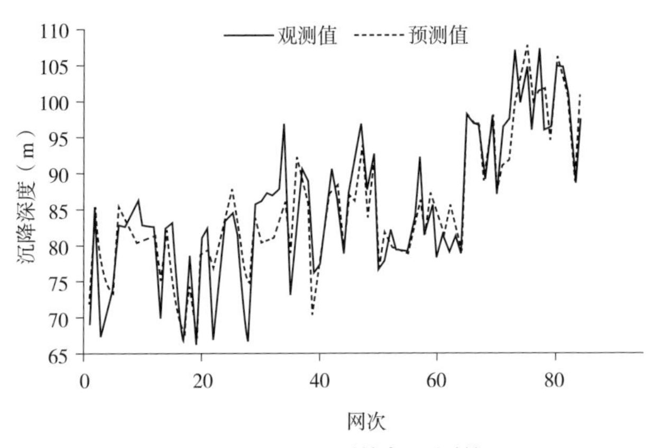

图 2–55 观测值与预测值

2.6.2.7 偏相关系数

计算上述模型中因变量与各自变量间的偏相关系数见表 2–16。由表可见，偏相关系数的绝对值由大到小所分别对应的变量因子为：配重 W、绞收时间 T_h、放网时间 T_s、漂移速度 S_d 及风速 S_w。配重 W 对网口最大沉降深度的影响最大且呈正相关，放网时间 Ts 与网口最大沉降深度也呈正相关但其影响的相对重要性要弱于配重 W，且通过延长放网时间的方式来增加沉降深度时会产生一定的负面影响：罩网在沉降至最大深度时网口仍未完全闭合，放网时间变长时，网口绞收闭合的过程就会相对滞后，对网口闭合不利，而网口快速闭合对防止鱼群逃逸至关重要。故认为增加配重是比延长放网时间更加实用有效的增大网口沉降深度的方法。

表 2–16 因变量与自变量的偏相关系数

	配重 W	放网时间 T_s	绞收时间 T_h	漂移速度 S_d	风速 S_w
网口最大沉降深度 D	0.716	0.519	0.657	−0.287	0.283

2.6.2.8 小结

（1）**4 个配重组对网口沉降深度和沉降速度的影响** 单因素方差分析得出 4 个配重组的网口最大沉降深度及沉降速度存在显著性差异，随着配重增加最大沉降深度依次为 77.5 m、81.5 m、83.7 m 及 97.9 m，深度变深，沉降速度依次为 0.303 m/s、0.318 m/s、0.342 m/s 及 0.349 m/s，速度变大，可见配重增加可明显提高网具沉降性能；单因素方差分析得出 4 个配重组最大深度时网口间距不存在显著性差异，说明配重增加并没有达到使网口在达到最大深度时更好闭合的效果，对闭合性能无明显的改善作用。

（2）**配重 W 与网口最大沉降深度的关系** 以网口最大沉降深度 D 为因变量，配重 W、放网时间 T_s、绞收时间 T_h、漂移速度 S_d、风速 S_w、风向与漂移方向的夹角 α 等 6 个因素为自变量，建立多元回归模型，发现配重 W、放网时间 T_s、绞收时间 T_h、漂移速度 S_d、风速 S_w 均对网口最大沉降深度 D 产生了显著的影响（$P < 0.05$），且回归方程为 $D=0.0724W+0.135T_s+0.0659T_h-18.964S_d+1.660S_w-90.436$。偏相关系数的大小表明，配重 W（偏相关系数为 0.716）对网口最大沉降深度的影响最大且呈正相关。

（3）**放网时间 T_s 与网口最大沉降深度的关系** 放网时间 T_s（偏相关系数为 0.519）与网口最大沉降深度也呈正相关但其影响的相对重要性要弱于配重 W，且通过延长放网时间的方式来增加沉降深度时会产生一定的负面影响：罩网在沉降至最大深度时网口仍未完全闭合，放网时间变长时，网口绞收闭合的过程就会相对滞后，对网口闭合不利，而网口快速闭合对防止鱼群逃逸至关重要。故认为增加配重是比延长放网时间更加实用有效的增大网口沉降深度的方法。

（4）1 715 kg 为 4 个配重组中的最优配置 因配重增加对闭合性能的改善并不明显，故将沉降性能作为选择最佳配重的标准。最大沉降深度与沉降速度随配重的增加而增加，1 715 kg 与 1 815 kg 配重组的沉降性能明显好于前两个配重组。对 1 715 kg 与 1 815 kg 配重下网具的沉降性能进行比较，两者最大沉降深度依次为 83.7 m、97.9 m，沉降速度依次为 0.342 m/s、0.349 m/s。通过单因素方差分析得出两者最大沉降深度（$P = 3.41e^{-10} < 0.05$）存在显著性差异，而沉降速度（$P = 0.465 > 0.05$）无显著性差异。最大沉降深度存在显著性差异可能是因为 1 815 kg 配重组放网时间（平均 135 s）较 1 715 kg 配重组（平均 117 s）长造成的。两者沉降速度无显著性差异，且配重较小时更利于网具的绞收，故认为 1 715 kg 为 4 个配重组中的最优配置。

2.7 灯光罩网不同集鱼灯渔获效率比较研究

灯光罩网作为一种光诱渔业，其中集鱼灯所起的重要作用是显而易见的。罩网作业中有效、合理地利用集鱼灯不仅可以节省能源，同时集鱼灯的灯光强度，光强分布范围以及集鱼灯种类的选择等都会极大地影响诱鱼和集鱼的效果。

目前，南海罩网渔船普遍采用金属卤化物集鱼灯，但金属卤化物集鱼灯存在没有定向性而使得光源浪费严重，且所产生的紫外线对船员身体的影响较大等诸多缺点，而 LED 被称为世界上最新的第四代光源，具有长寿命、低能耗、小型化、定向性和无光源污染等优点。在此背景下，诸多学者对光诱渔业中 LED 集鱼灯在实际作业中光学性能、光照分布、节能效果及渔获效率等进行了广泛研究。

但目前关于灯光罩网渔业中 LED 集鱼灯代替金属卤化物集鱼灯的使用效果的研究却未见报告。课题组为解决目前金属卤化物集鱼灯高强度、高能耗问题，于 2014 年 9 月初在南海近海进行了 6 种集鱼灯的捕捞试验，包括传统使用的金属卤化物集鱼灯及不同光色的 LED 灯，以期验证 LED 灯是否适用于南海罩网渔业，并挑选出诱鱼效果最好的集鱼灯，为提高渔获效率，降低能耗，改进集鱼灯具提供参考。

2.7.1 材料方法

2.7.1.1 实验渔船、实验时间及海域

实验渔船为“粤阳西 21248”（图 2–56），船舶主要参数如下：玻璃钢质，主机功率 31.6 kW，发电机功率 58.8 kW，船长 14.7 m，型宽 3.25 m，型深 1 m；实验进行时间为 2014 年 9 月 3 日至 6 日，共进行 4 次实验，实验进行海域为广东省阳西县沙扒湾，21°26.6′ N，111°26.5′ E 附近。

图 2–56 试验渔船

2.7.1.2 集鱼灯

研究期间共使用 6 种集鱼灯（图 2–57），按使用次序分别为：300 W LED 灯、400 W 金属卤化物灯、LED 白光灯、LED 绿光灯、LED 蓝光灯及 300 W 金属卤化物灯。其中 300 W LED 灯、400 W 金属卤化物灯、300 W 金属卤化物灯由广东肇庆鸿信科技有限公司生产，LED 白光灯、LED 绿光灯、LED 蓝光灯由上海嘉宝公司生产，且功率均为 300 W。每种集鱼灯使用 1 晚，每次使用 4 盏，且每次均固定在船舷两侧的相同位置。原计划每晚 8 点开灯诱鱼，每 2 小时作业 1 网，每晚作业 4 网，合计作业 24 网。实际试验过程中，因海流和风浪影响，有些网次无法放网，实际作业了 18 网。

图 2–57　LED 集鱼灯

2.7.1.3　调查方法与数据处理

对每种集鱼灯每一网次的渔获物进行分类，测量其叉长（胴长）、体重等生物学参数（渔获较少时全部测量，渔获较多时按比例随机抽样测量），并统计每网次的总渔获量；统计分析不同集鱼灯渔获种类及渔获重量的差异。

运用相对重要性指数 IRI 来区分渔获种类中的优势种、重要种、常见种及少见种。当 IRI ≥ 1 000 为优势种，1 000 > IRI ≥ 100 为重要种，100 > IRI ≥ 10 为常见种，IRI < 10 为少见种。其计算公式为：IRI =（N+W）× F，其中 N 为某种渔获种类的尾数百分比，W 为质量百分比，F 为出现频率百分比。记录每种集鱼灯的光诱时长，并以单位光诱时长的渔获重量作为渔获率。

2.7.2　结果与分析

2.7.2.1　总渔获量情况

实验渔船共作业 6 天，所捕渔获共 46 种，总产量 311.749 kg。根据相对重要性指数 IRI（表 2–17）可以看出，副丽叶鲹、枪乌贼、青鳞小沙丁鱼、黑口鳓和蓝圆鲹等 5 种为优势种，分别占总产量的 18.13%、21.55%、15.29%、7.11% 和 10.23%，其中枪乌贼产量最高；重要种有 7 种，根据 IRI 指数依次为墨吉对虾、金色小沙丁鱼、杜氏棱鳀、金带细鲹、乳香鱼、椭圆蝠和短带鱼，分别占

表 2–17 渔获种类的数量、质量、出现频率和相对重要性指数

种类	数量（尾）	重量（g）	重量比例（%）	尾数比例（%）	出现频率（%）	IRI
副丽叶鲹	4 660	56 537	29.05	18.14	100.00	4 718.42
枪乌贼	2 020	67 197	12.59	21.55	100.00	3 414.68
青鳞小沙丁鱼	3 000	47 673	18.70	15.29	94.44	3 210.45
黑口鳓	1 855	22 167	11.56	7.11	100.00	1 867.39
蓝圆鲹	1 242	31 883	7.74	10.23	94.44	1 697.10
墨吉对虾	685	16 096	4.27	5.16	100.00	943.32
金色小沙丁鱼	474	23 050	2.95	7.39	77.78	804.88
杜氏棱鳀	655	7 957	4.08	2.55	66.67	442.36
金带细鲹	485	10 582	3.02	3.39	44.44	285.23
乳香鱼	131	6 549	0.82	2.10	61.11	178.28
椭圆蝠	158	1 283	0.98	0.41	100.00	139.65
短带鱼	63	4 118	0.39	1.32	66.67	114.24
脂眼凹肩鲹	95	1 993	0.59	0.64	66.67	82.10
截尾白鲇鱼	76	2 731	0.47	0.88	50.00	67.49
周氏新对虾	54	544	0.34	0.17	72.22	36.91
鹿斑蝠	83	430	0.52	0.14	55.56	36.41
及达副叶鲹	28	1 214	0.17	0.39	61.11	34.46
六指马鲅	43	850	0.27	0.27	55.56	30.04
无针乌贼	16	1 200	0.10	0.38	55.56	26.93
羽鳃鲐	28	612	0.17	0.20	61.11	22.66
粗鳞鲮	23	815	0.14	0.26	50.00	20.24
日本海鲦	11	826	0.07	0.26	50.00	16.68
白鲇鱼	22	455	0.14	0.15	55.56	15.73
油魣	13	929	0.08	0.30	38.89	14.74

（续表）

种类	数量（尾）	重量（g）	重量比例（%）	尾数比例（%）	出现频率（%）	IRI
日本金线鱼	19	396	0.12	0.13	55.56	13.64
黄斑蓝仔鱼	26	264	0.16	0.08	50.00	12.34
颈斑鲾	19	346	0.12	0.11	44.44	10.20
红海鰆鲹	10	686	0.06	0.22	33.33	9.41
带鱼	7	300	0.04	0.10	33.33	4.66
三疣梭子蟹	3	374	0.02	0.12	16.67	2.31
棕斑腹刺鲀	8	95	0.05	0.03	27.78	2.23
银牙鱼	4	231	0.02	0.07	22.22	2.20
红星梭子蟹	5	98	0.03	0.03	27.78	1.74
魟	1	452	0.01	0.14	5.56	0.84
条鲾	5	86	0.03	0.03	11.11	0.65
鯻	2	107	0.01	0.03	11.11	0.52
倒牙鲟	1	153	0.01	0.05	5.56	0.31
眼镜鱼	2	113	0.01	0.04	5.56	0.27
黑鰆若鲹	1	132	0.01	0.04	5.56	0.27
宝刀鱼	1	104	0.01	0.03	5.56	0.22
赤鼻棱鳀	3	20	0.02	0.01	5.56	0.14
虾蛄	1	29	0.01	0.01	5.56	0.09
长棘银鲈	1	28	0.01	0.01	5.56	0.08
银鲳	1	27	0.01	0.01	5.56	0.08
印度双鰆鲳	1	13	0.01	0.00	5.56	0.06
中线天竺鲷	1	4	0.01	0.00	5.56	0.04

总产量的5.16%、7.39%、2.55%、3.39%、2.10%、0.41%和1.32%；常见种15种，占总产量的4.36%；其余19种为少见种，占总产量的0.98%。

2.7.2.2 不同集鱼灯的渔获率

由表2–18可知所有灯具中，上海嘉宝公司生产的LED白光灯、LED绿光灯及LED蓝光灯的渔获种类分别为31种、37种及33种，明显高于广东鸿信生产的300 W LED灯（20种）、400 W金属卤化物灯（20种）及300 W金属卤化物灯（21种）。

每种集鱼灯的渔获率以LED白光灯为最高，达10.90 kg/h，其余渔获率由大到小的顺序依次为：LED绿光灯、LED蓝光灯、400 W金属卤化物灯、300 W LED灯及300 W金属卤化物灯。其中LED白光灯的渔获率优势明显，为LED绿光灯的1.64倍；LED绿光灯渔获率略高于LED蓝光灯；LED蓝光灯渔获率略高于400 W金属卤化物灯；400 W金属卤化物灯与300 W LED灯的渔获率差异不大；300 W金属卤化物灯渔获率远低于其他种类的集鱼灯，仅为LED白光灯的23.5%。

表2–18 不同集鱼灯的渔获率

集鱼灯种类	光诱时长（h）	渔获种类（种）	渔获总重量（kg）	渔获率（kg/h）
300 W LED灯	8.37	20	41.62	4.97
400 W金属卤化物灯	11.77	20	58.93	5.01
LED白光灯	8.45	31	92.07	10.90
LED绿光灯	8.23	37	54.69	6.64
LED蓝光灯	9.18	33	53.90	5.87
300 W金属卤化物灯	4.12	21	10.53	2.56

2.7.2.3 不同集鱼灯各优势种的渔获率

由表2–19可知，依渔获率大小排序，300 W LED灯主要捕捞副丽叶鲹与蓝圆鲹；400 W 金属卤化物灯主要捕获黑口鳓、青鳞小沙丁鱼及蓝圆鲹；LED 白光灯主要捕捞枪乌贼与副丽叶鲹；LED 绿光灯主要捕捞枪乌贼与副丽叶鲹；LED 蓝光灯主要捕捞青鳞小沙丁鱼、副丽叶鲹及枪乌贼；300 W 金属卤化物灯主要捕捞枪乌贼。

枪乌贼是作业中经济价值最高的渔获，LED 白光灯的枪乌贼渔获率最高且具有明显优势，为居于其次的300 W金属卤化物灯的2.14倍。LED 绿光灯枪乌贼的渔获率居于第三位，为 300 W 金属卤化物灯的 63.08%、LED 蓝光灯的 1.55 倍。300 W LED 灯与 400 W 金属卤化物灯的枪乌贼渔获率远小于其他灯，仅为 LED 白光灯的 3.15% 和 4.12%。

表 2–19　不同集鱼灯所捕获各优势种的渔获率

集鱼灯种类	副丽叶鲹（kg/h）	枪乌贼（kg/h）	青鳞小沙丁鱼（kg/h）	黑口鳓（kg/h）	蓝圆鲹（kg/h）
300 W LED 灯	0.731	0.039	0.043	0.001	0.413
400 W 金属卤化物灯	0.002	0.051	0.750	0.755	0.436
LED 白光灯	0.527	1.237	0.133	0.065	0.156
LED 绿光灯	0.261	0.364	0.071	0.024	0.123
LED 蓝光灯	0.410	0.235	0.787	0.039	0.056
300 W 金属卤化物灯	0.005	0.577	0.057	0.009	0.049

2.7.3　小结

（1）**LED 白光集鱼灯渔获种类最多**　上海嘉宝公司生产的 LED 白光灯、LED 绿光灯及 LED 蓝光灯的渔获种类分别为 31 种、37 种及 33 种，明显高于广东鸿信生产的 300 W LED 灯（20 种）、400 W 金属卤化物灯（20 种）及 30 W 金属卤化物灯（21 种）。

（2）**LED 白光集鱼灯的渔获率最高**　为 10.90 kg/h，其余按渔获率由大到小的顺序依次为：LED 绿光灯、LED 蓝光灯、400 W 金属卤化物灯、300 W LED 灯及 300 W 金属卤化物灯。其中 LED 白光灯的渔获率优势明显，为 LED 绿光灯的 1.64 倍；300 W 金属卤化物灯渔获率远低于其他种类的集鱼灯，仅为 LED 白光灯的 23.5%。

（3）**LED 白光集鱼灯的枪乌贼渔获率最高且具有明显优势** 为居于其次的 300 W 金属卤化物灯的 2.14 倍。LED 绿光灯枪乌贼的渔获率居于第三位，为 300 W 金属卤化物灯的 63.08%。300 W LED 灯与 400 W 金属卤化物灯的枪乌贼渔获率远小于其他灯，仅为 LED 白光灯的 3.15%、4.12%。

（4）**LED 白光集鱼灯捕捞效果好** 虽然本次试验因天气和时间限制，作业网次不等，作业天数偏少，随机性误差可能较大，但试验至少表明，上海嘉宝公司研发的 LED 灯，特别是 LED 白光灯，其捕捞鱿鱼的效果最好，且渔获种类相对多于传统金属卤化物灯，证明上海嘉宝公司研发的 LED 灯，尤其是 LED 白光灯，适用于南海灯光罩网渔业，完全可以取代传统的金属卤化物集鱼灯。

2.8 鱿鱼灯光敷网捕捞技术研究

近几年，随着我国远洋渔业的快速发展，灯光敷网作为捕捞集群性中上层鱼类的一种作业方式得到了迅速发展，特别在太平洋捕捞鲭、竹荚鱼、鱿鱼和秋刀鱼远洋渔业资源方面发挥了较好的作用，综合本课题的研究内容。如何将灯光敷网应用于远洋鱿鱼资源开发利用已成为我们关注的焦点。

2.8.1 作业原理和渔具结构

灯光敷网主要通过事先将网具敷设在船舶尾部水域，并通过安装于船舶尾部的撑竿将网口左右撑开，一般水平网口扩张可达 80 ~ 90 m。然后通过开启船舶上的灯光进行诱集捕捞对象，当鱼群密度达到一定程度时，通过按序逐步关闭船舶上的集鱼灯，把鱼引导至敷网网口部位，然后收绞下纲使腹部网衣上提，并逐步封闭网口，最后通过卷网机收绞网衣，达到捕捞的目的。

灯光敷网和有囊围网其网具共同点均为有囊网具结构，一般在卷网机上很难辨别。从两种网具的区别来看，敷网渔具为无网翼，网囊较长，腹部网衣明显长于背部网衣，一般为方形网片结构，背部网衣较短，并在网口部分通过剪裁呈一定的凹陷状（图 2–58）。

2.8.2 渔获品种

主要以中上层趋光性集群鱼类为主，渔获品种结构单一，兼捕品种少，对渔业资源和生态环境的影响十分有限。

2.8.3 捕捞效率对比分析

通过委托荣成好当家远洋渔业公司对朝鲜外海鱿鱼不同捕捞作业方式的跟踪调查发现，在目前拖网、灯光罩网和灯光敷网 3 种捕捞鱿鱼的主要作业方式中，拖网捕捞效率最高，灯光罩网其次，而灯光敷网（图 2–59）效率最低。究其原因主要是：拖网为主动性捕捞作业方式，渔场选择容易，对捕捞对象的掌控相对较容易，从而便于提高捕捞效率；罩网为半主动型捕捞作业方式，对网具覆盖区域的渔业资源具有“一网打尽”的可能，渔具也具有较高的捕捞效率；而灯光敷网为被动型捕捞作业方式，必须将捕捞对象诱集至网口部位，才有实现捕捞的可能。

2.8.4 前景分析

综合 3 种作业方式，虽然灯光敷网捕捞作业方式效率较低，但对渔业资源的选择性相对较好，破坏程度较低，更适合今后生态友好型鱿鱼资源捕捞的发展方向。只有通过进一步对灯光敷网渔具结构、渔具性能和作业过程进行优化改进，才能提高捕捞效率，确立其生存空间和捕捞地位。

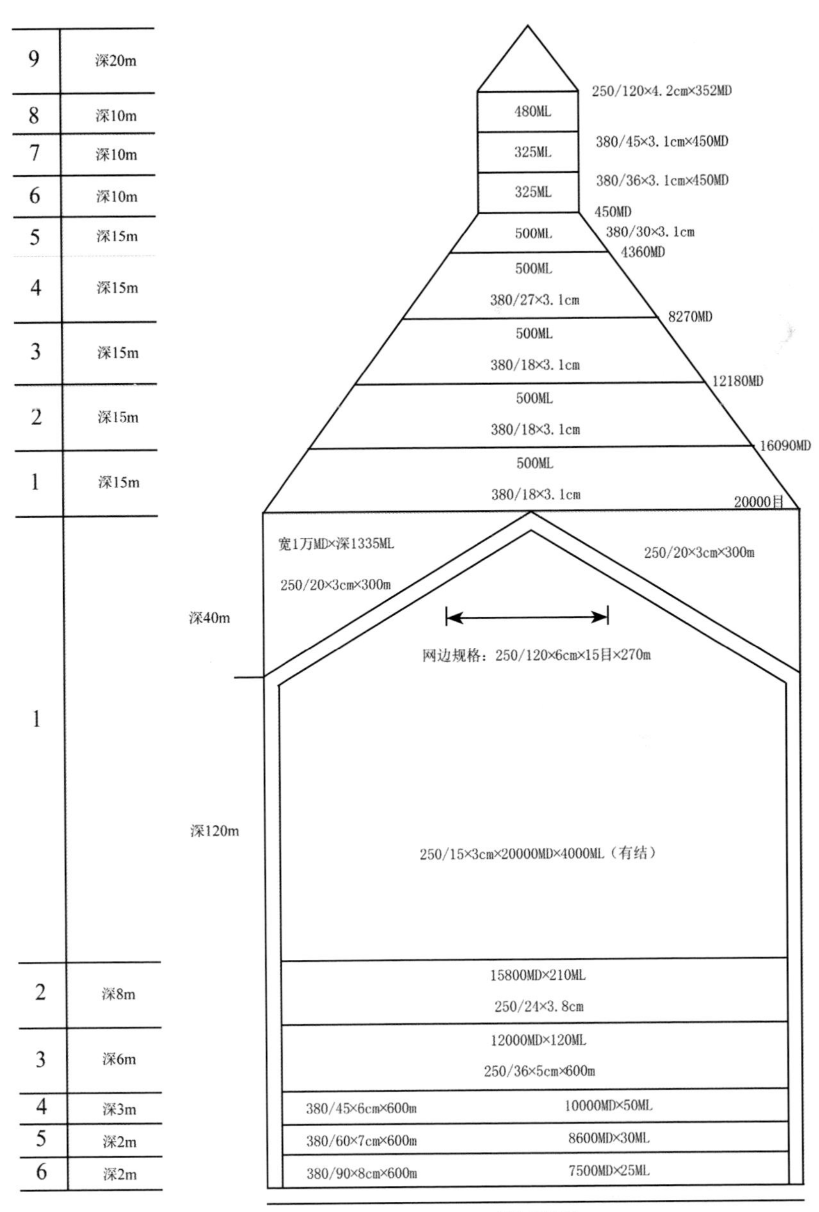
9
深20m
8
深10m
7
深10m
6
深10m
5
深15m
4
深15m
3
深15m
2
深15m
1
深15m
1
2
深8m
3
深6m
4
深3m
5
深2m
6
深2m
250/120×4.2cm×352MD
480ML
380/45×3.1cm×450MD
325ML
380/36×3.1cm×450MD
325ML
450MD
500ML
380/30×3.1cm
4360MD
500ML
380/27×3.1cm
8270MD
500ML
380/18×3.1cm
12180MD
500ML
380/18×3.1cm
16090MD
500ML
380/18×3.1cm
20000目
宽1万MD×深1335ML
250/20×3cm×300m
250/20×3cm×300m
深40m
网边规格：250/120×6cm×15目×270m
深120m
250/15×3cm×20000MD×4000ML（有结）
15800MD×210ML
250/24×3.8cm
12000MD×120ML
250/36×5cm×600m
380/45×6cm×600m
10000MD×50ML
380/60×7cm×600m
8600MD×30ML
380/90×8cm×600m
7500MD×25ML
网片宽度600m

图 2-58 敷网网具示意

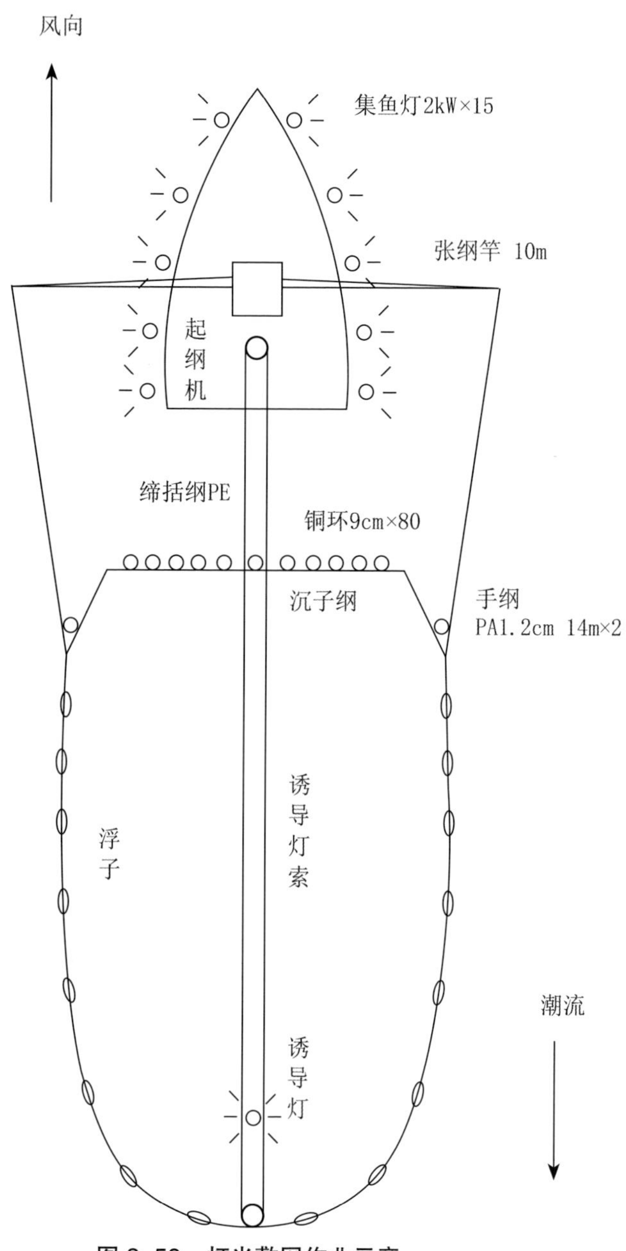

图 2-59 灯光敷网作业示意

3 新型鱿鱼钓机的开发研制

3.1 国内外鱿鱼钓机装备研究现状

近 20 年来，我国远洋鱿钓渔业发展迅速，目前已有近 400 艘鱿钓渔船，年产量 25 万 ~ 30 万 t，占全球远洋鱿鱼产量的六分之一，已成为中国远洋渔业的支柱产业之一。然而，作为鱿钓渔业中最基本的生产工具，国内鱿钓渔船所使用的鱿鱼钓机大部分仍需从国外进口，不仅价格昂贵而且维修困难。目前，鱿鱼钓机尚无法完全取代手钓，如在北太平洋鱿钓作业中因手钓脱钩率明显低于机钓，手钓产量仍占有较高的比例。因此，开发工况稳定、成本低的国产钓机，提高钓捕技术，降低人力成本并减轻劳动强度对我国远洋鱿钓渔业的可持续发展具有重要意义。

3.1.1 鱿鱼钓机系统的发展

鱿鱼钓机是光诱鱿鱼钓系统的重要组成部分，具有自动放线、诱捕、起线、卷线和脱鱼功能，主要由控制系统、电动机和执行元件 3 部分组成。根据控制系统类型可分为 3 种：①机械控制型，利用机械原理控制构件运行；②基本电控型，控制部分为一般的控制电路，如微型继电器；③电脑型，控制部分由计算机控制，如单片机和可编程控制器等。

日本鱿钓渔业发达，通过日本鱿鱼钓机的研制历程可以说明鱿鱼钓机的发展概况。

日本于20世纪50年代研制了单滚筒手摇钓机，钓线绕于手摇滚筒上作升降运动。因此钓线长度、钓钩数量、放线水深均超过传统手工钓，手摇操作中仍可自如地保持手工钓的基本特点；缺点是仍需一人一机看管，劳动强度无法降低。60年代中期以后，主要开发机械控制式钓机，研制出了双滚筒自动钓机，即由机构控制实现各项功能。如通过皮带轮三角槽的张开与闭合，改变主从皮带轮的传动比，实现无级调速，所以只能在作业时进行。通过碟形弹簧使摩擦片和链轮之间具有一定摩擦力，使链轮在钓钩超载时停止转动，达到过载保护目的。这种钓机比较笨重，功能较少，不能实现集中控制。功率在0.4 ~ 0.5 kW间，放线水深0 ~ 200 m可调，起放线速度为65 ~ 70 m/min。此类钓机已具备自动运行功能，对降低船员劳动强度效果明显；缺点是钓线脉冲动作不明显，且不可调，机构也较复杂。70年代中末期，随着电子技术发展出现了电控型自动钓机。所用电动机有直流、交流两种，分别采用以可控硅整流和交流调频技术为基础的集成控制电路。功率为0.4 ~ 0.75 kW，放线水深0 ~ 400 m，起放线速度为0 ~ 100 m/min。此类钓机起线速度、脉冲工况时间幅值均可调节，过载能力更大，控制功能更加完善，通过计算机输入接口可在驾驶室实现全船钓机的统一控制。具备收线时的“抖动”功能：操作者可以通过调节在某一基本速度上先叠加一减速脉冲，然后再叠加一增速脉冲，从而形成脉冲动作。已具有现代化钓机的特征。80年代以来，随着计算机技术的发展，开始着重研制自动化程度更高的智能化电脑型钓机。1986年USHIO公司研制出鱿鱼钓机专用的CP-101型计算机，将模拟控制改成数字控制，且从单机控制发展为集中遥控。自动钓机可实行深度、起放线速度、起线速度脉冲幅值（即抖动强度）等的调节。目前，电脑型钓机除了可显示数字控制外，还可以使滚筒脉冲转动记忆和模拟人的手钓动作，钓线的脉冲速度调节范围更广，且具备学习记忆功能、自检诊断功能以及联机通讯集控功能。

3.1.2　各国鱿鱼钓机主要机型

（1）**日本**　该国的鱿鱼钓机产品主要有东和（HAMADE）、三明（SANMEI）和海鸥（KAMOME）3种。东和电机新开发的MY系列自动鱿鱼钓机MY-7型具有船体摇摆修正功能专利技术，可以减轻鱿鱼脱钩及钓线缠绕等现象。设计新型重锤及放线控制，使得钓线的横流下沉降性能更好，具备了大型鱿鱼钓船必需的特制功能。其电动机为日本三菱电机及其专有的变频器控制技术，采用光电感应开关，更适合在海洋性恶劣环境下使用；采用更节能的三相高性能铁壳电机，耗能仅为600 W，最大曳引力可达90 kg，远远大于耗电为750 W的直流有刷电机；另配有辅助肋板的卷线轮可以适应南太平洋重达10 kg以上的特大深海鱿鱼。水深设定调节器的远隔装置已标准化，操作简单，抖动更加敏锐，敏感性高使鱿鱼钓钩能更强力地引诱鱿鱼。三明电气1974年开始进行钓机的开发，1987年改良的SE-58基本电控型钓机和1993年开发的SE-81电脑型钓机是我国引进的主要机型。2006年开发的SE-UA1-A型钓机具有如下特点：电子离合器调节下降转矩，最大下降速度150 r/min，通过电阻式触控面板实时调整作业参数。我国引进使用的其他机型还有KE-BM-1001基本电控型和MY-2D电脑型钓机。

日本在模拟钓线抖动方面使用不同形状的转盘使钓线产生各种抖动，相对于六角菱形转盘，等直径平板转盘虽能产生更大的速度差，但存在操作上的困难，所以通常生产中使用的是六角菱形转盘。北海道大学曾对多种形状的转盘控制钓钩的速度进行了研究。对生产实践的调查表明，手动操作的转盘与机械转盘之间的工作效率并没有显著差别，因此两者并存于小型渔船上。自动鱿钓机采用转速可控的驱动器，可以产生比定速转动的六角菱形转盘效果更好的“抖动”，从而提高钓捕率。

（2）**韩国**　该国LC-TEK公司开发的LG-7500C型自动鱿鱼钓机，对模拟控制升降机的功能进行升级，通过电脑精确控制并自动检测上钩鱿鱼数量，防止渔具破损并提高渔获量，适合沿海和近岸渔业。使用高度可控的直流电动机，其主要特性如下：①“强、弱”双挡钓捕模式，通过控制力度，提高诱捕效果；②三级速度控制，随波高、潮流和水深调整上升和下降速度，可以防止钓钩缠绕，减少脱钩，提高有效作业次数；③自动监测功能强，双转矩自动转换功能可防止钓线破损，提高效率；④钓捕性能优异，通过永磁直流电动机的精确钓捕控制，可增加渔获量。

FORMAN 公司研制的 NBJ-2002 型鱿鱼钓机，具有以下特性：①一键式操作；②现场条件的最优控制（40 步）；③有效标记已检测水深，持续拖曳；④带变速齿轮箱的交流电动机（钓机专用）；⑤可实现所有钓机同时集中控制；⑥根据实际作业情况可实时调整参数。

（3）**瑞典**　该国 BELITRONIC 公司 1973 年起研制钓机，大部分出口至挪威、冰岛等国家。1994 年推出的 BJ5000 型钓机具有重量轻，易操作，响应时间短，对应电动机功率低等优点。钓机性能经不断更新，已有 6 种捕捞模式：普通、步进、底层、底层步进、鲐鱼及鱿鱼钓捕和蓝点马鲛鱼钓捕模式（图 3-1）。普通模式下可调节 3 项参数：作业水深；抖动深度，即在某一水层进行往复牵引；停顿时间，即在某一深度保持暂停。步进模式还可调节 2 项参数：步进深度，即在一个抖动深度内进行步进的深度；步进暂停，即在两个步进深度间的暂停。在鲐鱼及鱿钓模式下还可调节 2 项参数：递减深度，即钓捕时依次减少深度；最小深度，即到达此深度时钓机停止。

（4）**挪威**　该国 MUSTAD 公司从事远洋、近岸钓机系统的研制。DNG 滚筒钓机自 1985 年起大量生产，以最低成本获得优质渔获，至今 90% 的钓机仍在使用中。MUSTAD 公司在冰岛生产的 DNG C-6000i 型钓机（图 3-2）具备普通、鱿鱼钓捕和马鲛鱼钓捕 3 种捕捞模式，运行过程分 3 部分：①放钓线及重锤并探测重锤是否到达海底；②做出钓机动作吸引鱼类并探测目标种类是否上钩；③将渔获牵引上船。由于没有离合器或驱动器，绕线滚筒直接安装在电动机轴线位置上。操作者可通过更改电动机拖曳功率和收、放线时

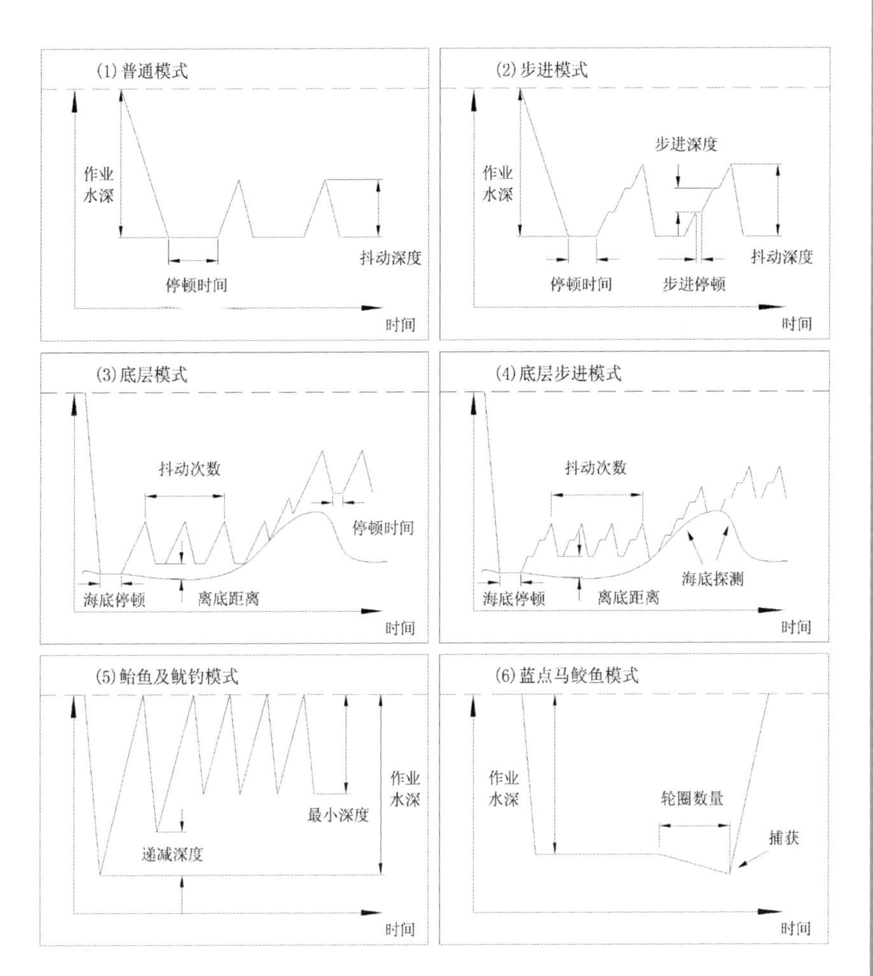

图 3-1 瑞典 BJ5000 型钓机运行模式

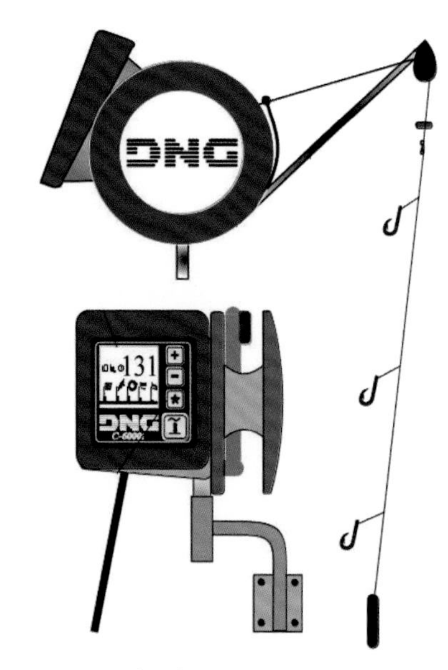

图 3–2　挪威 DNG C–6000i 型钓机

间 3 个参数来模拟手钓动作。该系统采用图形用户界面，LCD 屏幕可实时显示所有参数及当前状态，操作简捷，能源消耗低，但动力强劲、响应迅速，极具经济和环境优势。

3.1.3　中国鱿鱼钓机装备的研究进展

1974 年原湛江水产学院和原厦门水产学院渔机厂通过仿制日本 M–2 型及 VP–3 型钓机分别研制出 YD–1 型和 SYD75 型自动鱿鱼钓机。这种钓机属于机械控制式，无级调速和过载保护功能均通过机械装置实现，比较笨重，功能较少，不能实现集中控制，在传统手钓作业的渔场，不能发挥其一线多钩的作用。

考虑到机械控制钓机技术上的落后，而电控钓机能适应机电一体化的发展方向，且直流控制技术相对成熟，成本较低。根据实船考察与摸索，胡文伟等于 1990 年研制了 2 台 RDJ1 型直流电控鱿鱼钓机，安装在“蒲苓”号上使用。RDJ1 型钓机对日本早期 IS–800 型钓机的结构进行了改进，使其更符合船员操作习惯，简化装拆工作，通过热传导增加向外界传导散热。该钓机已具备收线时的“抖动”功能，调节原理是：每一脉冲动作是在某一基本速度上先叠加一减速脉冲然后再叠加一增速脉冲而形成的。试用中发现存在的不足是：电动机转速过高，采用减速器后导致机械效率下降；电气控制部分存在过载保护功能过于灵敏的问题。此后，舟山海洋渔业公司于 1991 年研制生产了 14 台样机，常州东南机械电器有限公司于 1993 年开发出钓机专用电动机，修改和调整后定型为“DY–3 型”

自动鱿鱼钓机，售价约为日产同类机型的60%。这些钓机普遍存在结构不够紧凑，制作工艺、总体质量及可靠性与日本同类钓机存在差距的问题。

由仿制逐步向自行研制的转变过程中，倪谷来在对几种日产鱿鱼钓机比较基础上，提出了我国鱿鱼钓机的发展方向：①电控型钓机的电控部分比较简单，研制容易、成本较低，而且操作简单、维修方便，但需注重提高质量和性能可靠性；②机电一体化发展的趋势是传感器技术和计算机技术的高度应用，主流的发展方向应是电脑型钓机；③重视集控操作台的研制，不仅可以减少操作管理人员，还可以有效地防止钓线之间的相互缠绕。

此后的研究主要针对电动机调速系统及钓机控制器进行。2001年，浙江大学研制的基于参数辨识的直流电机调速系统与舟山市海生威机电制造有限公司的机械系统配合后研制出国产鱿鱼钓机，在北太平洋进行试钓成功后开始批量生产。温文波指出，钓机中直流电机调速系统特点是：①调速范围大，要求在 10 ~ 100 r/min 范围内可调；②速度响应时间短，要求能快速稳定，如抖动状态要求 1 s 时间内 2/3 时间处于高速状态（如 100 r/min），1/3 时间处于低速状态（如 30 r/min）；③因为是模仿人手的行为，因此系统对稳态精度要求不高。基于按照传统的方法很难得到满意的调速效果，推导电机、可控硅等设备的对象方程，采用数字 PID 的方法对直流电机进行调速。周洪亮针对鱿鱼钓机调速系统的特点，提出了采用电枢电压、电枢电流的组合反馈来实现低成本的直流电动机调速的解决方案，利用最小二乘算法来对控制器的参数进行设计。

钓机控制器是钓机的核心，由于和电机固定在密封防水的铁箱中，散热条件差且海上使用环境恶劣，电机工作时的机械振动和电磁辐射均很强，因此要求系统具有很强的抗干扰能力。周洪亮等提出了提高钓机控制器抗干扰能力的 7 种途径。结果表明，应用并联型有源电力滤波器来抑制鱿鱼钓机工作时产生的谐波，可以保证钓机相控整流调压调速系统的正常工作和鱿鱼钓船的安全作业。除单片机控制的方法外，可采用抗扰动能力比较强的模糊控制。我国台湾学者针对日式钓机采用电气方式控制时每台均须船员管理、采用单晶片微处理器控制时稳定性较差和故障多的缺点，研制了采用可编程控制器（PLC）控制，配合智能监控屏幕组装成新式鱿鱼钓机，从而改进了日式钓机的缺点。其优点是：可编程控制器本身故障率低，寿命长且维修容易；智能监控屏幕取代传统控制面板，功能强大完备。

一些学者还探索研究出了各种新型鱿鱼钓机。如倪谷来等发明一种鱿钓机械手钓捕鱿鱼的方法，特点是摒弃网托架而采用臂式结构，通过单片机控制机械手的动作，在机械手臂上贴有应变片，通过检测钓线受力情况同步调整收线速度防止脱钩；陈新军等将集鱼灯和机钓钩进行组合配置，发明出一种白天捕捞深海柔鱼的装置；钱卫国等则发明一种钓捕巨型鱿鱼的设备，通过在网托架上铺设一个带有导向轮的支架，并通过滑轮组合装置提拉巨型鱿鱼到网托架上，减轻了人力消耗，提高作业效率并减少钓具损失。

2001 年，浙江大学将基于参数辨识的直流电机调速系统与舟山市海生威机电制造有限公司的机械系统配合后，研制出国产鱿鱼钓机，并成功在北太平洋进行试钓，但其可靠性与国外发达国家相比仍存在明显差距。下表对国内外鱿鱼钓机的主要参数进行比较（表 3–1）。

3.1.4 鱿鱼钓机装备面临的主要问题及原因

（1）面临的主要问题 目前实际生产中手钓作业仍占重要比例，机钓作业的低强度、高效率优势并不明显，主要原因是在一些渔场和特殊海况条件下，手钓产量高于机钓产量。孙满昌等根据 1993 ~ 2000 年间北太平洋海域的鱿钓调查与生产资料发现，机钓的平均脱钩率为 25% ~ 40%，手钓的平均脱钩率约为 20%。在机钓脱钩率测试中，船中部位置的钓机脱钩率最低，平均脱钩率为 23.3%。陈新军根据 1995 年 8 月在 144°E ~ 146°E，38°N ~ 40°N 海域调查数据发现，太平洋褶柔鱼实际机钓脱钩率为 5% ~ 10%，柔鱼为

表 3-1 国内外典型鱿鱼钓机参数对比

机　　型	SE-UA1-A（日本）	LG-7500C（韩国）	BJ-5000（瑞典）	DNG C-6000i（挪威）	HSW-818（中国）
输入电源	AC 220 V	AC 220 V	DC 12 ~ 30 V	DC 12 V/24 V	AC 220 V
电动机	交流伺服电动机	600 W，直流永磁伺服电动机	350 W，直流永磁电动机	直流永磁电动机	650 W，直流他励电动机
机体	84.5 kg，不锈钢烤漆	71 kg（不含滚筒）不锈钢分体涂层	12 kg，铸铝和不锈钢	20 kg，耐盐雾铝合金和不锈钢	不锈钢
速度控制	电子离合器	斜齿轮方式	加速时间 0.1 ~ 10 s	未知	电压、电流组合反馈
作业水深	0 ~ 999 m	1 ~ 999 m	0 ~ 999 m	0 ~ 999 m	0 ~ 999 m
最大荷载	约 90 kg	100 kg	600 kg	35 kg（12 V），55 kg（24 V）	约 60 kg
转速（r/min）	5 ~ 150	10 ~ 100（升）；10 ~ 120（降）	1 ~ 170	0 ~ 500	10 ~ 100
抖动控制参数	作业水深、转速、停止上限	转速、扭矩、感知度	作业水深、抖动深度、步进深度、步进停顿、抖动次数等	灵敏度、曳引功率、抖动深度、停顿时间、递减深度	作业水深、停顿时间、高速 / 低速循环
控制系统	数字伺服控制，高速 RISC 引擎	数字反馈控制，负载感知控制	负载电流反馈，转速反馈控制	渔获探测 / 上钩反馈控制	单片机控制，支持数字 PID/ 模糊控制
选项	支持 1 ~ 64 台钓机联机	双重扭矩自动转换功能防断线	平滑制动	支持 1 ~ 5 台钓机联机	并联型有源电力滤波器抑制谐波

20% ~ 40%；根据 1997 年 6 ~ 7 月在 160°E ~ 170°E，30°N ~ 45°N 海域调查结果发现，钓捕大型柔鱼时，手钓所占的比例较大，约为总渔获量的一半以上，机钓脱钩率则为 20% ~ 40%。田思泉等根据 2003 年 9 ~ 11 月印度洋西北海域鸢乌贼资源的调查数据发现，鸢乌贼脱钩率较高，平均机钓脱钩率达 45% 以上，手钓脱钩率则在 7% ~ 12% 间，主要为水中脱落和腕足脱落。但马永钧等也发现，在阿根廷陆架坡海域作业时全部使用钓机，而不用手钓，合理运用钓机技术是取得高产稳产的一个重要因素。

（2）**影响机钓产量低的因素** 目标鱼种的行为特性，如鱿鱼腕足断裂强度等，是影响机钓产量的因素之一。研究发现，在同一体重情况下，太平洋褶柔鱼触腕的断裂强度约为柔鱼腕足的 4 倍，是柔鱼第三腕足断裂强度的 1.73 倍。郑基等发现，北太平洋中部渔场钓捕的鱿鱼品种腕足较脆，如果个体较大，钓机抖动时的冲击力会增加腕足的折断率，导致脱钩率增加。吴国峰等通过现场实测，得出印度洋西北部海域鸢乌贼触腕断裂强度与体重的比值为 0.7，钓捕过程中因腕足断裂造成的脱钩率接近 100%，第三腕足的断裂强度与体重的比值为 2.06。相比之下，阿根廷滑柔鱼腕足韧性较好，不宜断裂脱钩（脱钩率约 5%）。

渔场及海况条件也是影响机钓产量的重要因素。陈新军等发现在风浪较小时，手钓脱钩率为 15.95%；风浪较大时（6 ~ 7 级），手钓脱钩率增至 39.87%。田思泉等调查发现当日产量在 5 t 以上时，手钓与机钓产量的比值大约为 4∶1；而当日产量低于 0.5 t 时，机钓产量则高于手钓产量。郑基等对北太平洋中部鱿钓渔场调查发现，当鱿钓船日产量在 4 t 以下时，手钓产量比例较高，占总产量的 79%；当日产量在 4 t 以上时，机钓产量比例提高，占总产量的 37.38%，但仍低于手钓。原因可能是日产量低时，鱿钓船周围鱿鱼群体数量相对较少，钓机只能在船舷旁边很小范围内机械地上下钓捕，不具备灵活性，而日产量高时，鱿钓船周围鱿鱼群体数量较多，钓机才能发挥出机械化的高效能。

3.1.5 鱿鱼钓机装备的研究趋势

如何更好发挥鱿鱼钓机的作用，降低机钓脱钩率、提高机钓产量，是鱿鱼钓机装备研究中极为重要的研究课题。从目前影响钓获率因素的研究成果来看，学者普遍认为根据不同的捕捞对象、海况及渔场条件调整钓机的运行参数是一种比较有效的方法。日本、韩国的研究以专业鱿鱼钓机为主，适于专业鱿钓船的规模化生产作业；而瑞典、挪威的研究则主要为通用钓机，针对不同捕捞对象可选择不同的作业模式，并配备相应的渔具属具。研发自动化、智能化的国产鱿鱼钓机，提高钓捕水平是实现我国远洋鱿钓渔业稳定持续发展的重要保证。根据各国鱿鱼钓机的研究进展，今后我国鱿鱼钓机的研究重点主要有以下 2 方面。

（1）**降低脱钩率** 鱿钓作业的成功主要取决于根据渔场、海况实时条件正确设定程序（作业参数设置），这需要从业者具有丰富的鱿钓作业经验，实际上钓机的性能要求也都是根据钓机的作业流程提出的。一些学者研究发现，影响钓获率的因素主要有：①目标种类鱿鱼的行为特性，如鱿鱼腕足断裂强度等；②渔场及海况条件；③钓机运行参数（收、放线速度和抖动强度等）；④钓机结构导致出水后脱钩，如网托架及其顶端的滚筒处的脱钩现象就比较频繁。在不同渔场和海况条件下，利用试钓得出的可量化的最优钓捕参数指标，通过钓机电脑控制程序和学习记忆功能，与探鱼仪、温盐深度仪、流速仪等系统集成，实现智能化实时控制钓机运转参数。

（2）**优化抖动控制模式** 抖动是机钓模仿手钓的关键动作，生产实践表明，手钓人员根据手感调节上升速度是手钓鱿鱼断须脱钩率低于机钓的关键因素。以往钓机的抖动作业仅模仿手钓的“上升—停留—再上升”这一过程，控制钓机 1 s 时间内有 2/3 时间处于高速状态（如 100 r/min），有 1/3 时间处于低速状态（如 30 r/min），每次抖动（除第一次外）实际都是在有一定初速度基础上再进行向上的加速运动，因而相比之下手钓的抖动幅度较钓机的抖动幅度大。因此，有必要通过传感器实时监测钓线受力情况，即分析鱿鱼上钩情况，从而精确控制钓机的各项抖动参数。

使钓机的抖动方式更接近于手钓动作的改进方式有：①加大抖动幅度；②使机钓钩在同一水深能够往复抖动，并且通过设定该抖动方式的起始时间、抖动深度、步进深度和抖动次数等参数实现“复杂”的抖动。进行多种模式的切换，能够满足延绳钓、鱿钓等多种作业方式及对不同目标鱼种的要求，实现一机多用。另外，良好的抖动性能不仅要求控制系统具备快速响应等性能，而且也对电动机的调速性能有很高要求。早期钓机主要采用直流电动机，其优点是调速性能好、易于控制，起动、制动转矩大，易于快速起动和停车。与直流电动机相比，交流电动机具有结构简单、易于维护和节能的优点。交流调频调速可以使交流电动机平滑无间断调速，在对启动性能及力矩调节有要求的场合，变频调速原理更具优越性，可以达到直流调速的特性。所以，今后可着重测试具有良好运行效果与节能效果的交流变频调速系统。

3.2 新型自主鱿鱼钓机的改进设计

3.2.1 总体方案

鱿鱼钓机总体结构包括机箱和卷线筒（图 3–3）。机箱内设置有交流电源、控制电源、智能模块、控制器、含有保护电路的驱动装置和电动机。控制电源、智能模块和驱动装置通过插槽与控制器连接。电动机为卷扬力大于 9.8 kN 的无刷交流电动机。控制器上设置有第 1 插槽、第 2 插槽和第 3 插槽，控制器通过第 1 插槽、第 2 插槽和第 3 插槽分别与控制电源、智能模块和驱动装置相连接。智能模块包括人机交互界面和预留的通信接口，人机交互界面用于输入运行参数、运行模式和显示运行状态。通过设置通信接口，能够实现至少 2 台鱿鱼钓机之间的联机通信。智能模块的应用使得鱿鱼钓机具有自动化和智能化的控制功能。控制电源、智能模块和驱动装置通过插槽与控制器可拆卸地连接，方便了元器件的独立装卸、维修和更换。与MY–7型鱿鱼钓机（日本东和制造）相比，避免了因整体集成在一块线路板上而导致维护成本高的缺陷。

减速器用于将电动机的力矩传输至收排线装置和卷线筒，电动机和减速器组成无级调速装置。第一感应装置用于检测电动机转子的转角和转速并反馈至驱动装置。第二感应装置用于检测卷线筒的转角和转速并反馈至控制器。

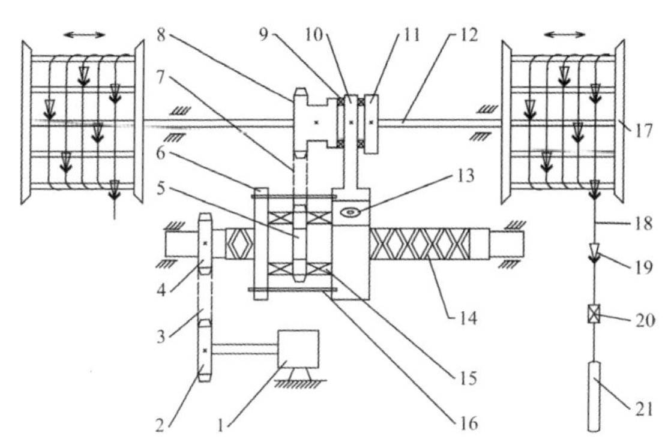

图3–3 鱿鱼钓机系统示意

1. 电动机和减速机 2. 第1链轮 3. 第1链条 4. 第2链轮 5. 第3链轮 6. 轴承压板 7. 第2链条 8. 第4链轮 9. 导向装置中的平面推力轴承 10. 花轴拔叉座 11. 螺帽 12. 光轴 13. 齿导向块 14. 螺旋双向花轴 15. 滑动装置中的平面推力轴承 16. 双头螺栓杆 17. 卷线筒 18. 钓线 19. 机钓钩 20. 转环 21. 重锤

3.2.2 动力系统优化

本样机的动力部分采用的是交流伺服驱动器加交流伺服永磁同步电机，日本东和钓机的动力部分采用的是变频器加交流异步电机。将变频器加交流异步电机称为模式1，把交流伺服驱动器加交流伺服永磁同步电机称为模式2。表3–2为两种模式的比较。

同功率的情况下，模式2电机的体积要比模式1电机的体积小。模式2中，在电机轴后端可安装编码器，因而模式2对速度、位置可实行精度高、响应快的闭环控制。而在模式1中，一般没有位置控制，和模式2相比，对速度和位置的控制无论是精度还是响应能

表 3–2 动力系统模式比较

比较参数	日本东和钓机	本样机
技术方案	变频器 + 交流异步电机	交流伺服驱动器 + 交流伺服永磁同步电机
同功率时	体积大	体积小
速度、位置控制	无位置控制	电机轴后端可安装编码器，对速度、位置可实行精度高、响应快的闭环控制
过载能力	电机额定转矩的 1.5 倍	电机额定转矩的 3 倍
其他		空载时，加减速性能优 低速时，运转平稳 带负载时，启动转矩比大

力都远不及模式 2。模式 2 的过载能力是电机额定转矩的 3 倍，模式 1 的过载能力是电机额定转矩的 1.5 倍；空载时，模式 2 的加减速性能比模式 1 好，低速时，模式 2 比模式 1 运转平稳；带负载时，模式 2 的启动转矩比模式 1 大。因此，动力部分采用交流伺服驱动器加交流伺服永磁同步电机的方案。

东和 MY–7 型鱿鱼钓机动力系统采用的是变频器加交流异步电机的模式，没有位置控制，过载能力是电机额定转矩的 1.5 倍。本样机改进后的动力系统采用交流伺服驱动器加交流伺服永磁同步电机的方式。电机功率 2 kW，电机本体长度 112 mm，法兰尺寸为 130 mm × 130 mm。电机轴后端安装编码器，编码器的分辨率为 2^{10} 脉冲 / 圈，可对速度、位置实行精度高、响应快的闭环控制。过载能力是电机额定转矩的 3 倍。变频器响应频率 2 kHz，调速范围 1∶10 000，具有响应快、调速范围宽广和保护功能齐全的特点。

3.2.3 控制系统优化

鱿鱼钓机的控制系统分为放线程序、诱钓程序、收线程序和收工程序子控制系统（图 3–4）。放线程序子控制系统可对上限位置、0 位、初速水深、初速度、下降速度、下限水深、下限速度、下限停止时间进行设定和控制。0 位是指重锤位于海平面的位置，上限位置是停工时卷线筒卷起全部钓线，使重锤位于卷线筒下方的位置。诱钓程序子控制系统可对诱钓抖动模式、诱钓高速度、诱钓低速度、下限停止时间等参数进行设定和控制。收线程序子控制系统可对诱导水深、诱导速度、上升速度、减速水深、减速度、0 位停止时间进行设定和控制。收工程序子控制系统包括 0 位停止程序和上限停止程序。钓机水下动作和参数如图 3–5 所示。

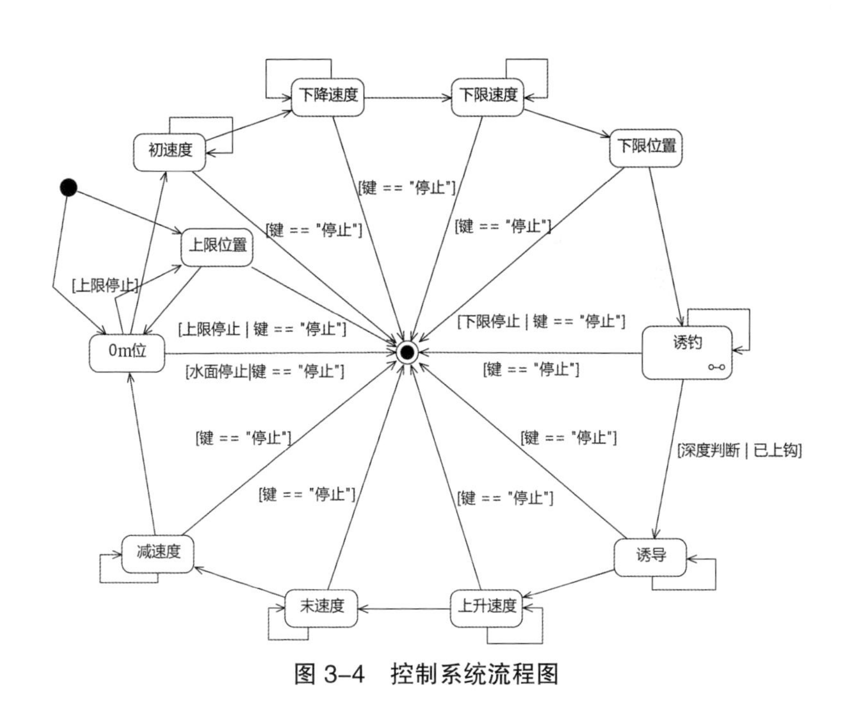

图 3–4　控制系统流程图

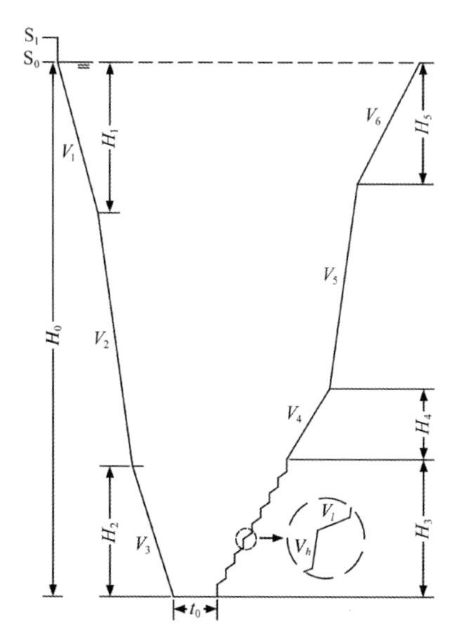

图 3–5 钓机主要水下动作和参数

S_1 为上限位置；S_0 为海平面位置；H_0 为作业水深；H_1 为初速水深；H_2 为下限水深；H_3 为诱钓水深；H_4 为诱导水深；H_5 为减速水深；V_1 为初速度；V_2 为下降速度；V_3 为下限速度；V_h 为诱钓高速度；V_l 为诱钓低速度；V_4 为诱导速度；V_5 为上升速度；V_6 为减速度；t_0 为下限停止时间

3.2.4 显示操作面板优化设计

传统鱿鱼钓机控制面板仅设置有数码管显示器（图 3–6），用于显示水深数值和报警代码。数码管显示器提供的信息极为有限，无法全面发挥和扩展钓机的功能。使用者如果想实现钓机的高级参数设定功能，需要记忆近百个参数功能和报警情况的编号，以及复杂的操作步骤。因此，传统鱿鱼钓机一方面提供的信息极为有限，无法全面发挥和扩展钓机的功能；另一方面当钓机发生异常情况和故障时，只显示报警代码，难以快速、正确地处理。

新型控制面板则采用数码管显示器和图文显示屏相结合的方式（图 3–7），由 LED 显示器、LCD（Liquid Crystal Display，液晶显示

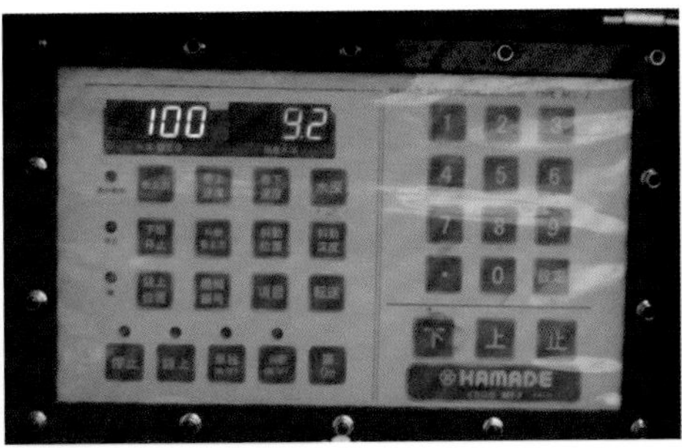

图 3–6　传统鱿鱼钓机控制面板

（左：日本三明；右：日本东和）

图 3–7　改进后的鱿鱼钓机图文显示型控制面板

（左：第 1 次改进；右：第 2 次改进）

屏）点阵式图文显示屏、状态指示灯、报警发声器、主控板、防水面板和防水箱体组成。防水面板与防水箱体组成密闭空间。主控板位于防水箱体内部，主控板连接数码管显示器、图文显示屏、状态指示灯和报警发声器。防水面板为透明结构，主控板一端的操作按键、数码管显示器、图文显示屏和状态指示灯位于防水面板后面。报警发声器安装在防水箱体内部。主控板接收传感器信号，并输出电动机的控制信号。图文显示屏可以图文显示钓机详尽的技术资料以及实时展现钓机状态信息，利于全程跟踪服务。新型控制面板的优点是数码管显示器和图文显示屏的显示内容相互印证、备援，既可全程动态监控鱿鱼钓机的运行状况，又可显示详尽的技术资料，使操作者能获得更多的人机交互信息，从而提高鱿鱼钓机的可靠性和耐用度。新版钓机增加集中控制模块，还可实现集中控制。更新了操作面板，进一步简化了参数调节方式，既能满足普通船员快速选择抖动诱钓模式的简化需求，又为职务船员根据实践经验调节不同参数、优化抖动模式提供了可视化操作指引。另外，新版钓机还增加了机体散热导流窗口，从而降低了机箱内温度。

如图 3-8 所示，控制面板左侧液晶显示屏可动态显示鱿鱼钓机自动作业的整个流程。整个流程由若干个程序组成，每个程序旁边都显示着一个数字代码。按下右侧键盘上的与某一数字代码对应的数字键，显示屏画面会切换到一级参数和功能画面。该级参数和功能画面会显示出该程序内的所有参数代码和功能，该程序内的所有参数和功能旁边都分别显示着一个数字按键。例如，按下键盘上对应诱钓阶段参数或功能的按键 5，画面会被切换到诱钓阶段参数设定

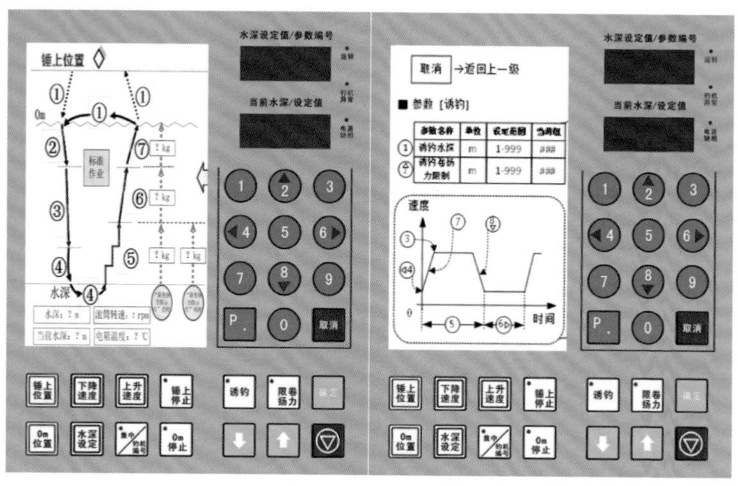

图 3-8　鱿鱼钓机图文显示屏示意

画面，依次显示诱钓水深、诱钓卷扬力限制、诱钓高速度、诱钓低速度等参数名称及对应按键代码。根据该次级参数和功能画面中的指引进行操作，即可设定该程序中的某一参数或功能；同样的方法，可以设定该程序中的其他参数或功能，以及设定整个流程中其他程序中的所有参数和功能。在报警状态时，液晶屏用于显示报警代码、内容、对应的故障原因和处理对策，从而方便操作者快速、正确地处理故障。

3.2.5　机械系统优化

机械系统方面主要对减速机（图 3–9）和收排线装置（图 3–10）进行了优化。

电动机（16）的转子轴与第一圆柱斜齿轮轴（17）为连体结构，减少连接环节，节约空间位置，传动效率高。二级圆柱斜齿轮减速传动。三重单向载荷保护结构：第一重为单向重载保护，第二、第

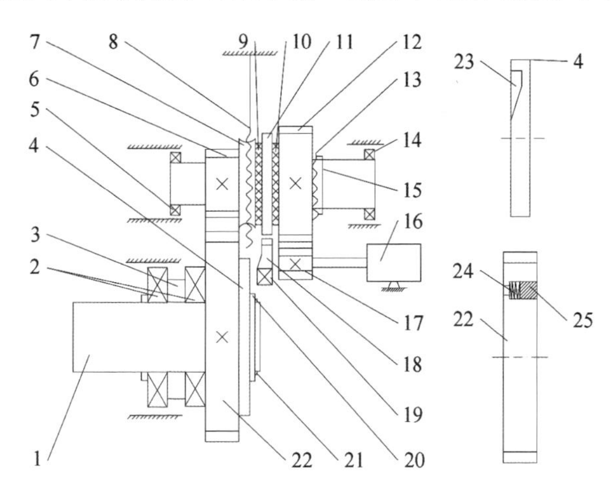

图 3–9　减速机结构示意

1. 输出轴承　2. 轴承　3. 轴承隔套　4. 螺旋圆柱压板　5. 轴承　6. 第二圆柱斜齿轮轴　7. 弹簧圆盘　8. 弹簧　9. 第二摩擦片　10. 第一摩擦片　11. 棘轮　12. 第一圆柱斜齿轮　13. 弹簧　14. 轴承　15. 弹簧压板　16. 电动机　17. 第一圆柱斜齿轮轴　18. 棘爪　19. 拉簧　20. 压板　21. 轴用挡圈　22. 第二圆柱斜齿轮　23. 若干条螺旋槽　24. 宝塔弹簧 25. 滚柱

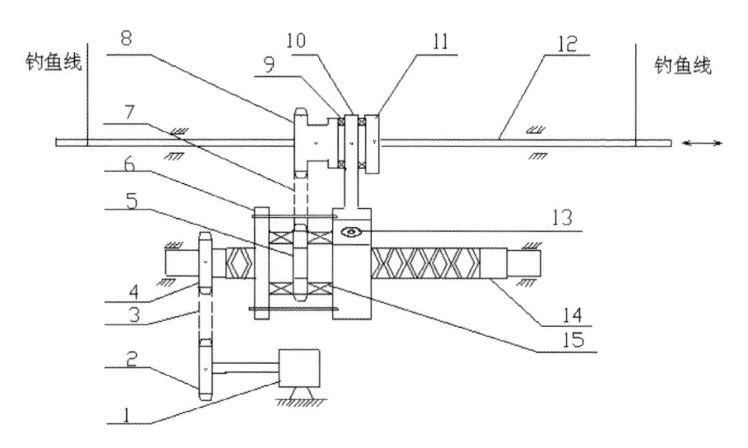

图 3–10 收排线装置示意

1. 可调速电动机和减速机 2. 第一链轮 3. 第一链条 4. 第二链轮 5. 第三链轮 6. 轴承压板 7. 第二链条 8. 第四链轮 9. 导向装置中的若干个平面推力轴承 10. 花轴拨叉座 11. 螺帽 12. 两侧伸在箱体外的光轴 13. 齿状压块 14. 螺旋双向花轴 15. 滑动装置中若干个平面推力轴承

三重为反向过载倒车保护。单向自锁能力强，经久耐用。减速机的特点是：具有单向自锁功能，且体积小，效率高。

当钓机过载时，输出轴承（1）的扭矩反传递给螺旋圆柱压板（4），由滚柱（25）和螺旋圆柱压板（4）承受主要反扭矩。此时，棘轮（11）和棘爪（18）不发生空转，固定的棘爪（18）在拉簧（17）的作用下，正好顶住该棘轮（11）不转。这样既防止了过载倒车，又起到了防止各圆柱斜齿轮传动机构（22、6、12、17）和电动机（16）等零部件损坏的作用。

收排放装置包括 1 只箱体，两侧设置有 2 只卷线轮的光轴。箱体内设有可调速电动机、减速机、螺旋双向花轴、带有一齿状压块的滑动装置及固定在该光轴中间位置的导向装置，齿状压块的端部嵌设在该螺旋双向花轴的螺旋槽内。螺旋双向花轴的一端设有第二链轮，滑动装置的一端设有第三链轮，导向装置的一端设有第四链轮。第一链轮和第二链轮通过第一链条联结，第三链轮和第四链轮通过第二链条联结。通过可调速电动机的正反向运转和以上装置的协调动作，既解决了鱼线的收排放问题，又提高了渔船上甲板面积的利用率。

收排放装置（图3-10）的工作原理如下。

（1）**电动机逆时针转动**　可调速电动机和减速机（1）依次带动第一链轮（2）、第一链条（3）、第二链轮（4）、螺旋双向花轴（14）、第三链轮（5）、第二链条（7）和第四链轮（8）逆时针转动，并带动光轴（12）逆时针转动。同时，因螺旋双向花轴（14）的逆时针转动，使滑动装置中的齿状压块（13）在螺旋双向花轴槽内左右来回滑动。因滑动装置中轴承压板（6）、第三链轮（5）及齿状压块（13）之间均通过平面推力轴承（15）联结为一体的，故滑动装置整体也与齿状压块同步左右来回移动，并带动由第四链轮（8）、平面推力轴承（9）、花轴拨叉座（10）和螺帽（11）组成的所述导向装置和光轴（12）左右来回移动。因上述光轴（12）逆时针转动和左右来回移动是同步进行的复合运动，故装置在光轴上的卷线轮也一边作逆时针转动的收线，一边作左右来回移动的排线。

（2）**电动机顺时针转动**　借助于重锤的重力和卷线轮顺时针转动和左右来回移动的复合运动，把收线时排列好的线原路退回去。

至此，达到了钓机所需的收排线和放线要整齐均匀的目的。

3.2.6　保护装置优化

3.2.6.1　智能防过载功能

因为鱿鱼钓机的渔获量多少是随时发生变化的，故钓机动力系统的负载率也随之会大幅变化，从而时常会发生过载。另外，鱿鱼上钩挣扎带来的瞬时冲击力也可能会拉断渔线或发生过载。针对这些情况，可设置智能防过载功能来加以保护：运行中，自动计算驱动器和电机的输出转矩、电流，一旦接近过载状态就立即调整参数、限制动力系统的输出能力，避免超负荷运行；而在动力系统的负载率较低的情况下，允许钓机以超过动力系统额定转矩、额定速度的方式运行，可有效减少动力系统的故障率。

3.2.6.2 0位和上限位置的设定和保护

0位是自动程序中的位置参照中心，一旦发生过度偏差，整个程序会受影响；上限位置发生过度偏差，对操作者的人身安全会造成威胁。可采取以下措施对0位和锤上位置加以保护：运行中，0位超过设定的偏差值立即报警；运行中如果变更了0位（运行前已设定0位和上限位置），则程序会用变更前和变更后产生的差值对上限位置进行等值修正，即上限位置仍保持在变更前的设定位置；收线时，上限位置超过设定的偏差值立即报警；因某一种原因造成0位高于上限位置时，立即报警。因为小链轮的编码器没有安装干电池，停工后卷线筒位置若被转动，则采取开机设定0位后上限位置会自动回到与0位同一数值上来的弥补措施。

3.2.6.3 缺相报警措施

由于船上环境变化大，有时会发生AC三相电源断线缺相的现象，造成钓机工作不稳定，从而增加故障率。现阶段本钓机采用三相220 V的输入电压（为了与进口钓机兼容）。今后，因国内渔船发电机多为AC 380 V三相三线制，作为对国内渔船配置的钓机，最终将选择三相380 V的钓机输入电压，这样既节约了380 V至220 V的降压变压器，又提高了效率，节约了能源，控制了电气设备的温度。

3.2.7 国内外钓机性能比较分析

电脑控制型的鱿鱼钓机具备智能化、自动化的特点，还能通过通讯，对若干台钓机进行联网集中控制，它代表了鱿鱼钓机的发展方向，目前代表这个发展方向的较为先进的机型是日本三明SN–H自动鱿鱼钓机和日本东和MY–7自动鱿鱼钓机。而我们通过对日本三明SN–H自动鱿钓机和日本东和MY–7自动鱿钓机进行全面剖析，做到扬长避短，利用现有科技条件，将高科技元素融入产品中，使我们研制的鱿鱼钓机既顾及成本预算，又与使用的环境相匹配。研制的新型鱿鱼钓机最大卷扬力为100 kg，最大放线长度为999 m（表3–3）。

表 3–3 国内外鱿鱼钓机参数对比

钓机机型	三明 SN–H 型钓机	东和 MY–7 型钓机	新型钓机
电源	三相 AC 220V	三相 AC 220V	三相 AC 220V
动力部分类型	交流伺服驱动器和交流伺服永磁同步电机	变频器和交流异步电机	交流伺服驱动器和交流伺服永磁同步电机
电动机额定功率	750 W	600 W	1 400 w
最大卷扬力	70 kg	90 kg	100 kg
减速机	摆线针轮减速机	专用减速机	专用减速机
减速比	36：1	20：1	22.5：1
减速机的润滑和冷却	机油	机油	机油
放线长度	1 ~ 999 m	1 ~ 999 m	1 ~ 999 m
调速范围	30 ~ 100 r/min	5 ~ 170 r/min	5 ~ 110 r/min
0 位设定功能	有	有	有
诱钓机制	加速减速合成	每转 8 等分速度设置	加速减速合成
诱钓类型	阶梯诱钓	阶梯诱钓	阶梯诱钓、往返诱钓
诱钓特点	有拉力自动加减功能	无拉力自动加减功能	智能防过载功能
卷扬力限制功能	无	有	有
显示器	单窗口 1 只数码管	双窗口 2 只数码管	1 只液晶显示屏 + 2 只数码管

（续表）

钓机机型	三明 SN–H 型钓机	东和 MY–7 型钓机	新型钓机
海浪补偿功能	无	有	试验中
智能称重功能	无	无	试验中
位置检测	由小链轮带动的编码器完成	由小链轮带动的编码器完成	由小链轮带动的编码器完成
单向自锁功能	用带有单向轴承的电磁失电制动器来实现	用减速机中的 3 只机械离合器来协调实现	用减速机中的 3 只机械离合器来协调实现

3.3 集中控制器的改进设计

3.3.1 功能设计

针对新型钓机集中控制器中的硬件布局、程序编排、钓机地址设置及显示、参数和功能的设置及显示、集中控制器与各台单机之间的通讯进行改进设计，并完善报警系统的功能。可设定与集控器通讯的允许最大钓机数量为 64 台（单侧 32 台）。

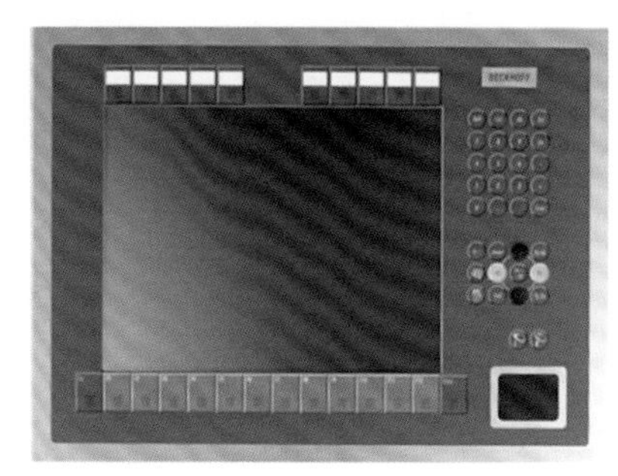

图 3–11 集中控制器主面板

3.3.2 集控面板设计

集中控制器主面板采用液晶显示屏与触摸按键相结合的方式（图 3–11）。液晶显示屏主屏幕显示钓机编号、分组状态、当前状态、设定水深、间隔水深以及集控运行模式等主要信息。每一项信息的位置与液晶屏上下方的

表 3–4　集中控制器主要功能列表

功　能	子　模　块	备注
集中控制	①对钓机的分组 ②显示联网各钓机的状态 ③编辑自动作业的参数，诱钓参数的设定，是否启用诱钓功能 ④设定集控运动模式 ⑤启动、停止钓机集控运行 ⑥单机的标准参数	
报警	①显示集控器的报警 ②显示联网的各钓机的报警	
参数的显示与编辑	显示、编辑钓机的所有参数（试运转参数除外）	可选

触摸按键对应（表 3–4）。当需要修改或查询参数时，触摸相对应的按键即可（图 3–12）。

A 屏幕显示集控方式下自动作业参数的设定界面。液晶显示屏下方按键依次对应间隔水深、入水速度、入水水深、下降速度、水深、下限停止时间、诱钓水深、诱钓卷扬力、上升卷扬力、上升速度、出水水深、出水卷扬力和出水速度等参数信息。例如，当需要修改诱钓水深和诱钓卷扬力时，按对应的下方按键进入 B 屏幕。

B 屏幕显示诱钓过程详细参数的设定界面。在此界面下，液晶显示屏下方按键依次对应是否诱钓、诱钓水深、诱钓卷扬力、诱钓低速、加速时间、诱钓高速、高速时长、减速时间、低速时长和恢复出厂值等参数信息。

C 屏幕显示集控运行模式的设定界面。在此界面下，可以对鱿鱼钓机进行分组编号，并设定组内运行模式（单独、组内同步、组内顺次）、组间运行模式（组间同步、组间锯齿）和顺序方向（顺序，逆序）。

D 屏幕显示集控操作界面，实现控制鱿鱼钓机的自动运行或点动运行，以及0米位置和锤上位置的设定。

通过采用液晶显示屏与触摸按键相结合的方式，直观地显示诱钓过程中各项参数的含义，使修改参数的过程简单快捷，故障处理更加方便。

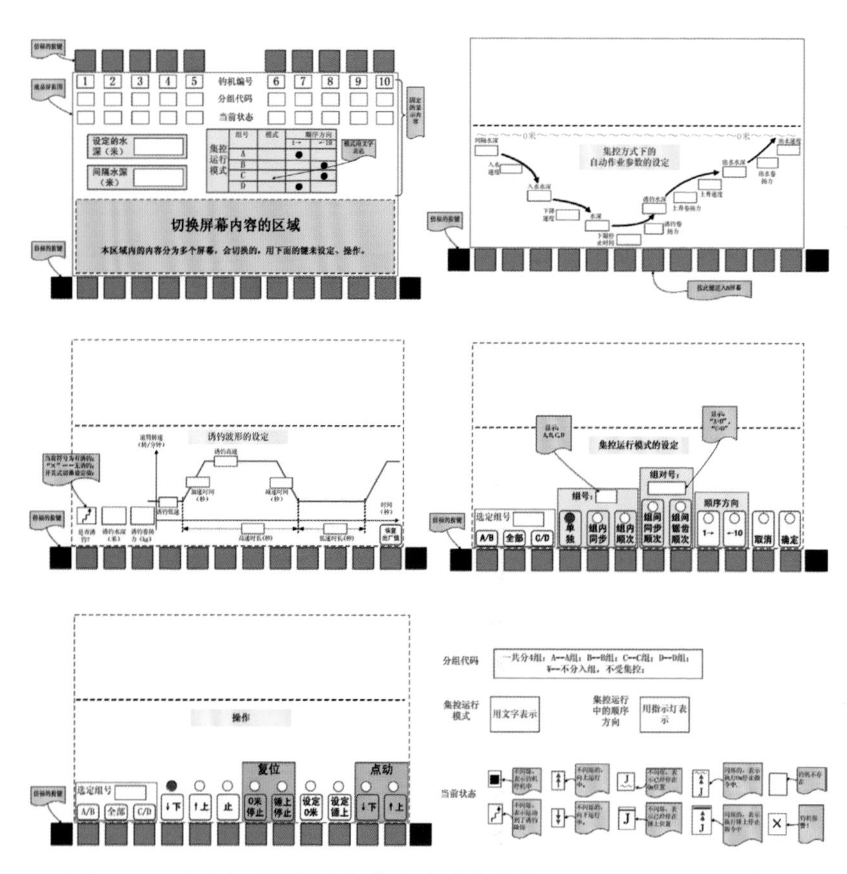

图3-12 集中控制器屏幕切换内容（主屏幕和A、B、C、D屏幕）及符号含义

3.3.3 参数设计

集控运行模式包括单独、组内同步、组内顺次、组间同步顺次、组间锯齿顺次等 5 种。在停机时可对不同运行模式进行设计，若鱿鱼钓机未被输入钓机编号则默认处于单独运转模式（表 3–5）。

表 3–5 集控运行模式

编号	运转模式	范围	运转方法	间隔水深	钓机启动的顺序方向		组号显示
					船头 1 →	船尾 ← 10	
1	单独	组内	组内的各钓机单独运转		灭	灭	单独显示 A，B，C，D
2	组内同步	组内	组内所有钓机先全部回到 0m，然后同时启动开始运转；下一循环也是如此启动		灭	灭	单独显示 A，B，C，D
3	组内顺次	组内	组内所有钓机先全部回到 0 m，然后依次按设定的顺序方向，按间隔水深，依次逐一启动	有	亮 灭	灭 亮	单独显示 A，B，C，D
4	组间同步顺次	组间	各组内的所有钓机先全部回到 0 m，各组内同一位置的钓机按设定的顺序方向，按间隔水深，依次同步启动	有	亮 灭	灭 亮	A + B——结对 C + D——结对
5	组间锯齿顺次	组间	各组内的所有钓机先全部回到 0 m，组间的钓机按设定的顺序方向，按间隔水深，依次接力棒式的启动	有	亮 灭	灭 亮	A + B——结对 C + D——结对

集控器系统参数包括蜂鸣器、报警灯、钓机数量、通信速率和集控器三点开关操作有效范围的设定。在单机中增加网络控制参数（P901 和 P902），通过键盘输入钓机编号，并设置网络控制的开关功能（表 3–6、表 3–7）。

表 3–6　集控器系统参数

编号	设定量名称	用途、功能、含义	设定范围	出厂值
1	集控器蜂鸣器	集控器电柜箱内的蜂鸣器是否起作用：0——无输出，1——输出	0 ~ 1	1
2	报警灯	报警信号是否输出：0——无输出，1——输出	0 ~ 1	1
3	最大钓机数量	与集控器通信的允许设定的最多钓机数量	1 ~ 64	64
4	通信速率的设定	集控器与钓机间的通信速率		
5	三点开关操作范围	0——单独，三点开关操作对全船有效；1——组内；2——全船	0 ~ 2	0

表 3–7　单机上的网络控制参数

P901	钓机编号	钓机编号由键盘进行输入	1 ~ 64	1
P902	启用网络控制功能	0——不启用；1——启用	0 ~ 1	0

3.4　海上测试

3.4.1　第一阶段海试（2013 年北太平洋渔场航次）

鱿鱼钓机的第一阶段海上测试时间为 2013 年 7 ~ 8 月，在北太平洋公海渔场进行，安装试验钓机 6 台。

3.4.1.1 材料与方法

海上试验在实际生产作业基础上展开，主要检验鱿鱼钓机的可靠性、稳定性和适用性。示范船为“宁泰 61”号（图 3–13），渔船的参数见表 3–8。

图 3–13 示范船“宁泰 61”号鱿钓船

表 3–8 “宁泰 61”号船舶详情

指　标	参数	单位
总长	51.6	m
型宽	8	m
型深	4	m
主机功率	882	kW
速冻能力	11	t/d
水下灯	未使用	kW
金属卤化物灯	90	盏
LED 灯	100	个
钓机	15	台
手钓人员	26	人

“宁泰 61”号船安装自动鱿鱼钓机 6 台。其中宁波捷胜制造的 3 台（图 3–14、图 3–16、图 3–18），安装于船右舷前部、中部和后部位置；上海金恒公司制造的 3 台（图 3–15、图 3–17、图 3–19），安装于船左舷前部、中部和后部位置。位于前部及后部的钓机，两侧滚筒分别装有 10 枚机钓钩，共 20 枚。重锤质量为 2 kg，位于中部的钓机未安装钓钩。实际观察记录的钓机为位于前部的 2 台（编号 JH1 和 JS1）及中部 1 台（编号 JS2）。

图 3–14 捷胜钓机（船首部，编号 JS1）

图 3–15 第一代金恒钓机（船首部，编号 JH1）

图 3-16　捷胜钓机（船中部，编号 JS2）

图 3-17　金恒钓机（船中部，编号 JH2）

图 3-18　捷胜钓机（船尾部，编号 JS3）

图 3-19　第一代金恒钓机（船尾部，编号 JH3）

鱿钓作业前一般于当日 14:00 释放水下灯，深度约 90 m；16:00 打开集鱼灯。作业时间一般为 17:00 至次日凌晨 2:30（北京时间）。

3.4.1.2 测试结果分析

(1)试运转情况 鱿鱼钓机每日在作业期间启动，工作模式为诱钓，风浪大时为避免影响旁边船员手钓作业则停机或设置为往返模式（在5~10 m水深做上升、下降往返动作）。初期设置100~120 m作业，后期设置60~80 m作业。

钓机运转区别：①诱钓模式时捷胜钓机缓慢向前，金恒钓机向后微动；② JS诱钓时运转连续（如2圈连续运转），金恒钓机点动（半圈半圈地旋转）；③在渔船切电时，钓机会出现暂停报警情况，重新上电后捷胜钓机持续报警需重启，金恒钓机报警暂停不需重启。

操作区别：①金恒钓机液晶面板显示实时动态，知晓实时转速、水深，捷胜钓机则仅显示实时水深；②金恒钓机修改参数时需手动输入代码，捷胜钓机直接按键操作即可修改相应代码，船员可能更适应后者。

(2)异常情况 作业期间钓机均正常运行。运行中期主轴出现噪音，疑由于渔船摇摆引起。在无渔获收线情况下出现卷扬力超限报警3次（JH1）。停机修理1次，原因是主轴螺丝松脱（JH1，第12天）。

滚筒上的钓线有时易与钓钩缠绕，需手动整理。偶尔几次出现两侧滚筒的钓线缠绕，导致一侧滚筒断线情况，但因为底部重锤事先用钓线连接，所以断线后的重锤可由另一侧滚筒提上来重新安装。

(3)渔获情况 调查初期处于调试参数阶段，钓机产量均很少。调查中期捷胜钓机产量较高，约同手钓新手产量相当，而金恒钓机渔获相对较少。作业后期钓机产量均很少（图3-20）。

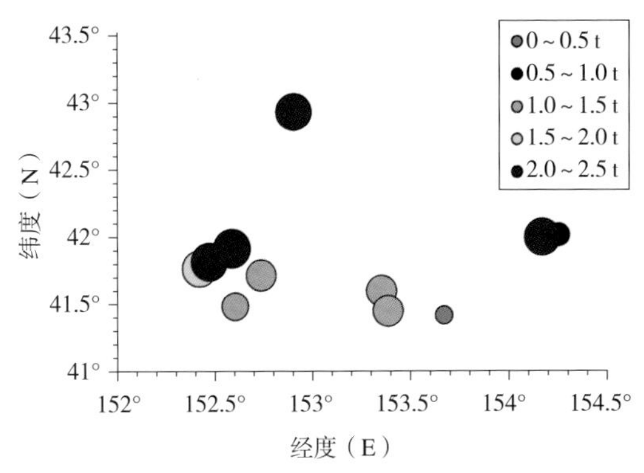

图3-20 第一阶段海试期间"宁泰61"号船产量分布

3.4.1.3 存在问题与建议

（1）存在不足 金恒钓机：①诱钓高速、诱钓低速体现效果不明显；②诱钓高速时不连贯，诱钓时滚筒“点动”运行，易产生振动；③由高速转为暂停时，滚筒存在轻微的反向回转；④渔船摇摆时，主轴发生晃动，产生杂音。

捷胜钓机：①运行参数更改过程较为复杂；②渔船摇摆时，主轴发生晃动，产生杂音。

（2）改进建议 ①完善诱钓模式，如增加手钓模拟模式，即可调为“上升－下降－上升”。②增加卷扬力，以便适用钓捕东南太平洋大型鱿鱼。

3.4.2 第二阶段海试（2014 年东南太平洋秘鲁外海渔场航次）

鱿鱼钓机的第二阶段海上测试时间为 2014 年 6 ~ 8 月，在东南太平洋秘鲁外海渔场进行，安装测试钓机 4 台。

3.4.2.1 材料与方法

海上试验在实际生产作业基础上展开，主要检验鱿鱼钓机的可靠性、稳定性和适用性。示范船为“宁泰 61”号，渔船的参数如上文所示。

“宁泰 61”号船安装自动鱿鱼钓机 15 台。其中日本东和电机制作所生产的 MY–7 型钓机 11 台（全新）；宁波捷胜公司制造钓机 5 台（实际安装 3 台），依次安装于船左舷尾部第 5、第 6、第 7 台位置，可由集中控制盘集中操控；上海金恒公司制造第二代钓机 2 台（实际安装 1 台），安装于船右舷前部第 1 台位置（编号 R1，图 3–21）。两侧滚筒分别装有 30 枚机钓钩，共 60 枚。重锤质量为 2 kg。观察测试钓机为金恒 1 号钓机（R1），捷胜 1 号钓机（L5，图 3–22），对照钓机为日本东和钓机，分别位于左一、右二和右四位置（编号 L1、R2、R4，图 3–23、图 3–24）。如图 3–25 所示，钓机左右间距 6.7 m，前后间距分别为 5 m、3 m、6 m、3 m，上下层高度差为 2 m。观察与记录项目包括作业日期、时间、经纬度、天气、水温、工作模式、渔获量和异常情况等内容。

图 3–21 第二代金恒钓机（R1）

图 3–22 捷胜钓机（L5）

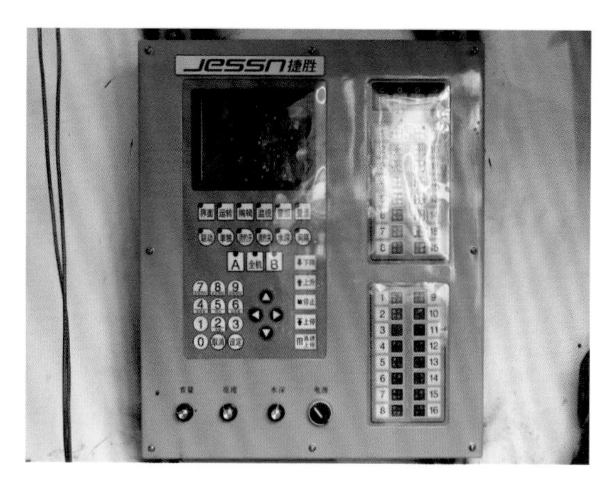

图 3-23 捷胜钓机集中控制盘

图 3-24 日本东和 MY-7 型钓机（L1）

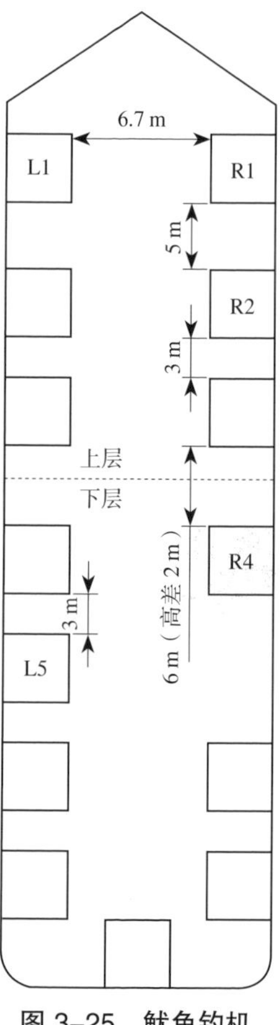

图 3-25 鱿鱼钓机位置示意

3.4.2.2 测试结果

鱿钓作业前一般于当日 4:00 开始，深度 60 ~ 100 m；5:00 打开集鱼灯，作业时间一般为 5:00 至次日 20:00（北京时间）。测试与渔船每日正常生产作业时间同步进行，受海况条件影响，作业时长一般为 6 ~ 18 h。将试验机和对照机调至相同作业水深及相同工作模式，分别记录相同时间内试验机和对照机的渔获量（图 3-26）。

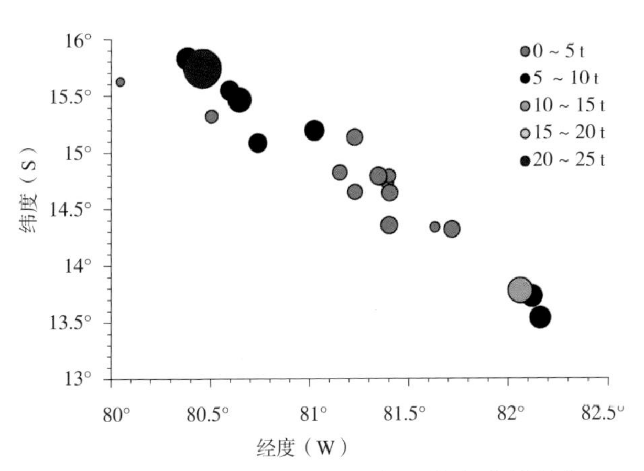

图 3–26　第二阶段“宁泰 61”船产量分布

（1）**产量情况**　详见表 3–9 生产作业情况。

表 3–9　2014“宁泰 61”生产作业情况

日期（月 / 日）	纬　　度	经　　度	总产量（t）	水温（℃）	钓机运行时间（h）	备　注
6/21	15°28′12″S	80°38′28″W	9.188	19.0	10	
6/22	15°33′12″S	80°35′28″W	5.800	18.9	10	
6/23	15°44′53″S	80°27′11″W	24.765	18.3	17	
6/24	15°44′53″S	80°27′11″W	11.962	18.4	12	
6/25	15°50′10″S	80°22′34″W	7.831	18.4	13	
6/26a	15°50′10″S	80°22′34″W	2.451	18.7	7	
6/26b	15°37′40″S	79°59′15″W	0.800	18.3	5	转锚地
6/27	15°37′55″S	80°02′22″W	1.197	18.5	7	
6/28	15°19′33″S	80°30′01″W	2.701	18.7	5	
6/29	15°05′24″S	80°44′00″W	5.561	18.0	15	

（续表）

日期（月/日）	纬　　度	经　　度	总产量（t）	水温（℃）	钓机运行时间（h）	备　注
6/30a	15°11′53″S	81°01′10″W	2.600	17.8	11	
6/30b	15°08′16″S	81°13′23″W	3.811	18.0	6	转锚地
7/1a	15°08′16″S	81°13′23″W		17.9	10	
7/1b	15°01′16″S	81°01′58″W	4.301	17.0	8	转锚地
7/2a	14°49′40″S	81°08′54″W		17.6	10	
7/2b	14°37′47″S	81°11′12″W	3.769	17.5	8	转锚地
7/3	14°39′21″S	81°13′28″W	3.710	17.6	16	
7/4a	14°38′48″S	81°23′57″W		18.2	10	
7/4b	14°49′40″S	81°18′40″W	4.453	18.2	8	转锚地
7/5	14°46′39″S	81°21′09″W	3.040	18.1	18	
7/6	14°44′14″S	81°23′13″W	2.613	18.0	6	
7/7	14°47′43″S	81°20′33″W	4.985	18.0	16	
7/8	14°47′43″S	81°23′45″W	2.971	18.1	12	
7/9	14°21′30″S	81°23′47″W	4.803	18.3	18	
7/10	14°20′24″S	81°37′38″W	1.680	18.0	12	
7/11	14°19′15″S	81°42′49″W	4.450	18.2	12	
7/12	13°46′54″S	82°03′24″W	10.500	18.7	14	
7/13	13°43′55″S	82°06′54″W	7.471	18.7	14	
7/14	13°32′27″S	82°09′26″W	7.456	18.8	14	

（2）**异常情况**　捷胜钓机与金恒钓机异常情况及处理措施分别见表 3-10 和表 3-11。

3.4.2.3　结果分析

鱿鱼钓机每日在作业期间启动，工作模式为抖动或往返模式，风浪大时为避免钓线缠绕则停机。参数设置：水深一般设置为60 ~ 150 m，下降速度为 55 ~ 75 RPM，上升速度为 40 ~ 65 RPM，抖动高速度为 60 ~ 80 RPM，抖动低速度为 20 ~ 50 RPM，抖动深度为 5 ~ 20 m。

作业期间，对照钓机均正常运行。运行中期金恒钓机主轴出现噪音，疑由于渔船摇摆引起。由于海况影响，经常发生相邻钓机钓线、钓钩互相缠绕现象，需手动整理。试验机和对照机在发生钓线缠绕时能够及时停机报警（表 3–10、表 3–11）。

以日本东和电机制作所生产的 MY–7 型鱿鱼钓机作为对照机进行的海上生产实测，试验机与对照机安装相同数量和型号的钓钩。将试验机和对照机调至相同作业水深及相同工作模式，分别记录相同时间内试验机和对照机的渔获量（表 3–12）。

测试期间钓机渔获量为：对照机 R4 渔获量 3 291 kg，日均渔获量 149.59 kg；试验机 L5（捷胜）渔获量 2 961 kg，日均渔获量 134.59 kg；对照机 R2 渔获量 2 721 kg，日均渔获量 123.68 kg；试验机 R1（金恒）渔获量 2 703 kg，日均渔获量 122.86 kg；对照机 L1 渔获量 2 223 kg，日均渔获量 101.05 kg。

表 3–10　捷胜钓机异常情况及处理

日　期 （年 / 月 / 日）	问　　题	处　　理
2014/6/19	1 台钓机（L4）数码管无法显示	拆机后测量其他端口有电流，疑电路板问题
2014/6/19	1 台钓机（船尾部）打开启动开关后，空气开关自动跳闸	其他端口未短路，驱动器中某元件烧掉
2014/6/29		将上述 2 台拼装成 1 台钓机可以运行（将第 1 台驱动器替换到第 2 台）

表 3-11　金恒钓机异常情况及处理

日　期（年 / 月 / 日）	问　　题	处　　理
2014/6/21	放线运行时显示“卷扬力超限，打滑报警”，收线正常。放线速度设置 35 RPM 后，勉强自动放线，维持运转约 2 h。需人工辅助带动滚筒沿下降方向运转	① 调节限卷扬力参数无效果 ② 松开左右轴套 4 只对敲螺丝及轴套下的偏心螺丝，将光轴下移后放松链条，无效果 ③ 光轴加润滑油后，放线逐渐正常自动运行，但每天需加润滑油 2 次（间隔 6 h 左右）
2014/7/5	正常运转过程中上升速度突然变慢，第一次判断负载变大或钓线缠绕所致，暂停后重新上升运行；第二次上升速度再次突然变慢后，人工辅助滚筒沿上升方向运行，阻力很大，但此时人工拉钓线上升时无过大阻力。主轴有时出现噪音。 打开时显示正常，但操作无反应。按上升键：显示手动程序执行中，水深不变化；按下降键：显示执行自动程序中，水深不变化；按停止键：显示停止待机中；拉紧急停止线圈键：显示紧急停止。可正常设置参数，正常显示	似诱钓结束后直接以诱钓低速度运行；停机后恢复

表 3-12　鱿鱼钓机渔获量统计（kg）

日　期（月/日）	R1（金恒）	L1（东和）	R2（东和）	R4（东和）	L5（捷胜）	总产量（t）
6/21	126	120	144	126	123	9.188
6/22	84	117	105	129	120	5.800
6/23	699	510	789	936	876	24.765
6/24	357	264	342	534	468	11.962
6/25	264	228	258	324	294	7.831
6/26	84	87	90	168	132	3.251
6/27	12	21	15	36	9	1.197
6/28	30	48	78	15	12	2.701
6/29	111	54	81	36	72	5.561
6/30	168	120	144	228	183	6.411
7/1	120	108	102	156	120	4.301
7/2	48	51	63	66	54	3.769
7/3	36	24	30	63	30	3.710
7/4	63	72	69	24	24	4.453
7/5	24	21	18	12	15	3.040
7/6	6	9	9	3	3	2.613
7/7	84	48	78	72	90	4.985
7/8	27	36	45	39	33	2.971
7/9	48	54	51	54	51	4.803
7/10	36	27	24	48	36	1.680
7/11	108	78	72	84	84	4.450
7/12	168	126	114	138	132	10.500
总产量	2 703	2 223	2 721	3 291	2 961	
日均产量	122.86	101.05	123.68	149.59	134.59	

试验机 R1 与对照机 R2 安装位置邻近，t 检验表明试验机 R1 与对照机 R2 渔获量无显著性差异（$P > 0.05$）。试验机 R1 渔获量高于对照机 L1 约 480 kg。位于下层甲板的试验机 L5 渔获量低于对照机 R4 约 330 kg，但高于对照机 R2 约 240 kg，可能是因为对照机 L1 安装在船舷左侧第一台位置，测试期间船舷左侧第一台位置渔获量较少，且测试期间下层甲板渔获量普遍高于上层甲板的影响（观察记录表明，测试期间船中部位置渔获量最高，图 3 –27）。

试验机与对照机渔获量呈现波动变化趋势，可能是受到不同作业海域鱿鱼集群方式不同，船舷不同方向及不同位置的渔获量存在差异的影响。在测试中出现渔获脱钩的现象，可能与鱿鱼不同腕足断裂强度不同有关。另外，还应考虑到钓机产量对比还存在不同鱿鱼大小重量差别的问题。

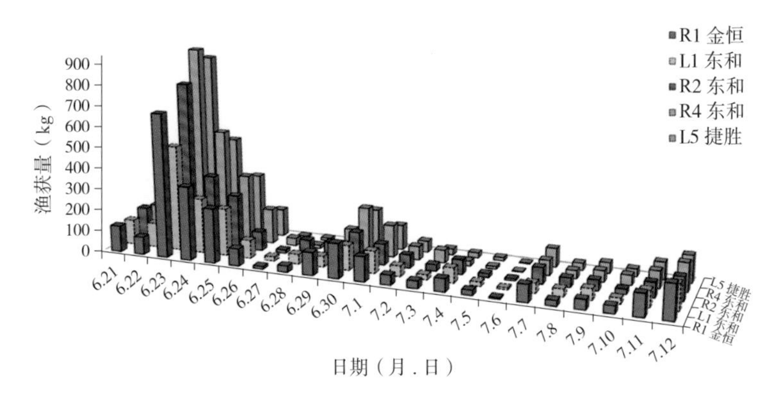

图 3–27　鱿鱼钓机海上测试期间渔获量

3.4.2.4　存在问题与建议

（1）存在不足　①运行时钓机主轴噪音偏大。②电源接线区内部布线需添加指引标志。其中，东和钓机内部标识清楚，方便装卸、维护。③钓机左右轴套处腰字槽对敲螺丝及偏心螺丝用于调节链条松紧程度，在海上调节缺乏衡量标准，精度差，不易保证主轴左右平衡；若调节频繁，紧固方式会越来越松。④重量偏重，体积偏大，拆卸时移动不便。

（2）改进建议 ①钓机外观颜色可优选深色、暗色调，鱿鱼墨汁沾染后不明显，如东和钓机为暗红色相对较好。②抖动功能可分为基本抖动模式和高级抖动模式。基本抖动功能可调参数少，供普通船员快速操作；高级抖动功能可调参数多，供职务船员探索操作。东和钓机目前按键后为基本抖动模式，可调节抖动深度，适合普通船员快速操作，但高级参数调节不便。③断电记忆、保护。船上发电机切换时，钓机停止后重新上电，应加强电路保护，并加快启动速度，尽快重新运转。最好能记忆之前的状态，如继续保持抖动模式，不需再次按下“阶梯诱钓”按钮。

3.4.3 第三阶段海试（2015 年）

鱿鱼钓机的第三阶段海上测试时间为 2015 年 3 月下旬起开展实施，分别在东南太平洋秘鲁外海渔场和北太平洋公海渔场进行，两个渔场各分配 10 台试验钓机，共计 20 台。

3.4.3.1 材料与方法

北太平洋公海渔场航次试验船为“宁泰 66”号，装载试验钓机 10 台。“宁泰 66”号为 2015 年舟山宁泰远洋渔业有限公司新造的专业鱿钓船，船舶总长 56.80 m，垂线间长 56.10 m，型宽 8.20 m，型深 4.00 m，设计吃水深度 3.20 m，主机功率 993 kW，速冻能力 48 t/天，手钓人员 30 人。

试验时间：2015 年 5 月 11 日至 9 月 23 日，整个航次历时 136 天。“宁泰 66”号安装鱿鱼钓机 16 台，分别在左舷安装日本东和钓机 8 台，右舷安装国产第三代金恒钓机 8 台（图 3–28）。钓机左右滚轮分别挂有 10 枚三伞形钓钩，并分别悬挂 2 kg 重锤 1 枚。

南太平洋秘鲁外海渔场航次试验船有 3 艘，具体安排为“宁泰 61”号和“宁泰 62”号，各搭载 3 台试验钓机，“联合 601”号则搭载 4 台试验钓机，对照钓机为日本东和钓机。

图 3-28　第三代金恒钓机

3.4.3.2　试验结果

北太平洋公海渔场航次以探捕站点定点采样为主，机钓和人工手钓渔获量均较低，试验钓机与对照钓机渔获量无显著差异（图 3-29）。随船测试的 1 名科研人员重点对鱿鱼钓机的稳定运转情况进行观察记录。试验钓机在作业期间保证开机运行，调节在不同水深、上升速度等作业参数组合，未发生故障情况。探捕海域（37°N ~ 40.5°N，180°W ~ 171°W）鱿鱼资源较少，鱿鱼所在水层较深，手钓与机钓放线长度在 200 ~ 400 m，且以手钓为主。“宁泰 66”号渔船安装的水下灯缆线长度只有 160 m，不利于鱿鱼的诱集，对鱿鱼产量有一定影响。

南太平洋秘鲁外海渔场航次中试验钓机自 3 月下旬开始投入生产以来，每日在作业期间启动，通过定期与船长通讯了解运行及产量情况，反馈试验机运转正常，渔获量与日本东和钓机无显著差别（图 3-30）。

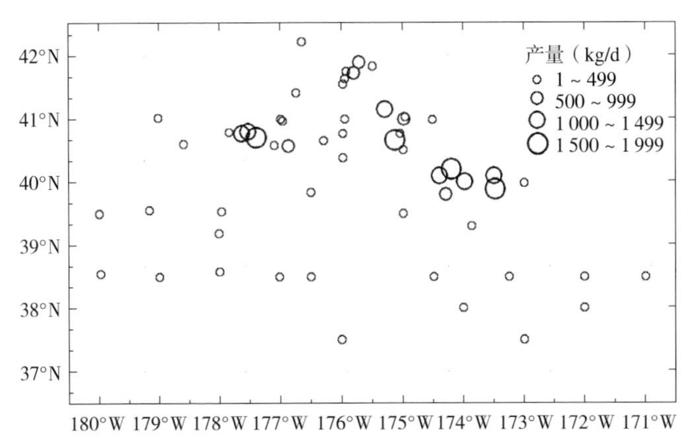

图 3-29 第三阶段“宁泰 66”号船日产量分布

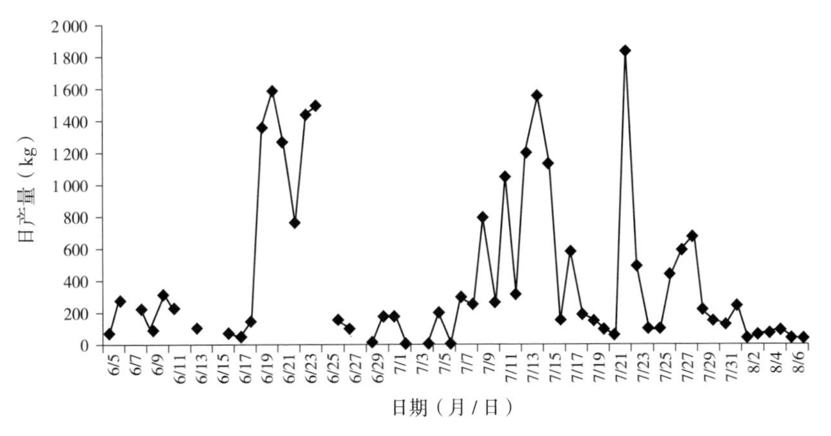

图 3-30 “宁泰 66”号船日产量分布

3.4.3.3 结果分析

（1）钓机性能 在北太平洋公海渔场探捕海域生产作业期间，钓机均能保持正常运转。金恒钓机主要存在着产品外部材料及配件质量不过关，钓机工作时噪声较大等问题。操作系统界面虽直观简单，但仍有部分水手对进口操作系统比较熟悉，存在先入为主不愿接受新事物的情况。

（2）**保护模块** 试验钓机由于添加了保护模块，对重锤到达0位后的继续上升情况进行了限制，目的是避免误操作使得重锤飞出导致事故。但当鱿鱼个体较大时，船员需要操作钓机继续收线运动。建议将操作系统设定为当重锤到达0 位后，可以通过手动按键继续操作钓机收、放线。为了确保安全，0位以上的收、放线速度可以设定为较小的数值。

（3）**偶尔出现打滑报警** 单侧滚筒悬挂重锤，重量为2 kg。使用过程中，将0位设置在海平面下方，钓机循环工作过程中偶尔出现“E912”报警，原因是钓机在放线过程中，2 kg重锤带来的下拉力可能在钓机放线需要下拉力的临界值附近，由于风、水流及海表面浪的影响，单个2 kg重锤带来的下拉力经常低于放线需要的下拉力，这样就出现报警，导致钓机停止工作。

（4）**噪音问题** 试验钓机噪声较大，在内部链条上添加润滑油之后没有明显效果，相比之下对照钓机声音相对较轻柔。建议对减速器部件制造工艺进行持续改进，对减速机中的齿轮使用严格的磨齿加工工艺。

（5）**其他制造工艺问题** 例如滚筒固定装置厚度较薄，易发生开裂现象；箱盖锁扣发生掉落现象；操作面板保护板较薄，发生断裂等问题。建议对制造工艺和材料进行持续改进。

通过北太平洋公海渔场和南太平洋秘鲁外海渔场的海上测试，鱿鱼钓机能够正常运行，鱿鱼钓机的技术性能参数也已经达到预期指标，渔获量与对照日本东和钓机相比无显著性差异。但北太平洋海域鱿鱼个体较小，鱿鱼钓机的耐用性能还需要更长时间的测试。

4 鱿鱼船上加工与综合利用技术研究

4.1 营养成分分析与评价

4.1.1 理化特性初步分析

对北太平洋柔鱼和智利外海茎柔鱼进行理化分析的结果表明，北太平洋柔鱼可食部分含量较低，而废弃物所占比重较大（表 4–1）。

表 4–1 几种鱿鱼可食部分重量百分率

种　类	可食部（%）
北太平洋柔鱼	72.4
印度洋鸢乌贼	81.1
太平洋鸢乌贼	82.3
北方拟黵乌贼	71.9
权威黵乌贼	74.7
日本爪乌贼	74.6
强壮桑椹乌贼	77.0
太平洋褶柔鱼	74.1

北太平洋柔鱼可食部分的粗蛋白含量为 15.9% ~ 18.4%，粗脂肪含量为 0.4% ~ 0.7%；智利外海茎柔鱼可食部分的粗蛋白含量 15.7% ~ 18.3%，粗脂肪含量为 0.3% ~ 0.8%，可以认为是高蛋白、低脂肪的优质水产品。北太平洋柔鱼和智利外海茎柔鱼可食部分的一般组分与表中其他几种鱿鱼相比有一定差异，较显著的特点是水分含量较高，北太平洋柔鱼胴体的水分含量（78.0%）略小于印度洋鸢乌贼和日本爪乌贼（78.2%），大于太平洋鸢乌贼（76.3%）和太平洋褶柔鱼（76.2%）；鳍和头足的水分含量分别为79.9%和81.6%，高于上述其他几种鱿鱼；

从表 4–2 可以看出，智利外海茎柔鱼胴体、鳍和头足的水分含量则是最高的。

表 4–2 几种鱿鱼可食部分的一般组分

种类		pH	水分 (%)	粗蛋白 (%)	粗脂肪 (%)
北太平洋柔鱼	胴体	6.6	78.0	18.4	0.4
	鳍	6.6	79.9	18.3	0.4
	头足	6.7	81.6	15.9	0.7
智利外海茎柔鱼	胴体		80.4	18.3	0.3
	鳍		81.0	16.1	0.8
	头足		80.9	15.7	0.6
印度洋鸢乌贼	胴体	5.8	78.2	19.1	0.6
	鳍	5.9	78.8	18.5	1.0
	头足	6.2	79.5	17.8	1.0
太平洋鸢乌贼	胴体	6.4	76.3	21.0	0.8
	鳍	6.5	78.0	19.0	1.3
	头足	6.6	79.8	17.6	1.1
日本爪乌贼	胴体		78.2	19.6	0.2
	鳍		78.9	18.0	1.1
	头足		80.0	17.1	0.9
太平洋褶柔鱼	胴体		76.2	20.5	0.2
	鳍		77.5	17.5	1.1
	头足		77.2	19.0	0.4

北太平洋柔鱼去皮胴体加热到 30 ~ 50℃时收缩较小，60℃以后变化幅度明显变大，长度的变化大于宽度的变化；在 90℃加热 5 min 后，长度变为原来的 78.8%，宽度变为原来的 87.2%（图 4–1）。

北太平洋柔鱼（图 4–2）和智利外海茎柔鱼（图 4–3）去皮胴体

的加热失重从40～50℃开始，90℃加热5 min，重量分别下降至原来的87.1%和79.5%。北太平洋柔鱼的失重量大于太平洋斯氏柔鱼（90%），小于太平洋鸢乌贼（76%）和印度洋鸢乌贼（81.1%）；智利外海茎柔鱼的失重量大于太平洋斯氏柔鱼和印度洋鸢乌贼，小于太平洋鸢乌贼。北太平洋柔鱼和智利外海茎柔鱼胴体虽然含水量较高，但蒸煮加热时并不容易失水，尤其是北太平洋柔鱼保水能力较强。根据这一特点，可加工成干制品以外的产品，以保证一定的经济效益。

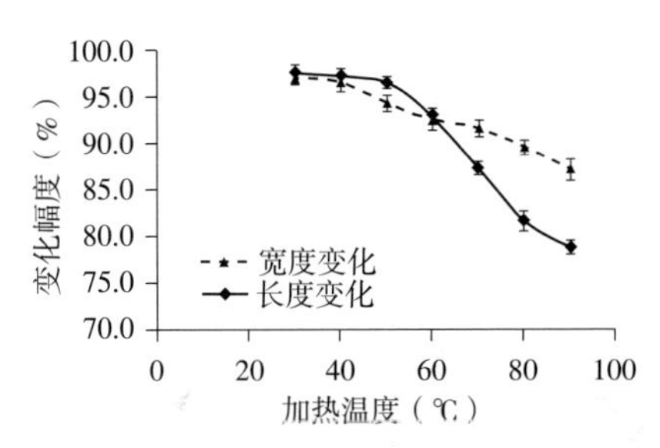

图4-1　北太平洋柔鱼去皮胴体的加热收缩

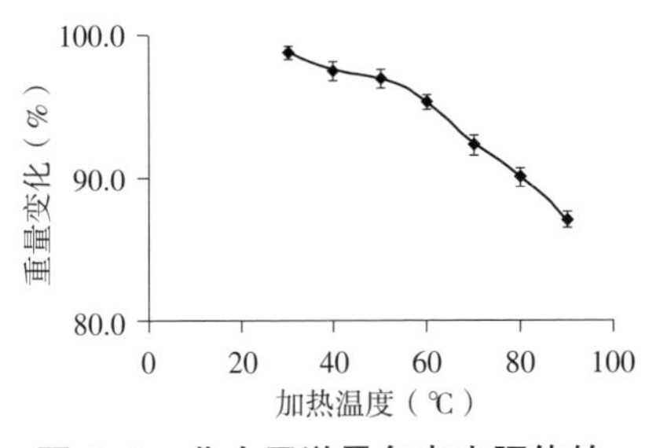

图4-2　北太平洋柔鱼去皮胴体的加热失重

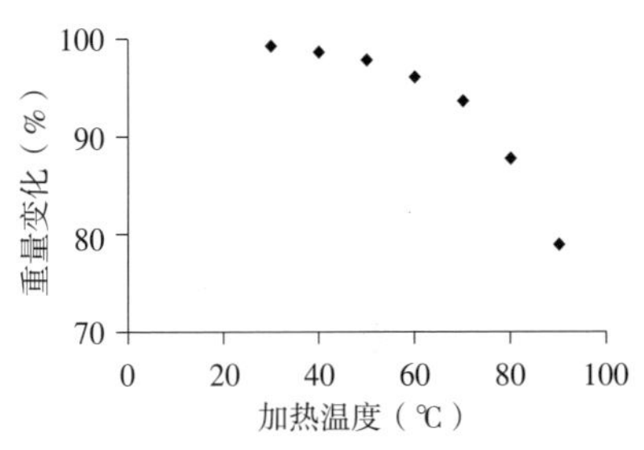

图4-3　智利外海茎柔鱼去皮胴体的加热失重

4.1.2　营养成分分析与评价

4.1.2.1　样品处理

以秘鲁外海茎柔鱼和北太平洋柔鱼为原料，去头、尾鳍、内脏，取胴体清洗干净，沥干水分，在–80℃冰箱中保存备用。

4.1.2.2　实验方法

（1）**营养成分测定方法**　水分、蛋白质、脂肪、灰分测定分别参考 GB/T 5009.3–2010 中直接干燥法、GB/T 5009.5–2010 中凯氏定氮法、GB/T 5009.6–2003 中索氏抽提法、GB/T 5009.4–2010 中高温灼烧法，无机元素钙（Ca）、磷（P）、锌（Zn）、铜（Cu）测定分别参考 GB/T 5009.92–2003 中滴定法（EDTA 法）、GB/T 5009.87–2003 中分光光度法、GB/T 5009.14–2003 中二硫腙比色法、GB/T 5009.13–2003 中二乙基二硫代氨基甲酸钠法，脂肪组成分析参考 GB/T 22223–2008 食品中总脂肪、饱和脂肪（酸）、不饱和脂肪（酸）的测定，氨基酸组成分析参照 GB/T 5009.124–2003 食品中氨基酸的测定。

（2）营养品质评价方法 根据 1973 年 FAO 和 WHO 建议的氨基酸评分标准模式和 1991 年中国预防医学科学院营养与食品卫生研究所提出的鸡蛋蛋白质模式分别按以下公式计算氨基酸评分（AAS）、化学评分（CS）和必需氨基酸指数（EAAI）：

$$\mathrm{AAS}=\frac{aa}{AA_{(FAO/WHO)}}$$

$$\mathrm{CS}=\frac{aa}{AA_{(Egg)}}$$

$$\mathrm{EAAI}=\sqrt[n]{\frac{100A}{AE}\times\frac{100B}{BE}\times\frac{100C}{CE}\times\cdots\times\frac{100I}{IE}}$$

式中，aa 为实验样品氨基酸含量（%），$AA_{(FAO/WHO)}$ 为 FAO 和 WHO 评分标准模式中同种氨基酸含量（%），$AA_{(Egg)}$ 为全鸡蛋蛋白质中同种氨基酸含量（%），n 为比较的必需氨基酸个数，A，B，C … I 为样品蛋白质的必需氨基酸含量（%，DW），AE，BE，CE … IE 则为全鸡蛋蛋白质的必需氨基酸含量（%，DW）。

4.1.2.3 数据统计分析

数据应用 Excel 2007 进行统计并采用平均数 ± 标准差来表示。采用 SPSS 19.0 统计软件方差分析对实验数据进行检验。差异显著度为 0.05。

4.1.2.4 结果与分析

研究结果（表 4–3 ~ 表 4–7）表明，隶属于柔鱼科的秘鲁外海茎柔鱼水分含量和粗蛋白含量均高于爪乌贼科的北太平洋柔鱼和枪乌贼科的日本枪乌贼，分别为 79.35% 和 17.27%。此含量说明秘鲁外海茎柔鱼的肉质可能比其他鱿鱼更加鲜嫩。而且通过鱿鱼与鲍鱼、野生大黄鱼、罗氏沼虾及青蛤的一般营养成分比较发现，鱿鱼的营养堪比鲍鱼，更优于后三者，是典型的高蛋白低脂肪海产品。根据 FAO 和 WHO 的理想氨基酸模式，秘鲁外海茎柔鱼的氨基酸优于北太平洋柔鱼，属于质量较好的蛋白质源，但是北太平洋柔鱼的鲜味氨基酸总含量（25.12%）高于秘鲁外海茎柔鱼及鲍鱼，且谷氨酸为其含量最高的氨基酸，从氨基酸的组成与含量上可以推测北太平洋柔鱼是鲜美程度较高的水产品。以 AAS 模式来看秘鲁外海茎柔鱼和北太平洋柔鱼必需氨基酸分值基本均在 0.5 以上，说明鱿鱼胴体营养比较丰富，且符合人类对氨基酸的需求，但是其必需氨基酸指数（EAAI）分别为 52.87%、41.26%，明显低于鲍鱼和野生大黄鱼。从脂肪酸的组成和含量上可以看出，北太平洋柔鱼的不饱和脂肪酸总量（67.24%）明显高于秘鲁外海茎柔鱼（54.78%），两种鱿鱼的 DHA 总量都很高，分别为 39.46%、37.78%。

表 4–3 两种鱿鱼胴体的一般营养成分（湿重，%）

品　种	水　分	粗 蛋 白	粗 脂 肪	灰　分
秘鲁外海茎柔鱼	79.35 ± 0.32	17.27 ± 1.76	1.07 ± 0.82	1.34 ± 0.25
北太平洋柔鱼	76.18 ± 0.17	17.25 ± 0.34	1.20 ± 0.16	1.37 ± 0.37

表 4–4 两种鱿鱼胴体的无机元素含量（湿重，%）

品　种	Ca	P	Zn	Cu
秘鲁外海茎柔鱼	1.94 ± 0.12	12.17 ± 1.14	0.90 ± 0.01	0.08 ± 0.03
北太平洋柔鱼	2.31 ± 0.25	12.68 ± 1.07	0.11 ± 0.02	0.07 ± 0.01

表 4–5 两种鱿鱼胴体氨基酸组成和含量（干重，%）

氨 基 酸	秘鲁外海茎柔鱼	北太平洋柔鱼
天门冬氨酸（Asp）	3.11 ± 0.37	7.34 ± 0.23
苏氨酸（Thr）	1.78 ± 0.02	1.02 ± 0.06
丝氨酸（Ser)	3.23 ± 0.52	1.45 ± 0.27
谷氨酸（Glu）	10.15 ± 0.24	10.52 ± 0.40
甘氨酸（Gly）	3.25 ± 0.18	2.91 ± 0.37
丙氨酸（Ala）	5.08 ± 0.31	4.35 ± 0.21
缬氨酸（Val）	3.74 ± 0.04	2.87 ± 0.03
蛋氨酸（Met）	1.74 ± 0.22	0.83 ± 0.25
异亮氨酸（Ile）	2.79 ± 0.42	2.48 ± 0.39
亮氨酸（Leu）	6.52 ± 0.51	4.16 ± 0.17
酪氨酸（Tyr）	2.43 ± 0.07	2.60 ± 0.07
苯丙氨酸（Phe）	2.87 ± 0.16	3.79 ± 0.21
组氨酸（His）	3.90 ± 0.14	1.65 ± 0.35
赖氨酸（Lys）	5.38 ± 0.27	3.56 ± 0.09
精氨酸（Arg）	4.47 ± 0.33	2.90 ± 0.26
脯氨酸（Pro）	3.12 ± 0.14	2.39 ± 0.52
胱氨酸（Cys）	1.78 ± 0.08	1.56 ± 0.43
色氨酸（Trp）	0.87 ± 0.14	0.68 ± 0.09
∑AA	66.21	57.06
∑EAA	25.69	19.39
∑HEAA	8.37	4.55
∑NEAA	10.56	8.00
∑DAA	21.59	25.12
∑EAA/∑AA	38.80	33.98

（续表）

氨　基　酸	秘鲁外海茎柔鱼	北太平洋柔鱼
∑EAA/∑NEAA	243.28	242.38
∑DAA/∑AA	32.61	44.02

注：∑ AA 为氨基酸总量，∑ EAA 为必需氨基酸总量，∑ HEAA 为半必需氨基酸总量，∑ NEAA 为非必需氨基酸总量，∑ DAA 为鲜味需氨基酸总量。

表 4–6　两种鱿鱼胴体 AAS、CS 及 EAAI 的比较

氨　基　酸	FAO 评分标准值	鸡蛋蛋白标准值	秘鲁外海茎柔鱼分值		北太平洋柔鱼分值	
			AAS	CS	AAS	CS
异亮氨酸（Ile）	2.5	3.31	0.70	0.53	0.62	0.47
亮氨酸（Leu）	4.4	5.34	0.25	0.20	0.12	0.10
赖氨酸（Lys）	3.4	4.41	0.99	0.76	0.65	0.50
苏氨酸（Thr）	2.5	2.92	0.45	0.38	0.26	0.22
缬氨酸（Val）	3.1	4.10	0.75	0.57	0.58	0.44
色氨酸（Trp）	0.6	0.99	0.91	0.55	0.91	0.55
蛋氨酸 + 胱氨酸（Met + Cys）	2.2	3.86	1.00	0.57	0.68	0.39
苯丙氨酸 + 酪氨酸（Phe + Tyr）	3.8	5.65	0.87	0.59	1.05	0.71
EAAI			52.87		41.26	

表 4–7　两种鱿鱼胴体脂肪酸组成的比较（干重，%）

脂肪酸	秘鲁外海茎柔鱼	北太平洋柔鱼	脂肪酸	秘鲁外海茎柔鱼	北太平洋柔鱼
C14：0	4.87 ± 0.13	5.47 ± 0.06	C16：0	15.58 ± 1.74	11.34 ± 1.87
C15：0	–	1.41 ± 0.08	C17：0	1.34 ± 0.07	2.10 ± 0.14

（续表）

脂肪酸	秘鲁外海茎柔鱼	北太平洋柔鱼	脂肪酸	秘鲁外海茎柔鱼	北太平洋柔鱼
C18：0	3.58 ± 1.27	5.34 ± 0.74	C22：3	0.25 ± 0.07	0.40 ± 0.09
C18：1	7.84 ± 0.45	6.56 ± 0.81	C22：5		
C18：2	3.11 ± 0.14	3.00 ± 0.08	C22：6	20.08 ± 2.15	25.43 ± 1.97
C18：3	2.14 ± 0.15	0.87 ± 0.06	SFA	25.37	25.66
C20：1	17.13 ± 2.34	13.34 ± 1.47	PUFA	24.86	19.57
C20：2	0.87 ± 0.04	–	MUFA	29.92	47.67
C20：4	2.15 ± 0.43	4.15 ± 1.22	UFA	54.78	67.24
C20：5	18.15 ± 2.16	14.36 ± 2.31	DHA	37.78	39.46
C22：1	0.34 ± 0.18	–	UFA/SFA	2.16	2.62

4.2 海上初加工方法研究

由于秘鲁和智利海域的鱿鱼量较多，捕捞船的工作程序一般都是晚上捕捞，白天加工，特别是 2 kg 以下的小鱿鱼，晚上钓上船后一般堆集在甲板上，白天开始进行冷冻加工，然后运回国内。这种方式的主要缺点在于，首先，回运量大，运输成本较高；其次，堆集在甲板上的鱿鱼中，最早钓上船的鱿鱼被压在最下面，而一直到最后才能进行冷冻加工，由于时间过长，造成这部分鱿鱼质量下降，甚至腐败变质。此外，由于缺乏专用鱿鱼加工设备，目前的加工方法主要依赖手工操作，即利用机械装置将鱿鱼躯干剖割、展开后，通过手工操作进行内脏分离、躯干剥离、内脏去除或鱿鱼头部剖割等，不仅操作效率降低，而且劳动强度大，工作环境差。

4.2.1 初加工技术方案

提供一种船钓鱿鱼海上初加工方法及其专用设备，提高水产品品质，减轻鱿钓船的储存压力和回运成本，并提高鱿鱼加工的机械化程度。每艘鱿钓船增加 3 台辅助发电机，除供 LED 集鱼灯用电外，还可用于加工设备运转。

技术方案主要包括：①手钓和机钓鱿鱼都用传送带送至船舱内的海水冷却柜内；冷却柜中海水温度在 10℃以下，在该温度下微生物繁殖较慢，可防止鱿鱼变质，保证其鲜度；另外，经过海水冷却的鱿鱼进行了一遍清洗，从而清除了表面污染。②将海水冷却柜中的鱿鱼根据大小分级，便于后道工序的机械分割。③采用专用设备（船载鱿鱼初加工设备）将鱿鱼的头、鳍、内脏进行完全分割，分割后不同部位分别从不同的出口分出。该设备能够将鱿鱼内脏部分去除，从而避免了因内脏腐败变质污染鱿鱼胴体而使胴体质量下降；同时，因鱿鱼内脏占全重 15% 以上的重量，故去除内脏还能减少产品冷冻及回运重量，从而降低了成本。④清洗装盘速冻，可将分割完的鱿鱼胴体、头和鳍上的内脏冲洗干净，并迅速装盘速冻，从而保证产品质量，并提高了商品加工的出成率和质量。

4.2.2 初加工专用设备研究

图 4–4 所示为初加工设备示意。其工艺流程主要包括：鱿鱼捕捞、海水冷却贮存、分级、去头、去内脏、去鳍、装盘、速冻、包装和贮存。

支架（1）上安装有通过电机和转辊配合驱动的第一传送带（2）和位于第一传送带后方的第二传送带（8）。链条（3）设置在传送带两侧的支架（1）上。链条（3）的链轮通过伺服电机驱动，链轮和伺服电机安装在支架（1）上，还包括通过联结架安装在两侧链条（3）上的鱿鱼夹持器（4），支架（1）下方设置有位于传送带上方的鱿鱼夹持器（4）。

鱿鱼夹持器（4）的前端设置有用于夹持鱿鱼脖的夹槽（4–1），鱿鱼夹持器（4）后端为放置鱿鱼爪的托盘（4–2）。将鱿鱼脖和头部、爪放到鱿鱼夹持器（4）上后，其躯干部位于第一传送带（2）上，传

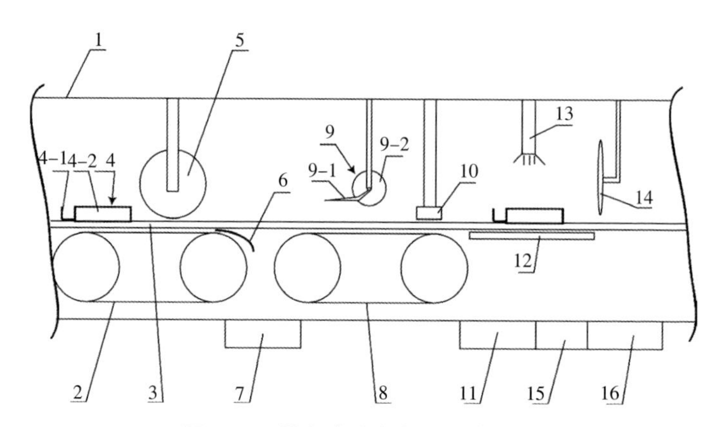

图 4–4　鱿鱼海上初加工设备示意

1. 支架　2. 第一传送带　3. 链条　4. 鱿鱼夹持器（4–1. 夹槽 4–2. 后端托盘）　5. 压辊　6. 切割刀　7. 鳍出口　8. 第二传送带　9. 开片器（9–1. 挑起杆 9–2. 旋转刀）　10. 压辊　11. 片出口　12. 托板　13. 冲洗喷头　14. 切刀　15. 内脏出口　16. 爪出口

送带与链条（3）同步运动。支架（1）上还安装有压辊（5），用于将鱿鱼躯干上的鳍压平。支架（1）上还安装有位于鱿鱼夹持器（4）与第一传送带（2）之间的切割刀（6）。

切割刀安装在第一传送带（2）后部的弯曲部位，当鱿鱼行进至该部位时，鱿鱼躯干上的鳍被切割刀（6）切下，然后鳍被第一传送带（2）运送到拐弯处，掉落到支架下方的鳍出口（7）处。在第一传送带（2）后方的第二传送带（8）被第二电机和第二转辊配合驱动。在鱿鱼夹持器（4）的带动下，将被切掉鳍的鱿鱼运送到第二传送带（8）上并与第二传送带（8）同步运动。在支架（1）下方安装有位于第二传送带（8）上方的开片器（9），开片器（9）包括挑起杆（9–1）和旋转刀（9–2），鱿鱼行进到此部位时，躯干被挑起杆（9–1）挑起，旋转刀（9–2）将鱿鱼沿其走向切开。

鱿鱼的躯干被切开后，内脏会散落到第二传送带（8）上。在支架（1）上还安装有位于第二传送带（8）上方的压辊（10），当鱿鱼行进到此处时，压辊（10）挤压鱿鱼的躯干，鱿鱼夹持器（4）继续前进使得鱿鱼躯干和鱿鱼颈部分离。在第二传送带（8）的带动下使鱿鱼躯干运送到第二传送带（8）的拐弯处，然后掉落到支架（1）底部的片出口（11）处。在第二传送带（8）后方安装有托板（12），在支架（1）上还设置有位于托板（12）上方的冲洗喷头（13），用于将鱿鱼夹持器（4）上的内脏冲洗掉，被冲掉的内脏从托板（12）边缘滑落到内脏出口（15）处。在托板（12）后方还安装有切刀（14），用于将鱿鱼的爪部和头分离，分离后的爪部从爪出口（16）掉落。

海上初加工专用设备的优点是：①利用冷却海水暂存，降低了鱼体温度，并抑制了微生物繁殖，同时还对鱼体进行初步清洗；②采用了边钓鱿鱼边加工的方法，减少了冷冻贮存时间，减轻了储存压力，保证了鱼体的新鲜度；③海上初加工中去除了容易变质的鱿鱼内脏，减少了对鱼体的污染；④由于去除了鱿鱼内脏等无用部分，使整体重量减少 15% 以上，降低了回运成本；⑤利用结构紧凑、体积小、占地面积小的鱿鱼初加工集成设备，降低了人工成本和体力，从而保证了足够的休息时间，以便船上员工有充沛的精力投入生产。

4.3 品质保持技术研究

4.3.1 前处理条件对北太平洋柔鱼品质的影响

4.3.1.1 北太平洋柔鱼各可食部 pH 差异

北太平洋柔鱼样品：钓捕时气温 12.1℃，水温 14.3℃；钓捕上船后，分别于 0 h、6 h、12 h 后原条入冻或去内脏后入冻；船上速冻室温度 −32 ~ −31℃，冷藏室温度 −30 ~ −26℃。捕后 3 个月到岸，贮于 −18℃冷库中；到岸 1 个月后运抵实验室进行分析。

不同前处理条件的北太平洋柔鱼各可食部 pH 差异情况如表 4-8 所示。可以看出，入冻时间在 6 h 内，原条柔鱼和去内脏柔鱼各可食部 pH 差别不大；入冻时间达到 12 h，两者之间的 pH 差别渐趋明显。各可食部分的 pH 大小顺序为：胴体＞鳍＞头足。显然，柔鱼捕获后，胴体比鳍、头足部分 pH 增加更快。

表 4-8　不同前处理的北太平洋柔鱼可食部 pH 变化

处　理	原条柔鱼			去内脏柔鱼		
	胴体	鳍	头足	胴体	鳍	头足
0h	6.80	6.70	6.60	6.80	6.70	6.60
6h	7.00	6.80	6.70	6.90	6.80	6.60
12 h	7.20	7.00	6.90	7.00	6.90	6.80

4.3.1.2　北太平洋柔鱼各可食部 TVB-N 含量差异

我国国家标准 GB 2733-2005 规定，头足类水产品中挥发性盐基氮（TVB-N）不得超过 30 mg/100 g。TVB-N 含量不超过 13 mg/100 g 时，为一级鲜度；不超过 30 mg/100 g 时，为二级鲜度。不同前处理的北太柔鱼可食部 TVB-N 含量如表 4-9 所示，可以看出，同样条件下，去内脏柔鱼的 TVB-N 含量小于原条柔鱼。钓捕后 6 h 和 12 h 入冻的原条柔鱼胴体的 TVB-N 含量已达到或超过临界值。捕获后立即入冻的原条柔鱼头足、捕获后 6 h 内入冻的去内脏柔鱼的鳍和头足的 TVB-N 含量仍保持在一级鲜度状态。从各个可食部来看，捕获后 6 h 入冻和 0 h 入冻之间 TVB-N 含量的差异小于 6 h 与 12 h 之间的差异，说明捕获 6 h 后 TVB-N 含量上升的速度更快。各可食部分 TVB-N 含量大小排序为：胴体＞鳍＞头足。

表 4-9　不同前处理的北太平洋柔鱼可食部的 TVB-N 含量（mg/100 g）

处　理	原条柔鱼			去内脏柔鱼		
	胴体	鳍	头足	胴体	鳍	头足
0 h	28.93	20.53	11.30	16.80	11.67	10.07
6 h	30.20	21.20	12.60	20.12	12.93	12.51
12 h	34.60	22.56	17.73	28.43	17.20	16.13

4.3.1.3 北太平洋柔鱼各可食部 TMA 含量的差异

三甲胺（TMA）的变化与 TVB-N 有较明显的相关性，海产品的 TMA 较其他水产品更为灵敏，一般 TMA 在 3 ~ 4 mg 以下为新鲜。不同前处理的北太平洋柔鱼各可食部 TMA 含量如表 4-10 所示。可以看出，同样条件下，去内脏柔鱼的 TMA 含量小于原条柔鱼。鳍和头足的 TMA 含量均在 4 mg/100 g 以下，12 h 入冻的去内脏柔鱼胴体的 TMA 含量已接近临界值，6 h 和 12 h 入冻的原条柔鱼胴体的 TMA 含量已超过 4 mg/100 g，说明已开始进入初期腐败。各可食部分 TMA 含量大小排序为：胴体＞鳍＞头足。

表 4-10 不同前处理的北太平洋柔鱼可食部的 TMA 含量（mg/100 g）

处 理	原条柔鱼			去内脏柔鱼		
	胴体	鳍	头足	胴体	鳍	头足
0 h	3.11	2.97	2.10	2.55	2.21	1.77
6 h	4.31	3.42	3.11	3.01	2.45	2.63
12 h	4.55	3.54	3.20	3.96	2.67	3.05

4.3.1.4 北太平洋柔鱼各可食部甲醛含量差异

不同前处理的北太平洋柔鱼各可食部甲醛含量如表 4-11 所示。根据我国国家标准规定，水产品中甲醛含量不得超过 10 mg/kg。从表中可以看出，捕获后 6 h 入冻的原条柔鱼胴体、捕获后 12 h 入冻

表 4-11 不同前处理的北太平洋柔鱼可食部的甲醛含量（mg/kg）

处 理	原条柔鱼			去内脏柔鱼		
	胴体	鳍	头足	胴体	鳍	头足
0 h	9.83	8.42	5.57	5.93	5.90	3.22
6 h	15.86	9.85	6.11	6.54	5.93	4.28
12 h	16.87	10.44	6.63	6.99	6.54	4.30

的原条柔鱼胴体和鳍中甲醛含量均已超标，其余样品的甲醛含量未超过限定值。同样前处理条件下，去内脏柔鱼的甲醛含量小于原条柔鱼。各可食部分甲醛含量大小排序为：胴体＞鳍＞头足。

4.3.1.5 北太平洋柔鱼各可食部K值的差异

一般认为，即杀鱼的K值在10%以下，推荐作为生鱼片的新鲜鱼K值在20%以下，20%～40%为二级鲜度，以K值≤60%作为加工原料的鲜度标准，超过60%则进入初期腐败阶段。不同前处理的北太平洋柔鱼各可食部的K值如表4–12所示。捕获后0h入冻的原条柔鱼头足、去内脏柔鱼鳍和头足以及捕获后6h入冻的去内脏柔鱼头足处于二级鲜度范围，捕获后12h入冻的原条柔鱼胴体已处于初期腐败状态。同样前处理条件下，去内脏柔鱼较原条柔鱼新鲜。各可食部分K值大小排序为：胴体＞鳍＞头足。

表4–12 不同前处理的北太平洋柔鱼可食部的K值（%）

处理	原条柔鱼			去内脏柔鱼		
	胴体	鳍	头足	胴体	鳍	头足
0h	52.48	41.40	39.91	50.62	38.13	37.05
6h	56.98	45.73	42.11	53.16	41.11	39.75
12h	67.10	55.23	53.09	59.92	51.69	49.03

4.3.2 不同冷冻时间对秘鲁外海茎柔鱼加工品质的影响

根据渔船上实际生产情况，考察了捕获后8h和10h原条入冻的秘鲁外海茎柔鱼可食部分（胴体、鳍和头足）的pH、挥发性盐基氮（TVB–N）、三甲胺（TMA）和K值等指标，以期为船上秘鲁外海茎柔鱼的冷冻加工提供一定的参考。

秘鲁外海茎柔鱼钓捕时气温25.1℃。钓捕上船后，分别于捕后8h和10h原条入冻；船上速冻室温度–32～–31℃，冷藏室温度–30～–26℃。捕后3个月到岸，贮于–18℃冷库中；到岸1个月后运抵实验室进行分析。

4.3.2.1 秘鲁外海茎柔鱼各可食部 pH 的差异

入冻时间为 8 h 和 10 h 的秘鲁外海茎柔鱼各可食部 pH 差异情况如表 4–13 所示。可以看出，随着入冻时间延长，各可食部 pH 增大，且 pH 大小顺序为：胴体＞鳍＞头足。

表 4–13 不同入冻时间茎柔鱼可食部 pH 变化

处理	胴体	鳍	头足
8 h	7.0	6.8	6.7
10 h	7.1	6.9	6.8

4.3.2.2 秘鲁外海茎柔鱼各可食部 TVB–N 含量的差异

入冻时间为 8 h 和 10 h 的秘鲁外海茎柔鱼各可食部 TVB–N 含量如表 4–14 所示。我国国家标准 GB 2733–2005 规定头足类水产品中 TVB–N 不得超过 30 mg/100 g。TVB–N 含量不超过 13 mg/100 g 时为一级鲜度，不超过 30 mg/100 g 时为二级鲜度。从表可以看出，随着入冻时间的延长，各可食部 TVB–N 含量随之增大。捕获后 8 h 入冻的秘鲁外海茎柔鱼头足的 TVB–N 含量保持在一级鲜度状态，捕获后 10 h 入冻的秘鲁外海茎柔鱼胴体的 TVB–N 含量已超过临界值。各可食部分 T–VBN 含量大小排序为：胴体＞鳍＞头足。

表 4–14 不同入冻时间秘鲁外海茎柔鱼可食部 TVB–N 含量(mg/100 g)

处理	胴体	鳍	头足
8 h	29.13	21.31	12.34
10 h	32.58	22.42	14.53

4.3.2.3 秘鲁外海茎柔鱼各可食部 TMA 含量的差异

海产品中 TMA 的变化与 TVB–N 有较明显的相关性，且较其他水产品更为灵敏，一般 TMA 在 3 ~ 4 mg/100 g 以下为新鲜。不同入冻时间的秘鲁外海茎柔鱼各可食部 TMA 含量如表 4–15 所示，可以看出，捕获 8 h 和 10 h 入冻的秘鲁外海茎柔鱼胴体的 TMA 含量均超过 4 mg/100 g。各可食部分 TMA 含量大小排序为：胴体＞鳍＞头足。

表 4–15　不同入冻时间秘鲁外海茎柔鱼可食部 TMA 含量（mg/100 g）

处　理	胴　体	鳍	头　足
8 h	4.42	3.46	3.13
10 h	4.51	3.52	3.17

4.3.2.4　秘鲁外海茎柔鱼各可食部 K 值的差异

一般认为可作为生鱼片的新鲜鱼 K 值在 20% 以下，20% ~ 40% 为二级鲜度，以 K 值≤ 60% 作为加工原料的鲜度标准，超过 60% 则进入初期腐败阶段。不同入冻时间的秘鲁外海茎柔鱼各可食部的 K 值如表 4–16 所示。捕获后 10 h 入冻的秘鲁外海茎柔鱼胴体已处于初期腐败状态，其余样品的 K 值也超过了二级鲜度的范围，只可作为加工原料。各可食部分 K 值大小排序为：胴体＞鳍＞头足。

表 4–16　不同入冻时间秘鲁外海茎柔鱼各可食部 K 值（%）

处　理	胴　体	鳍	头　足
8 h	58.79	48.84	45.37
10 h	64.32	52.73	49.57

从 pH、TVB–N、TMA 和 K 值等指标的测定结果看，随着入冻时间的延长，秘鲁外海茎柔鱼的鲜度下降。捕获后 8 h 入冻的秘鲁外海茎柔鱼胴体，其 TMA 含量超过限定值，但 K 值仍处于可加工原料的范围内；捕获后 10 h 入冻的秘鲁外海茎柔鱼胴体，其 TVB–N 含量超过限定值，K 值也超过 60%，进入初期腐败阶段。据此，建议秘鲁外海茎柔鱼在捕获后 8 h 内入冻，以保证较高的鲜度和品质。

在秘鲁外海茎柔鱼的3个可食部分中，胴体是包裹内脏的部分，与内脏接触最紧密，而内脏比可食部含有更多的酶和微生物，更容易导致鲜度下降。测定结果表明，头足的鲜度最优，鳍次之，胴体最差，这说明胴体品质劣变与内脏有很大关系。

4.3.3 不同温度贮藏下鱿鱼的品质变化及菌相分析

4.3.3.1 冻藏温度对鱿鱼的品质变化

（1）实验样品 样品取自2012年10月在赤道公海区域捕捞的北太平洋柔鱼，船上 −20 ℃冻结后贮藏运输至实验室，−80 ℃贮藏备用。

（2）样品处理方法和贮藏试验 鱿鱼流水解冻，去头、皮和内脏，胴体切小块装袋密封，分别贮藏于 −10℃、−20℃、−30℃、−40 ± 0.1 ℃冰箱中，每隔10天、15天、20天、30天取样，4种贮藏温度条件分别取样7个指标，测定鱿鱼持水力（Water Holding Capacity，WHC）、pH、硫代巴比妥酸反应物（Thiobarbituric Acid Reactive Substances，TBARS）、甲醛（Formaldehyde，FA）、盐溶性蛋白含量（Salt Soluble Protein，SSP）、活性巯基含量和 Ca^{2+}–ATPase 含量。

（3）试验方法

① 持水力的测定。利用TMS–Pro型质构仪，采用滤纸加压法（Filter Paper Press Method）进行测定。取完整肉块10.0 g置于10层滤纸上，另取10片滤纸置于其上，定压100 N压5 min，加压前后分别称重，记录加压前重量（W_1）和加压后重量（W_2），则加压条件下的持水力可以用加压失水率 X_p（Pressing Loss）表示：

$$X_p =（W_1 - W_2）/W_1 \times 100\%$$

式中，X_p 为加压失水率（%），W_1 为加压前鱿鱼重量（g），W_2 为加压后鱿鱼重量（g）。

② pH的测定。称取10.0 g绞碎的样品，置于100 mL有盖的三角烧瓶中加入90 mL无菌蒸馏水，浸泡30 min并不时振摇。过滤后取滤液，用便携式pH测定仪测定，每个样品至少做2个平行。

③ TBARS 的测定。参考张晓艳等《辐照和保鲜剂对淡腌大黄鱼保鲜效果的研究》一文中的相关方法与 TBARS 反应的物质的量（TBARS），单位表示为 mg · MA/kg，试验重复 2 次。

④ FA 的测定。用乙酰丙酮法，参照 SC/T 3025–2006，水产品中甲醛的测定。

⑤ SSP 的测定。鱿鱼用搅拌机绞碎，取 5 g 装入打浆袋中，加入 100 mL 冷却的 0.6 mol/L KCl 溶液，然后放入均质机内匀浆 2 次，4℃条件下提取 1.5 h，在 4℃条件下以 11 000 r/min 离心 10 min，取上清液作为实验用盐溶性蛋白溶液。采用考马斯亮蓝法测定蛋白质含量（Bradford MM，1976），用牛血清蛋白做标准曲线，标准曲线为 $y=0.0055x+0.0036$（$R^2=0.9993$），计算结果单位以 mg/g 表示，试验重复 3 次。

⑥ 肌动球蛋白的提取。鱿鱼绞碎后取 5 g，加入 50 mL 冷却的 0.6 mol/L KCl（4℃），匀浆 1 次，放入 4℃冰箱中提取 1.5 h，然后离心（5 000 r/min，30 min，0℃），取 10 mL 上清液加入 30 mL 冰冷的去离子水稀释沉淀肌动球蛋白，离心（5 000 r/min，20 min，0℃），所得沉淀加入 30 mL 冰冷的 1.2 mol/L KCl 溶液，在 0℃搅拌 30 min，不溶部分再次离心（5 000 r/min，20 min，0 ℃）（Benjakul S, et al. 1997）。所得肌动球蛋白溶液用 0.6 mol/L KCl 调节浓度至 4 ~ 6 mg/mL。所得溶液备用，以测定活性巯基和 Ca^{2+}–ATPase 的含量。

⑦ 活性巯基含量的测定。向 1 mL 肌动球蛋白中加入 9 mL 0.2 mol/L Tris–HCl 缓冲液（pH 6.8），混合均匀后取 4 mL 混合溶液，加入 0.4 mL 0.1% 5,5’二硫代双（2– 硝基苯甲酸）溶液，在 40℃下反应 25 min，溶液在波长为 412 nm 光下测定吸光值。对照用 0.6 mol/L KCl 溶液代替（Benjakul S, et al. 1997）。计算结果单位以 10^{-5} mol/g 表示，试验重复 2 次。

⑧ Ca^{2+}–ATPase 活性的测定。参考万建荣法以及潘锦锋等试验方法测定 Ca^{2+}–ATPase 活性。酶反应混合液组成如表 4–17 所示。

表 4–17 Ca^{2+}–ATPase 活性测定酶反应混合液组成

组成溶液	加入量（mL）	最终浓度（mmol/L）
0.50 mol/L Tris– 马来酸（pH 7.0）	0.50	25
0.10 mol/L $CaCl_2$	0.50	5
肌动球蛋白	1.00	60（KCl）
H_2O	7.50	
20 mmol/L ATP（pH 7.0）	0.50	1
总计	10.00	

进行反应时，按表中混合液组成的配方，在试管中先将除 ATP 以外的其他成分混合好，将反应混合物放于 25℃水浴中，待 ATP 溶液最后加入时，反应即开始，反应 3 min，加入 3 mL 15% TCA 使反应停止，然后 11 000 r/min 离心 2 min，取离心液 4 mL 加入试管中，加入 3 mL Tris–$MgCl_2$ 缓冲液（pH7.5），摇匀后再加入 3 mL 定磷试剂（20% Vc∶3 mol/L H_2SO_4 ∶3% $H_8MoN_2O_4$ 以等体积混合），然后在 45℃恒温水浴锅中反应 30 min，在波长为 640 nm 光下测其吸光度。对照组用 15% TCA 代替。标准曲线用预先在 100℃干燥 1 h 后置于干燥器中干燥冷却的 KH_2PO_4，配制成 0.5 mmol/L 的溶液制作，标准曲线为 $y=0.9193x+0.0111$（$R^2=0.9998$）。计算结果以 1 mg 酶蛋白在 1 min 内生成的无机磷酸量的 μmol 表示，即 μmol/（min · mg），试验重复 3 次。

（4）**数据处理** 实验数据采用 Microsoft Excel 2007 进行统计分析。用 SPSS 19.0 进行方差分析（$P < 0.05$）。

（5）**结果与分析** 从实验结果（图 4–5 ~ 图 4–8）中可以看出，鱿鱼不同冻藏温度下 pH 在 6.4 ~ 7.0 之间，各温度之间无显著差异（$P > 0.05$），不同冻藏温度对鱿鱼的 pH 没有显著影响（$P > 0.05$）；WHC、FA 和 TBARS 分别与冻藏时间有显著相关性（$R=0.951$、

$R=0.953$ 和 $R=0.955$）。随着冻藏时间的延长，鱿鱼失水率、FA、TBARS 均呈上升趋势，其中 −10℃的 TBARS 增加量明显高于其他 3 组（$P<0.01$），冻藏初期各组 FA 由 2 mg/kg 左右快速上升到 4 mg/kg 左右，随后甲醛含量仍然呈上升趋势，但上升速度减缓；鱿鱼 SSP、活性巯基含量和 Ca^{2+}–ATPase 活性随着冻藏时间的延长，均呈下降趋势，相同冻藏时间内，−10℃下降最多，依次为 −20℃、

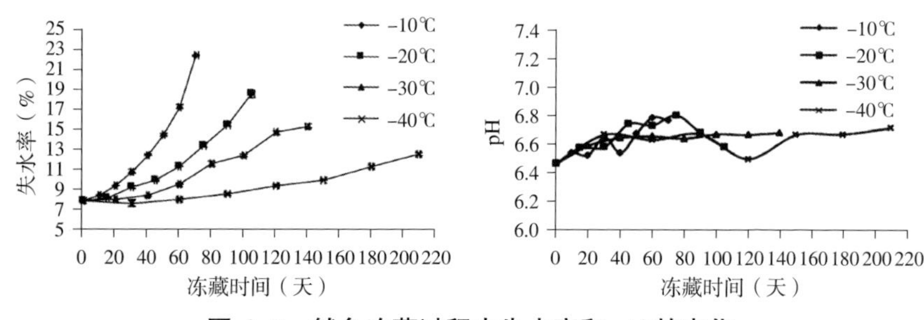

图 4–5 鱿鱼冻藏过程中失水率和 pH 的变化

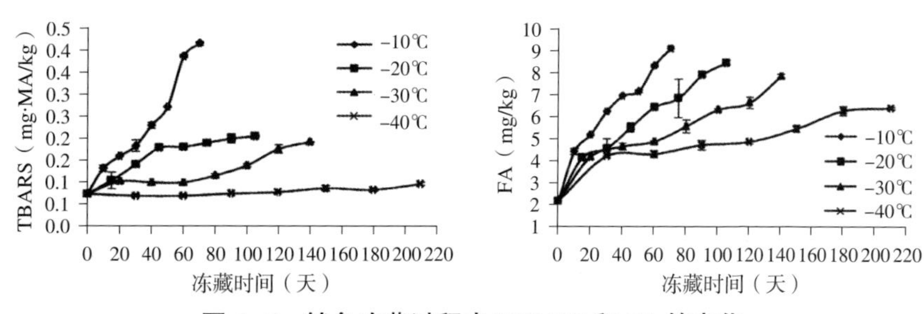

图 4–6 鱿鱼冻藏过程中 TBARS 和 FA 的变化

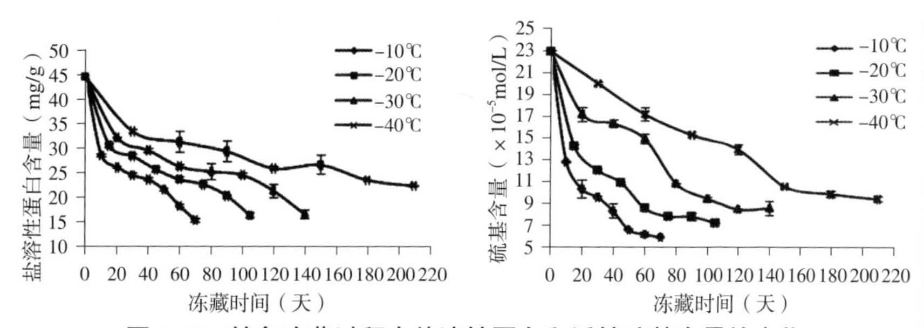

图 4–7 鱿鱼冻藏过程中盐溶性蛋白和活性巯基含量的变化

-30℃、-40℃，鱿鱼蛋白质指标的变性速度在不同冻藏温度下的差异是显著的（$P < 0.05$）。冻藏温度越低，鱿鱼品质越好。

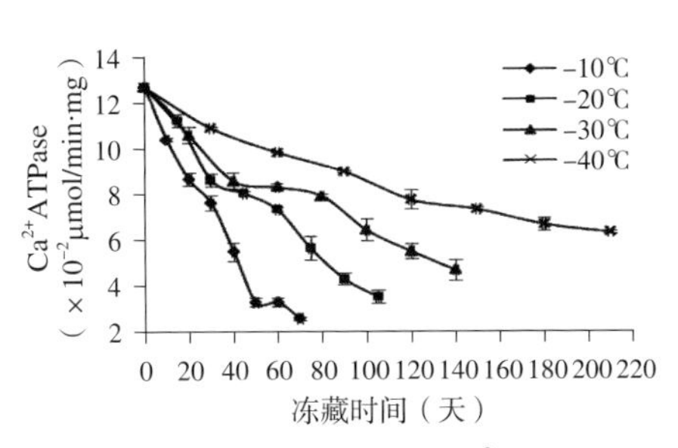

图 4-8 鱿鱼冻藏过程中 Ca^{2+}-ATPase 活性的变化

4.3.3.2 鱿鱼在低温贮藏中的品质变化与货架期

（1）实验材料与样品处理 样品为 2013 年 9 月在经纬度为 155°42′E，42°55′N 的公海区域捕捞的北太平洋柔鱼。船上冻结后经 -20℃贮藏运输至实验室，-80℃贮藏备用。

将样品从 -80℃冰箱取出，室温解冻，去皮去内脏，只保留胴体部分，将鱼肉切成所需重量的小块，分装在各个保鲜袋中，每袋正好用于一次实验，并于不同温度下贮藏。

（2）贮藏试验 将各个小袋装的鱿鱼（有氧包装）放入高精度低温培养箱中，并将贮藏温度分别控制为（0、5、10、15）±0.1℃，其中 0℃贮藏鱿鱼是采用冰藏鱿鱼放入（5±0.1）℃培养箱中。根据预实验的分析，每隔适当时间随机抽取样品，进行感官评定和质构实验；用绞肉机绞碎，称取适量进行理化指标测定和微生物计数。

（3）实验方法

① 感官评价。由 6 名经过训练的评价员组成感官评定小组，参照李莎等提出的感官评价标准，鱿鱼的色泽、气味、体表黏液和肌肉弹性进行评价打分，20 分为最好品质，12 分为高品质期终点，4 分为终点品质（表 4-18）。

② 色泽测定。将样品绞碎，采用色差仪测定样品的 L^*、a^*、b^* 值。其中，L^* 表示亮度，$L^*=0$ 表示黑色，$L^*=100$ 表示白色；a^* 值为正值时，其值越大，颜色越接近纯红色；a^* 为负值时，其绝对值越大，颜色越接近纯绿色；b^* 为正值时，其值越大，颜色越接近纯黄色；b^* 为负值时，其绝对值越大，颜色越接近纯蓝色。每组样品测定 10 次。

表 4–18 鱿鱼的感官评价标准

分值	色泽	气味	黏液	肌肉弹性
5	色泽正常，肌肉切面富有光泽	具有鱼特有的风味，无异味	无黏液，干净	肌肉坚实富有弹性，手指压后凹陷立即消失
4	色泽正常，肌肉切面有光泽	具有鱼特有的风味，无明显异味	稍有黏液，无腐烂	肌肉坚实有弹性，手指压后凹陷消失较快
3	色泽稍暗淡，肌肉切面稍有光泽	略有鱼腥味	黏液较多，稍有腐烂	肌肉较有弹性，手指压后凹陷消失稍慢
2	色泽较暗淡，肌肉切面无光泽	有明显鱼腥味	黏液多，腐烂明显	肌肉稍有弹性，手指压后凹陷消失很慢
1	色泽暗淡，肌肉切面无光泽	有强烈腥臭味或氨味	黏液满溢，完全腐烂	肌肉无弹性，手指压后凹陷明显

③ 质构测定。将鱿鱼样品切成大小约为 20 mm × 20 mm 的方块，使用质构仪对试样进行 TPA 试验，采用 P/5 柱形探头，测试速度为 60 mm/min，应变量为 60%。同时，采用燕尾剪切探头对试样进行剪切试验，测试速度为 60 mm/min，回程距离为 25 mm。每组样品测定 6 次。

④ TVB–N 的测定。称取 10.0 g 绞碎的样品放于锥形瓶中，加入 90mL 蒸馏水，用玻璃棒搅匀，浸渍 30 min 后，在 5 000 r/min 条件下离心 10 min，取上清液按半微量定氮法进行测定，每个样品做 3 个平行。TVB–N 单位表示为 mg/100 g，即每 100 g 样品中所含 TVB–N 毫克数。

⑤ 微生物计数。参照 GB 4789.2–2010。在无菌室内操作，称取

绞碎的 25.0 g 鱿鱼样品，放入无菌均质袋中，加入 225 mL 生理盐水，用拍击式均质器拍打 1 次，制成 1 : 10 的样品匀液，并将上述样品匀液依次进行 10 倍梯度稀释。选择 2 ~ 3 个适宜稀释度的样品匀液，吸取 0.1 mL 涂布于已制备好的无菌平板内。其中菌落总数和嗜冷菌数培养基为营养琼脂，假单胞菌是专用假单胞菌培养基，每个稀释度做 2 个平行，菌落总数和假单胞菌数是置于 37℃培养 48 h 后计数，嗜冷菌数则为置于 5℃培养 72 h 后计数。

（4）**数据处理** 实验数据采用 Microsoft Excel 2007 进行统计分析，并采用平均数 ± 标准差来表示。采用SPSS 19.0进行相关性分析。

（5）**结果与分析** 结果表明，在 0 ℃、5 ℃、10 ℃、15 ℃贮藏过程中，北太平洋柔鱼的高品质期终点分别为 360 h、239 h、96 h、47 h，货架期终点分别为 525 h、286 h、147 h、86 h；不同温度贮藏过程中，*a** 值无显著差异，*L** 值、*b** 值均呈现上升趋势，剪切力与咀嚼性均先增加后降低（表 4–19）。各温度高品质期终点和货架期终点时 TVBN 均值分别为（17.15 ± 0.31）mg/100 g、（30.06 ± 0.92）mg/100 g，菌落总数分别为（5.89 ± 0.40）lg（CFU/g）和（8.33 ± 0.30）lg（CFU/g），嗜冷菌数分别为（5.61 ± 0.5）lg（CFU/g）和（8.36 ± 0.23）lg（CFU/g），假单胞菌数分别为（5.23 ± 1）lg（CFU/g）和（7.58 ± 0.57）lg（CFU/g）；相关性分析表明，TVBN、TVC、嗜冷菌数和假单胞菌数作为北太平洋柔鱼低温贮藏中的品质变化指标与感官评分有较好的一致性（$R > 0.9$）（图 4–9 ~ 图 4–12）。

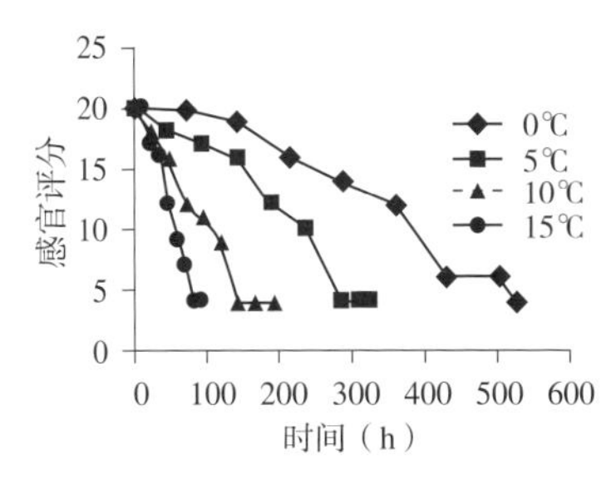

图 4–9 鱿鱼低温贮藏中感官评价的变化

表 4–19　不同贮藏温度中鱿鱼的 L^*、a^*、b^* 值

温度(℃)	时　　间	L^*	a^*	b^*
0	初始点	58.29 ± 0.93	−3.12 ± 0.09	−4.48 ± 0.19
	高品质终点	65.57 ± 0.19	−2.56 ± 0.34	−1.57 ± 0.39
	货架期终点	66.85 ± 0.08	−2.31 ± 0.06	1.74 ± 0.12
5	初始点	58.87 ± 0.48	−2.21 ± 0.13	−4.37 ± 0.07
	高品质终点	64.49 ± 0.34	−2.31 ± 0.12	−3.49 ± 1.30
	货架期终点	66.69 ± 0.16	−2.78 ± 0.14	0.57 ± 0.25
10	初始点	59.56 ± 0.83	−2.32 ± 0.12	−4.44 ± 0.32
	高品质终点	64.27 ± 0.64	−2.52 ± 0.32	−3.47 ± 0.26
	货架期终点	68.57 ± 0.27	−3.47 ± 0.26	2.52 ± 0.29
15	初始点	60.86 ± 1.04	−0.62 ± 0.24	−3.29 ± 0.70
	高品质终点	68.01 ± 1.06	−0.6 ± 0.13	−2.55 ± 0.83
	货架期终点	73.97 ± 0.86	−0.12 ± 0.26	−2.12 ± 0.65

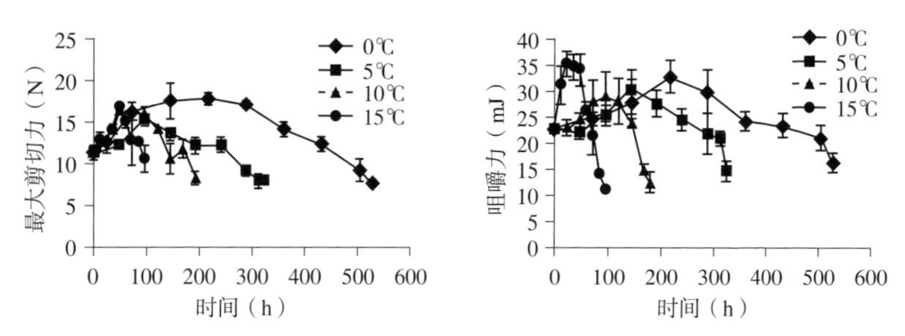

图 4–10　鱿鱼低温贮藏中最大剪切力和咀嚼力的变化

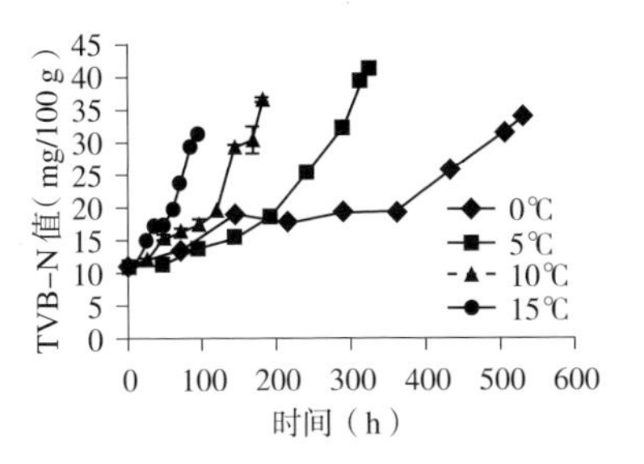

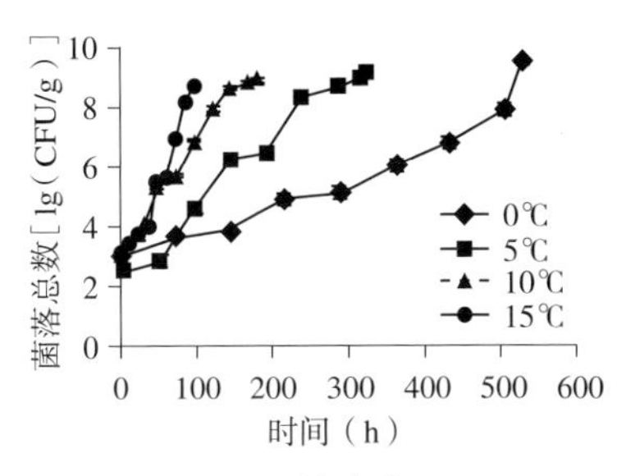

图 4-11　鱿鱼低温贮藏中 TVB-N 和 TVC 的变化

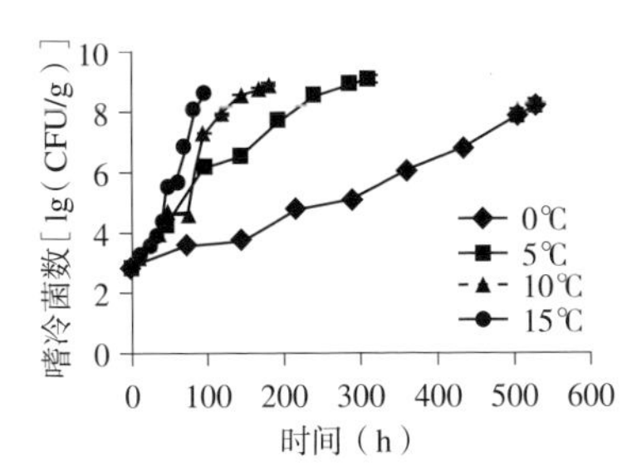

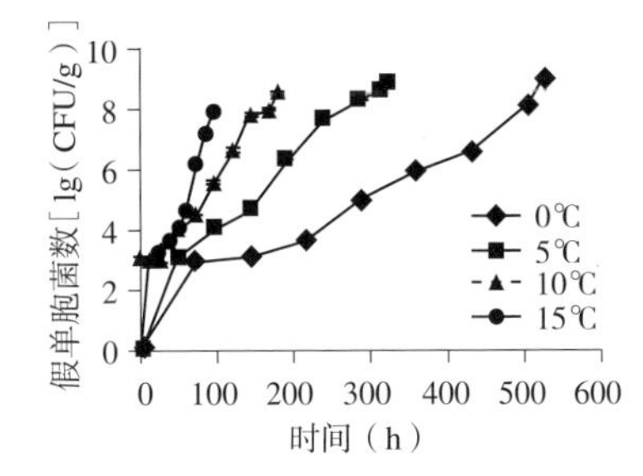

图 4-12　鱿鱼低温贮藏中嗜冷菌数和假单胞菌数的变化

4.3.3.3　低温贮藏鱿鱼细菌组成变化和优势腐败菌

鉴于实际生活中鱿鱼的加工、运输及销售一般暴露在 0 ~ 15℃空气中，为了研究这一温度范围，以 5℃作为一个温度梯度，设置 0℃、5℃、10℃和 15℃ 4 个处理，采用简便表现型并结合使用 Sensititre 细菌鉴定系统，对鱿鱼初始点、高品质期终点和货架期终点的细菌组成进行定性和定量研究，并分析鱿鱼的优势腐败菌，为鱿鱼特定腐败菌生长动力学和货架期预测模型的建立以及鱿鱼的品质控制提供基础数据。此部分是上一节“鱿鱼在低温贮藏中的品质变化与货架期”的后续工作。

从初始点、高品质期终点和货架期终点的细菌总数培养基中，挑选菌落数在 30 ~ 150 的平板进行细菌的分离、纯化与鉴定。根据菌落的基本形态特征分为 n 个细菌类型，并对同一种细菌进行微生物计数，分别挑取每个类型的若干菌落（至少 2 ~ 3 个菌落）进行划线分离和纯化，在 37℃条件下培养 48 h，重复划线分离，所有纯化后的细菌先进行革兰氏染色初步鉴定，然后利用 Sensititre 细菌鉴定系统（TREK Diagnostic Systems LTD，英国）进行上机鉴定。

从表 4–20 可以看出，鱿鱼贮藏初期其细菌组成较复杂，其中 91.48% 是革兰氏阴性菌，革兰氏阳性菌仅占 4.26%，优势菌为气单胞菌、浅黄金色单胞菌和假单胞菌，比例分别为 27.66%、23.40% 和 17.02%。此外，还检测出一定量的洛菲氏不动杆菌、成团泛菌（表 4–21）。0℃、5℃、10℃、15℃贮藏过程中，细菌菌相逐渐变得单一，假单胞菌上升趋势明显，达到较好品质期时，假单胞菌比例分别为 84.09%、72.09%、65.52% 和 76.36%，平均比例为 75.92%；货架期终点时假单胞菌比例达到 93.24%、90.53%、88.57% 和 81.95%，平均比例为 87.63%（表 4–22）。由此得出鱿鱼 0 ~ 15℃贮藏过程中的优势腐败菌是假单胞菌。

表 4–20 鱿鱼初始点细菌组成

序号	细　菌	菌株	比例（%）
1	浅黄金色单胞菌 *Chryseomonas luteola*	11	23.40
2	洛菲氏不动杆菌 *Acinetobacter lwoffii*	4	8.51
3	嗜麦芽窄食单胞菌 *Stenotrophomonas maltophilia*	3	6.38
4	假单胞菌 *Pseudomonas* spp.	8	17.02
5	成团泛菌 *Pantoea agglomerans*	4	8.51
6	气单胞菌 *Aeromonas*.spp.	13	27.66
	G^-菌	43	91.48
7	蜡样芽孢杆菌 *Bacillus cereus*	2	4.26
	G^+菌	2	4.26
8	未鉴定	2	4.26
	合计	47	100

表 4–21　鱿鱼 0 ~ 15℃贮藏较好品质期终点细菌组成

	细　菌	0℃		5℃		10℃		15℃		合　计	
		菌株	比例（%）	菌株	比例（%）	菌株	比例（%）	菌株	比例（%）	菌株	比例（%）
1	浅黄金色单胞菌 *Chryseomonas luteola*	4	4.55	2	4.65	5	8.62	9	8.18	20	6.68
2	洛菲氏不动杆菌 *Acinetobacter lwoffii*	6	6.82	5	11.63	11	18.97	7	6.36	29	9.70
3	嗜麦芽窄食单胞菌 *Stenotrophomonas maltophilia*	—	—	—	—	1	1.72	2	1.82	3	1.00
4	假单胞菌 *Pseudomonas* spp.	74	84.09	31	72.09	38	65.52	84	76.36	227	75.92
5	成团泛菌 *Pantoea agglomerans*	—	—	2	4.65	—	—	4	3.64	6	2.01
6	气单胞菌 *Aeromonas* spp.	2	2.27	—	—	2	3.45	2	1.82	6	2.01
	G^-**菌**	86	97.73	40	93.02	57	98.28	108	98.18	291	97.32
7	蜡样芽孢杆菌 *Bacillus cereus*	—	—	—	—	—	—	2	1.82	2	0.67
	G^+**菌**	—	—	—	—	—	—	2	1.82	2	0.67
8	未鉴定	2	2.27	3	6.98	1	1.72	—	—	6	2.01
	合计	88	100	43	100	58	100	110	100	299	100

表 4-22 鱿鱼 0 ~ 15℃贮藏货架期终点细菌组成

	细菌	0℃		5℃		10℃		15℃		合计	
		菌株	比例（%）	菌株	比例（%）	菌株	比例（%）	菌株	比例（%）	菌株	比例（%）
1	浅黄金色单胞菌 *Chryseomonas luteola*	—	—	4	4.21	2	2.86	9	6.77	15	4.03
2	洛菲氏不动杆菌 *Acinetobacter lwoffii*	—	—	—	—	—	—	—	—	—	—
3	嗜麦芽窄食单胞菌 *Stenotrophomonasmaltophilia*	—	—	—	—	3	4.29	6	4.51	9	2.42
4	假单胞菌 *Pseudomonas* spp.	69	93.24	86	90.53	62	88.57	109	81.95	326	87.63
5	成团泛菌 *Pantoea agglomerans*	3	4.05	—	—	—	—	—	—	3	0.81
6	气单胞菌 *Aeromonas* spp.	—	—	—	—	2	2.86	—	—	2	0.54
	G^-菌	72	97.30	90	94.74	69	98.57	124	93.23	355	95.43
7	蜡样芽孢杆菌 *Bacillus cereus*	—	—	1	1.05	—	—	3	2.26	4	1.08
	G^+菌	—	—	1	1.05	—	—	3	2.26	4	1.08
8	未鉴定	2	2.70	4	4.21	1	1.43	6	4.51	13	3.49
	合计	74	100	95	100	70	100	133	100	372	100

4.3.3.4 小结

第一，北太平洋柔鱼在4组不同冻藏温度（-10℃、-20℃、-30℃、-40℃）条件下，鱿鱼的pH在6.4～7.0之间，各温度之间无显著差异（$P > 0.05$），低于-10℃的冻藏温度，鱿鱼的pH不随温度的变化而显著变化。因此，pH不能作为评价鱿鱼品质变化的指标。

4组冻藏温度条件下，鱿鱼的盐溶性蛋白含量、活性巯基含量和Ca^{2+}-ATPase活性都随冻藏时间的延长而显著降低，冻藏的温度越低，冷冻对蛋白质的功能特性影响越小，盐溶性蛋白、活性巯基含量和Ca^{2+}-ATPase活性显著提高，从而，鱿鱼的失水率降低，鱿鱼的品质则越好。同时，鱿鱼的甲醛含量和硫代巴比妥酸反应物值也降低。从这一点看，-30℃和-40℃的冻藏条件对鱿鱼品质的保护要显著优于-10℃和-20℃。结合冻藏的经济性及储藏时间，本研究建议采用-30℃的冻藏温度对鱿鱼进行保存比较合适。

第二，北太平洋柔鱼在0℃、5℃、10℃、15℃条件下贮藏，严格的感官评价基本与其他指标相一致，且温度高时比低温时判断更准确。尽管TVB-N以及TVC等指标更具科学性，但是日常实际生活中感官评价还是最常用的判断方法。本研究表明冰藏及以下温度贮藏更容易造成表面假象，在没有严格的感官评分和TVB-N等指标作为依据时，在日常生活中家用冰箱保存鱿鱼还需警惕，要注意各温度贮藏的货架期，尽量在短时间内消费。

在贮藏期间，最大剪切力和咀嚼性平行数值不稳定，这与鱿鱼样品酮体的厚度差异有关，但总体呈现先增后减的趋势，低温更能保持其咀嚼力；色泽中的L^*值、b^*值在不同温度下均呈现出增加的趋势，a^*值无显著变化，比较稳定。贮藏过程中鱿鱼的TVB-N值、TVC、嗜冷菌数、假单胞菌数都不断增加，TVB-N在各温度下高品质期终点和货架期终点时均值无显著差异（$P > 0.05$），菌落总数、嗜冷菌数、假单胞菌数有显著相关性（$R < 0.05$）。综合分析表明，TVB-N、TVC、假单胞菌数能很好地表现鱿鱼低温贮藏中的品质变化。值得注意的是，温度越高各指标变化速率越快；对于贮藏时间

而言，温度越低保存的则越久。但是，对于口感、咀嚼力等指标而言，温度太低容易使鱿鱼的弹性、硬度等过高，从而影响品质的综合评价。

第三，所研究的北太平洋柔鱼，捕获于经纬度为155°42'E，42°55'N的公海区域，在0℃、5℃、10℃、15℃低温贮藏过程中细菌菌相逐渐单一，假单胞菌逐渐呈现生长优势。假单胞菌的比例从初始点的17.02%，到较好品质期的84.09%、72.09%、65.52%和76.36%，一直到货架期终点时分别达到93.24%、90.53%、88.57%和81.95%。可以看出，同一时期温度差异对细菌组成的变化，温度越低，尤其是货架期终点时，假单胞菌比例也越高。原因可能是假单胞菌是一种嗜冷菌，能在0℃生长，最高生长温度不超过20℃，最适宜温度为15℃，而低温下因一些不耐冷的细菌逐渐因生长受到抑制而消亡，从而凸显了假单胞菌所占比例的优势。

干净未污染的冷、温水域鱼类优势菌群为假单胞菌属、嗜冷杆菌属、不动杆菌属和黄杆菌属等革兰氏阴性菌。鱿鱼低温贮藏实验初始点细菌组成中，优势菌为气单胞菌、浅黄金色单胞菌、和假单胞菌，比例分别为27.66%、23.40%和17.02%。一直到货架期终点，其优势腐败菌则变为假单胞菌属，仅存在少量浅黄金色单胞菌、嗜麦芽窄食单胞菌，基本均是革兰氏阴性菌且未有大肠埃希菌等污染指示菌的出现，说明该批次北太平洋柔鱼在大洋中基本没有受到污染。但是，在贮藏过程中出现了蜡样芽孢杆菌，尽管只偶有几株，但还是存有安全隐患。对于新鲜鱿鱼出现了这一少数菌落，很有可能是运输环境中沾染所致，因此运输环节的卫生状况极其重要，同时还需严格控制温度，以避免发生食物中毒。

4.4 保鲜剂开发研究

4.4.1 保鲜剂对冻藏鱿鱼品质变化的影响

为增加产品的附加值，提供优质鲜美的鱼品，有必要研究常用保鲜剂对鱿鱼保水性以及蛋白质变性的影响，以期通过添加保鲜剂防止鱿鱼蛋白冷冻变性，从而提高鱿鱼的品质。选择鱿鱼（北太平洋柔鱼），添加不同保鲜剂，分析其在 –20℃冻藏下感官、持水力、盐溶性蛋白含量、活性巯基含量和 Ca^{2+}–ATPase 活性的变化，探讨不同保鲜剂对鱿鱼品质变化的影响，旨在为鱿鱼生产及加工利用提供基础数据。

4.4.1.1　样品处理方法和贮藏试验

对鱿鱼进行流水解冻，去头去皮去内脏，只保留胴体，切小块备用。每种保鲜剂选取 3 个不同浓度。保鲜剂溶液与鱿鱼比例为 2∶1（V/m），浸泡 10 min 后，沥干装袋密封，贮藏于（–20 ± 0.1）℃培养箱中。取未做任何处理的样品作为对照组，共贮藏 60 天，每隔 10 天取样进行感官评价，测定鱿鱼持水力、盐溶性蛋白含量、活性巯基含量和 Ca^{2+}–ATPase 含量。

所有保鲜剂添加量的选择均参照 GB 2760–2011 食品保鲜剂使用标准，其中混合磷酸盐根据参考文献（汪学荣等，2002）由三聚磷酸钠∶焦磷酸钠∶六偏磷酸钠＝2∶2∶1 组成，确定添加水平如表 4–23 所示。

表 4–23　保鲜剂的添加量 (%)

浓度	混合磷酸盐	三聚磷酸钠	D– 山梨醇	海藻糖	乳酸钠
Ⅰ	0.3	0.3	0.5	1	4
Ⅱ	0.4	0.4	1.0	3	5
Ⅲ	0.5	0.5	1.5	5	6

4.4.1.2　实验方法

（1）感官评价　仅选取由浓度Ⅱ的各保鲜剂浸泡的鱿鱼进行感官评价。参考 A. Lugasi 等提出的感官评价方法并修改，由 10 名经过训练的评价员组成感官评价小组，评分规则为：最好品质（E），好品质（A），中等品质（B）和较差品质（C），评价内容包括表皮、气味、黏液、弹性等。评分细则见表 4–24。

表 4–24 鱿鱼冻藏中感官评分规则

指 标	E	A	B	C
表皮	非常新鲜，白色	新鲜，白色有些暗淡	颜色暗淡	颜色暗淡，发淡黄色
气味	正常海产品味道	略微腥味	微腥味	有腥味
黏液	透明的，水质的	微黏，微透明	黏着，微透明	黏着，乳白色
弹性	坚固，有弹性	拉扯后有一点皱纹	拉扯后有皱纹，易恢复	拉扯后有皱纹，不易恢复

（2）**持水力的测定** 按夏列等（2013）方法，但略做修改，利用 TMS–Pro 型质构仪，采用滤纸加压法（Filter Paper Press Method）进行测定。取完整肉块 10 g 置于 10 层滤纸上，另取 10 片滤纸覆于其上，定压 100 N 压 5 min，加压前后分别称重，记录加压前重量（W_1）和加压后重量（W_2），则加压条件下的持水力可以用加压失水率 X_p（Pressing Loss）表示：

$$X_p = \frac{W_1 - W_2}{W_1} \times 100\%$$

式中，X_p 为加压失水率（%），W_1 为加压前鱿鱼重量（g），W_2 为加压后鱿鱼重量（g）。

（3）**盐溶性蛋白含量的测定** 鱿鱼用搅拌机绞碎，取 5 g 装入打浆袋中，并加入 100 mL 冰冷的 0.6 mol/L KCl 溶液，放入均质机内匀浆 2 次，4℃条件下提取 1.5 h，最后在 11 000 r/min 转速下低温（4℃）离心 10 min，得到上清液即为实验用盐溶性蛋白溶液。采用考马斯亮蓝法测定蛋白质含量，用牛血清蛋白做标准曲线，标准曲线为 $y = 0.005\,5x + 0.003\,6$（$R^2 = 0.999\,3$），计算结果以 mg/g 表示，试验重复 3 次。

（4）**肌动球蛋白的提取** 鱿鱼绞碎后取 5 g，加入 50 mL 冰冷的 0.6 mol/L KCl（4℃），匀浆 1 次，放入 4℃冰箱中提取 1.5 h，然后离心（5 000 r/min，30 min，0℃），取 10 mL 上清液加入 30 mL 冰冷的去离子水稀释沉淀肌动球蛋白，离心（5 000 r/min，20 min，0℃），所得沉淀加入 30 mL 冰冷的 1.2 mol/L KCl 溶液，在 0℃搅拌 30 min，不溶部分再次离心（5 000 r/min，20 min，0℃）。所得肌动球蛋白溶液用 0.6 mol/L KCl 调节成浓度为 4 ~ 6 mg/mL。所得溶液备用，以测定活性巯基和 Ca^{2+}–ATPase 的含量。

（5）**活性巯基含量的测定** 1 mL 肌动球蛋白中加入 9 mL 0.2 mol/L Tris–HCl 缓冲液（pH 6.8）。混合均匀后取 4 mL 混合溶液，加入 0.4 mL 0.1% 5,5’二硫代双（2– 硝基苯甲酸）溶液，在 40℃下反应 25 min，溶液在波长为 412 nm 光下测定吸光值。对照用 0.6 mol/L KCl 溶液代替。计算结果以 10^{-5} mol/g 表示，试验重复 2 次。

（6）**Ca^{2+}–ATPase 活性的测定** 参考万建荣法以及其他文献的方法测定 Ca^{2+}–ATPase 活性。酶反应混合液组成如表 4–25。

表 4–25 Ca^{2+}–ATPase 活性测定酶反应混合液组成

组成溶液	加入量（mL）	最终浓度（mmol/L）
0.50 mol/L Tris– 马来酸（pH = 7）	0.50	25
0.10 mol/L $CaCl_2$	0.50	5
肌动球蛋白	1.00	60（KCl）
H_2O	7.50	
20 mmol/L ATP（pH = 7）	0.50	1
总计	10.00	

进行反应时，按表中混合液组成的配方，在试管中先将除 ATP 以外的其他成分混合好，将反应混合物放于 25℃水浴中，待 ATP 溶液最后加入时，反应即开始，反应 3 min，加入 3 mL 15% TCA 使反应停止。然后 11 000 r/min 转离心 2 min，取离心液 4 mL 加入试管中，

加入 3 mL Tris–$MgCl_2$ 缓冲液（pH = 7.5），摇匀后再加入 3 mL 定磷试剂（20% Vc∶3 mol/L H_2SO_4∶3% $H_8MoN_2O_4$，以等体积混合）。接着在 45℃恒温水浴锅中反应 30min，在波长为 640 nm 光下测其吸光度。对照组用 15% TCA 代替。标准曲线用预先在 100℃干燥 1 h 后置于干燥器中干燥冷却的 KH_2PO_4，配制成 0.5 mmol/L 的溶液制作，标准曲线为 $y = 0.919\,3x + 0.011\,1$（$R^2 = 0.999\,8$）。计算结果以 1mg 酶蛋白在 1 min 内生成的无机磷酸量 μmol 表示，试验重复 3 次。

4.3.1.3　数据处理

实验数据采用 Microsoft Excel 2003 进行统计分析。用 SPSS 19.0 进行方差分析（$P < 0.05$）。

4.3.1.4　结果与分析

从表 4–26 中可以看出，鱿鱼的品质随着冻藏时间的延长，感官评分逐渐下降，对照组（未做任何处理的样品）在 10 天以后就失去最好品质，各保鲜剂组均在 20 天后失去最好品质，其中海藻糖组和乳酸钠组在 30 天之后才失去最好品质，且海藻糖组的整体效果优于乳酸钠组。在 60 天的时候，对照组的各项指标评分均为较差，而各保鲜剂组都保持了中等品质，说明各保鲜剂均对鱿鱼的品质有提高作用。

鱿鱼持水力可以用失水率来表示，随着冻藏时间的延长，失水率越高，说明持水力越差；失水率越低，则持水力越强。从图 4–13 中可以看出，随着冻藏时间的延长，鱿鱼的持水力越来越差。各保鲜剂对鱿鱼持水力影响程度由大到小排序为：海藻糖＞混合磷酸盐＞ D– 山梨醇＞乳酸钠＞三聚磷酸钠，且浓度Ⅲ对持水力效果最好，浓度Ⅱ次之，浓度Ⅰ最小。

从图 4–14 中可以看出，随着冻藏时间的增加，盐溶性蛋白含量呈下降趋势。各保鲜剂对鱿鱼盐溶性蛋白含量影响程度由大到小排序为：海藻糖＞乳酸钠＞混合磷酸盐＞ D– 山梨醇＞三聚磷酸钠，且添加浓度Ⅲ的鱿鱼盐溶性蛋白含量最高，浓度Ⅱ次之，浓度Ⅰ最低。

图 4–15 分别表示了浓度Ⅰ、浓度Ⅱ、浓度Ⅲ各保鲜剂对鱿鱼活

表 4–26 保鲜剂对冻藏鱿鱼感官变化的影响

保鲜剂种类	贮藏时间（天）	表皮	气味	黏液	弹性	保鲜剂种类	贮藏时间（天）	表皮	气味	黏液	弹性
对照	0	E	E	E	E	D– 山梨醇	0	E	E	E	E
	10	E	E	A	E		10	E	E	E	E
	20	A	A	A	A		20	E	E	A	E
	30	A	A	A	A		30	A	A	A	A
	40	A	B	B	B		40	A	A	A	A
	50	B	B	C	B		50	A	A	A	A
	60	C	C	C	C		60	B	B	B	B
混合磷酸盐	0	E	E	E	E	海藻糖	0	E	E	E	E
	10	E	E	E	E		10	E	E	E	E
	20	E	A	A	E		20	E	E	E	E
	30	A	A	A	A		30	E	E	A	E
	40	A	A	A	A		40	A	A	A	A
	50	A	B	B	A		50	A	A	A	A
	60	A	B	A	A		60	A	A	A	A
三聚磷酸钠	0	E	E	E	E	乳酸钠	0	E	E	E	E
	10	E	E	E	E		10	E	E	E	E
	20	E	E	A	E		20	E	E	E	E
	30	E	A	A	A		30	E	E	A	E
	40	A	A	A	A		40	A	A	A	A
	50	B	B	B	B		50	A	A	A	A
	60	B	B	B	B		60	A	B	B	A

性巯基含量的影响，由图可知，随着冻藏时间的增加，鱿鱼中活性巯基含量呈下降趋势。各保鲜剂对鱿鱼活性巯基含量影响程度由大到小排序为：海藻糖＞乳酸钠＞混合磷酸盐＞ D- 山梨醇＞三聚磷酸钠，且添加浓度Ⅲ的鱿鱼活性巯基含量最高，浓度Ⅰ最低，浓度Ⅱ介于二者之间。

从图 4–16 中可以看出，随着冻藏时间的延长，浓度Ⅰ、浓度Ⅱ、浓度Ⅲ的 Ca^{2+}–ATPase 活性均呈下降趋势。各保鲜剂对鱿鱼 Ca^{2+}–ATPase 活性影响程度由大到小排序为：海藻糖＞乳酸钠＞混合磷酸盐＞ D- 山梨醇＞三聚磷酸钠，且添加浓度Ⅲ的鱿鱼 Ca^{2+}–ATPase 活性最高，浓度Ⅰ最低，浓度Ⅱ介于二者之间。

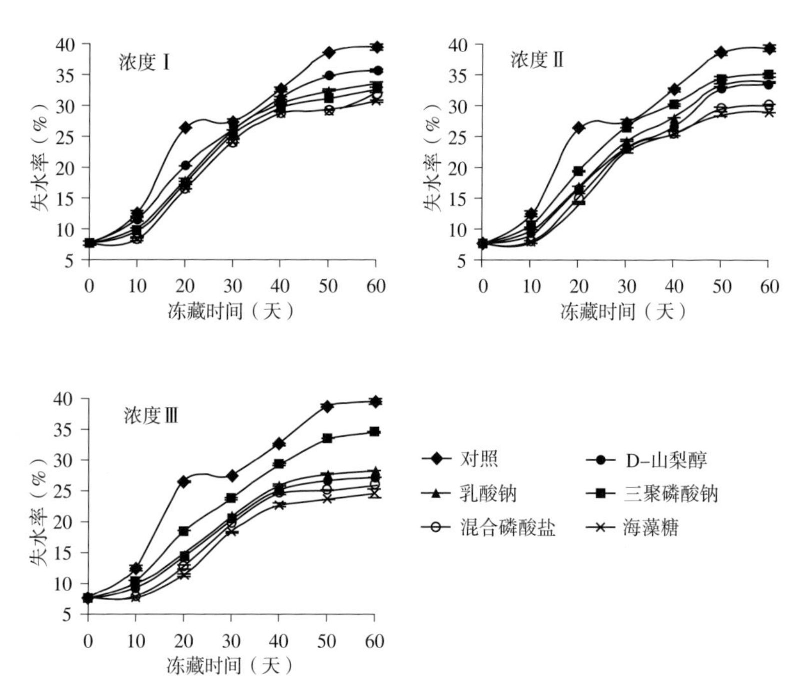

图 4–13　不同浓度保鲜剂对鱿鱼持水力变化的影响

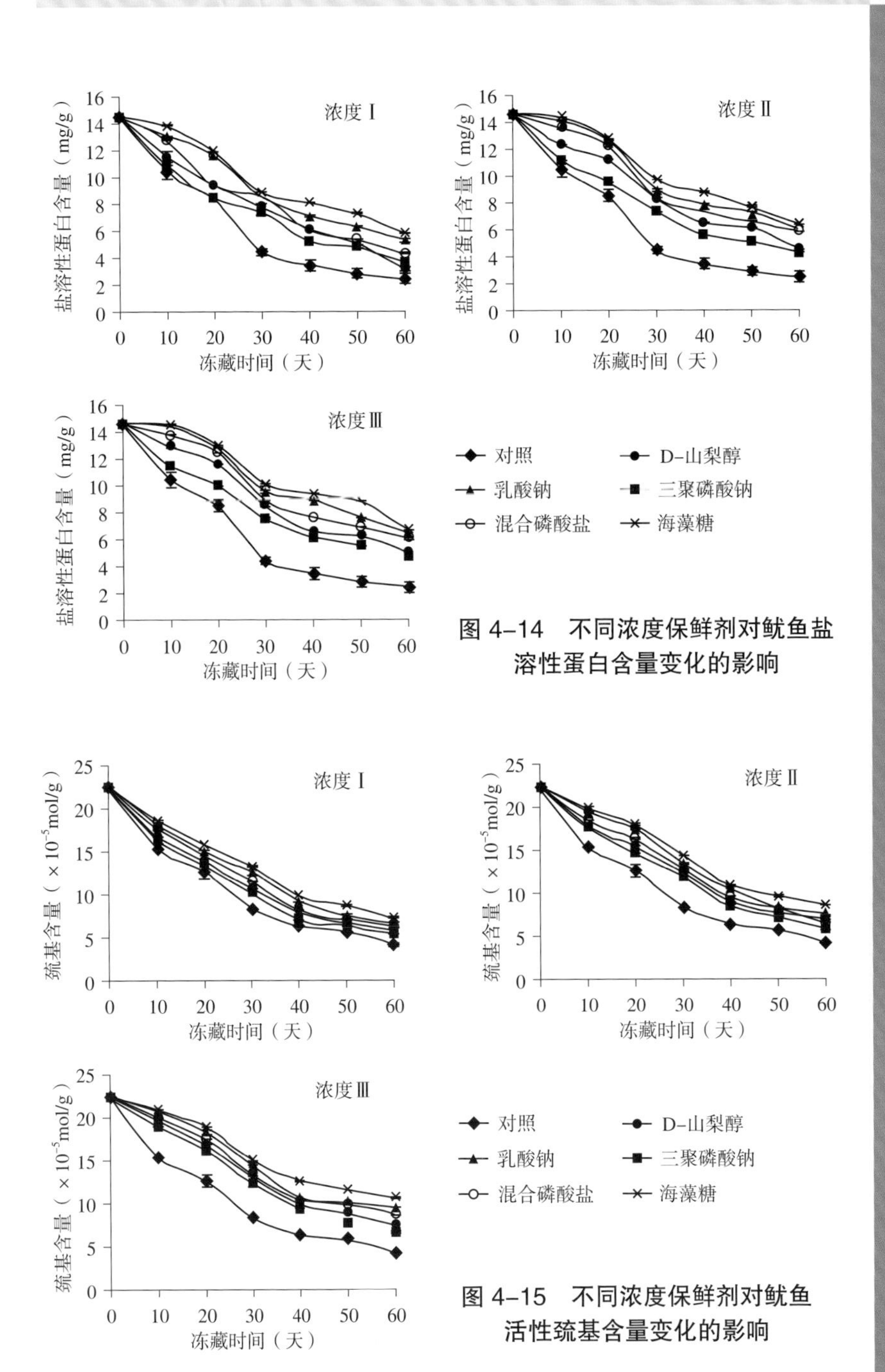

图 4-14 不同浓度保鲜剂对鱿鱼盐溶性蛋白含量变化的影响

图 4-15 不同浓度保鲜剂对鱿鱼活性巯基含量变化的影响

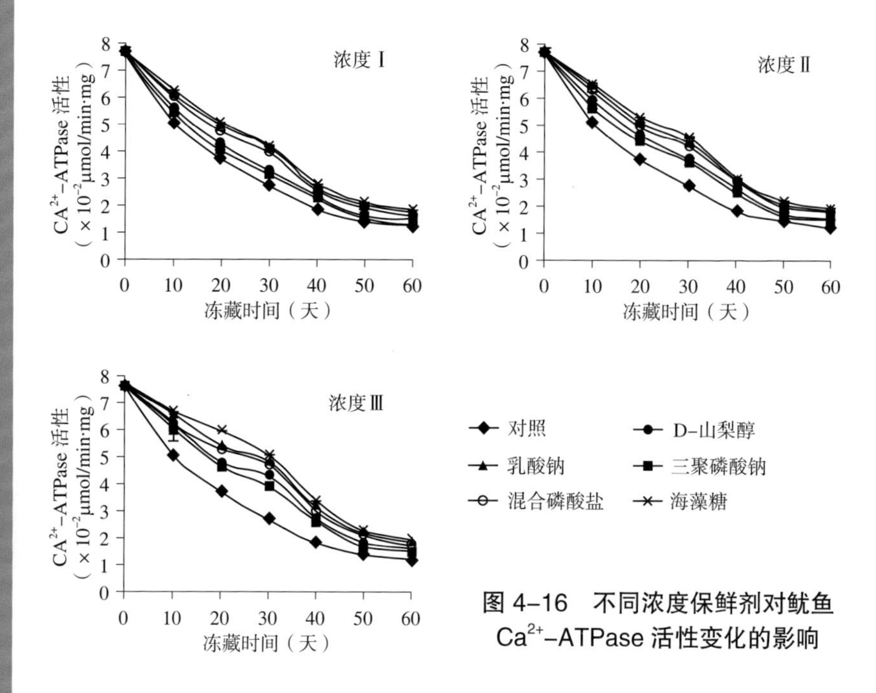

图 4-16 不同浓度保鲜剂对鱿鱼 Ca^{2+}-ATPase 活性变化的影响

4.4.2 复配保鲜剂对冻藏鱿鱼品质变化的影响

4.4.2.1 材料与方法

（1）**样品** 鱿鱼为 2013 年 9 月在经纬度为 155°42'E，42°55'N 的公海区域捕捞的北太平洋柔鱼，船上冻结后贮藏于 -20℃运至实验室，再置于 -80℃贮藏备用。

（2）**试剂** 海藻糖、乳酸钠、混合磷酸盐（三聚磷酸钠：焦磷酸钠：六偏磷酸钠＝2：2:1）、考马斯亮蓝 G-250、5,5’二硫代双（2-硝基苯甲酸）、三羟甲基氨基甲烷、牛血清蛋白、无水乙醇、磷酸、氯化钾、磷酸二氢钾、氢氧化钠、盐酸等，试剂均为分析纯或化学纯，购于国药集团化学试剂有限公司。

（3）**试验方法** 鱿鱼从 -80℃冰箱中取出，流水解冻。去除头部、内脏和皮，取胴体切块备用。将各组样品放入对应浓度的复配保鲜剂中浸渍 10 min，复配保鲜剂溶液与鱿鱼比例（mL : g）为 2 : 1，对照组在蒸馏水中浸渍 10 min。取出鱿鱼沥干，根据保鲜剂浓度依次放入保鲜袋中，贮藏于（-20 = 0.1）℃冰箱中。每隔 10 天随机抽样进行持水率、盐溶性蛋白质含量、活性巯基含量、色差和最大剪切力测定，共贮藏 60 天。测定时将冻藏鱿鱼流水解冻。

选取海藻糖、乳酸钠、混合磷酸盐进行复配，以持水率（WHC）、盐溶性蛋白质含量（SSP）、活性巯基含量为指标，研究鱿鱼在 -20℃ 冻藏条件下的品质变化，通过 3 因素 3 水平的 L_9（3^4）正交试验，从中筛选出保鲜效果最好的复配保鲜剂，并结合色差试验和质构分析，对保鲜剂的保鲜效果进行验证（表 4-27）。

表 4-27 鱿鱼复配保鲜剂 L_9（3^4）正交试验因素水平

水　平	保鲜剂添加量（%）		
	A（海藻糖）	B（乳酸钠）	C（混合磷酸盐）
1	3	4	0.3
2	4	5	0.4
3	5	6	0.5

4.4.2.2 结果与讨论

（1）复配保鲜剂最佳配比的确定 鱿鱼复配保鲜剂正交试验结果表明（表 4-28），所选的 3 种保鲜剂对鱿鱼保鲜效果主次作用为：A ＞ B ＞ C，即海藻糖＞乳酸钠＞混合磷酸盐。方差分析结果如表 4-29 所示，海藻糖和乳酸钠的添加量对正交试验结果有极显著的影响（$P < 0.01$），混合磷酸盐的添加量对正交试验结果有显著影响（$P < 0.05$）。以综合评分作为总指标进行直观分析得出 7 号试验（$A_3B_3C_2$）效果最好，即海藻糖 5%、乳酸钠 6%、混合磷酸盐 0.4%。在本实验中综合分越大越好，各因素应取最大 K 值所对应的水平，即 $A_3B_3C_3$：海藻糖 5%、乳酸钠 6%、混合磷酸盐 0.5%。该方案不包括在 9 组试验中，所以对直观分析最优组（$A_3B_3C_2$）和方差分析最优组（$A_3B_3C_3$）进一步做验证试验，对鱿鱼添加保鲜剂后分别冻藏

60 天，试验结果如表 4–30 所示。从表可以看出，方差分析最优组（$A_3B_3C_3$）优于直观分析最优组（$A_3B_3C_2$），因此复配保鲜剂最佳组合为 $A_3B_3C_3$，即海藻糖 5%、乳酸钠 6%、混合磷酸盐 0.5%。$A_3B_3C_3$ 与 $A_3B_3C_2$ 相比，持水力有显著差异（$P < 0.05$），盐溶性蛋白含量和活性巯基含量差异不显著（$P > 0.05$）。这可能是因为混合磷酸盐的保水性能较好，混合磷酸盐浓度的提高使得鱿鱼失水率下降，持水力增强。

表 4–28　鱿鱼复配保鲜剂正交试验 $L_9(3^4)$ 第 60 天试验结果

试验号	A	空列	B	C	持水率（%）	盐溶性蛋白（mg/g）	活性巯基（$\times 10^{-5}$mol · g）	综合评分
1	1	1	1	1	83.93	21.22	3.87	0
2	1	2	2	2	85.57	24.29	4.59	0.44
3	1	3	3	3	86.44	26.32	4.45	0.56
4	2	1	2	3	86.28	28.20	4.74	0.71
5	2	2	3	1	86.00	26.32	4.88	0.63
6	2	3	1	2	85.35	25.66	4.63	0.50
7	3	1	3	2	87.04	28.72	5.12	0.88
8	3	2	1	3	86.92	25.44	4.57	0.59
9	3	3	2	1	85.94	23.53	5.27	0.60
K1	0.99	1.58	1.09	1.23				
K2	1.83	1.66	1.74	1.81				
K3	2.06	1.65	2.07	1.85				
R	1.07	0.08	0.98	0.62				

表 4–29 鱿鱼复配保鲜剂正交试验 $L_9(3^4)$ 第 60 天结果的方差分析

差异源	离差平方和	自由度	方差	F 值	显著性
A	0.212	2	0.106 0	212	* *
B	0.166	2	0.083 0	166	* *
C	0.080	2	0.040 0	80	*
误差 e	0.001	2	0.000 8		
总和	0.488	8			

表 4–30 验证实验结果

实验组	持水率（%）	盐溶性蛋白含量（mg/g）	活性巯基含量（$\times 10^{-5}$ mol · g）	综合评分
$A_3B_3C_2$	87.04 ± 1.19	28.71 ± 0.25	5.12 ± 0.08	0.88
$A_3B_3C_3$	87.76 ± 0.72	28.86 ± 1.25	5.16 ± 0.04	0.94

（2）复配保鲜剂对冻藏鱿鱼持水率的影响 随着冻藏时间的延长，复配组和对照组的持水率都越来越低，表明鱿鱼的持水能力越来越差。复配组和对照组持水率相比差异极显著（$P < 0.01$），鱿鱼的持水率初始值为（93.79 ± 0.90）%，冻藏 60 天后，复配组持水率为（87.76 ± 0.72）%，对照组持水率仅为（77.04 ± 0.87）%，持水率分别下降了 6.03% 和 16.75%（图 4–17）。三聚磷酸钠与焦磷酸盐可以与肌肉蛋白相互作用，促使肌动球蛋白解离成肌动蛋白和肌球蛋白。说明复配组保鲜剂可以使冻藏鱿鱼保持好的持水能力。

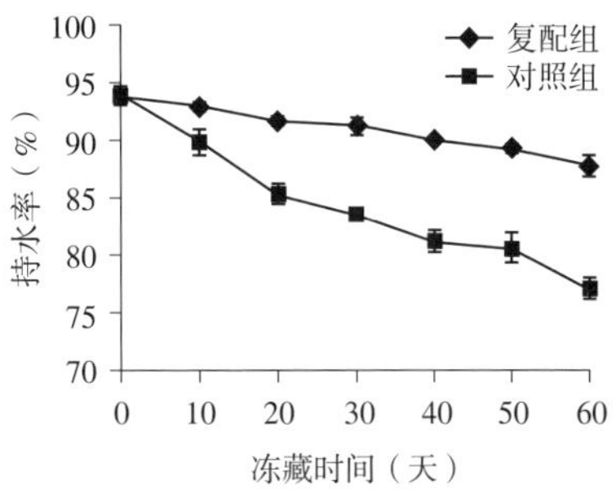

图 4–17 鱿鱼冻藏中持水率的变化

（3）复配保鲜剂对冻藏鱿鱼盐溶性蛋白含量的影响 蛋白质是鱿鱼肌肉的主要成分，占胴体含量的 16% ~ 18%。按蛋白质对

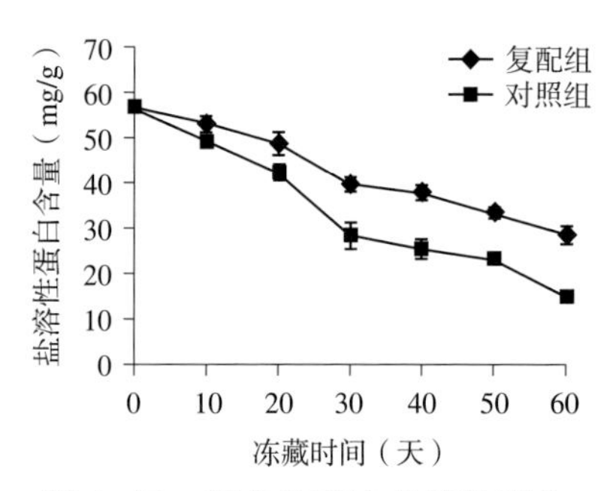

图 4–18　鱿鱼冻藏中盐溶性蛋白含量的变化

溶剂的溶解性不同，可分为水溶性蛋白质、盐溶性蛋白质、碱溶性蛋白质和水不溶性蛋白质。图4–18表示了复配保鲜剂对冻藏鱿鱼盐溶性蛋白含量的影响，可以看出，随着冻藏时间的增加，复配组和对照组的盐溶性蛋白含量均呈下降趋势。复配组与对照组盐溶性蛋白含量差异极显著（$P < 0.01$）。鱿鱼的盐溶性蛋白质含量初始值为（56.88 ± 1.02）mg/g，冻藏60天后，复配组盐溶性蛋白含量为（28.86 ± 1.25）mg/g，对照组盐溶性蛋白含量为（14.96 ± 1.16）mg/g。在整个冻藏过程中，复配组和对照组盐溶性蛋白含量分别下降了49.26%和73.70%。说明复配组保鲜剂能够减缓盐溶性蛋白含量下降速率，有效防止蛋白质冷冻变性。盐溶性蛋白也称肌原纤维蛋白，包括肌动蛋白、肌球蛋白、原肌球蛋白、肌钙蛋白和辅肌动蛋白等。一般认为，冻藏过程中形成的二硫键、氢键和疏水键等导致了蛋白质的盐溶性下降。

（4）复配保鲜剂对冻藏鱿鱼活性巯基的影响　巯基含量反映了蛋白质变性聚合的程度。从图4–19可以看出，随着冻藏时间的增加，复配组和对照组的活性巯基含量都呈下降的趋势。与对照组相比，复配组活性巯基含量有显著差异（$P < 0.05$）。初始点的鱿鱼活性巯基含量为（7.12 ± 0.03）× 10^{-5}mol/g，冻藏至60天时，复配组活性巯基含量下降至（5.16 ± 0.04）× 10^{-5}mol/g，对照组活性巯基含量为（3.15 ± 0.05）× 10^{-5}mol/g。在整个冻藏过程中，复配组的活性巯基含量下降了

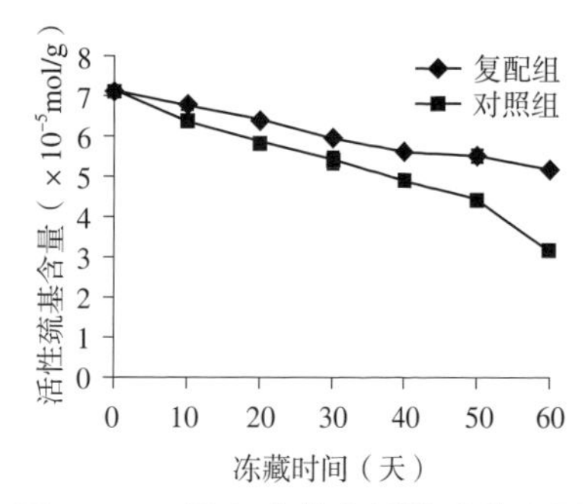

图 4–19　鱿鱼冻藏中活性巯基含量的变化

1.96×10^{-5} mol/g，对照组下降了 3.97×10^{-5} mol/g，对照组的活性巯基含量减少值是复配组活性巯基含量减少值的 2 倍。上述结果表明，复配组保鲜剂能够很大程度地抑制巯基的氧化，提高抗氧化性和冻藏稳定性，保持冻藏鱿鱼的品质。

（5）复配保鲜剂对冻藏鱿鱼色泽的影响 复配组和对照组 L^* 值相关系数为 0.903，相关性大，a^* 值，b^* 值相关系数很小。解冻后的鱿鱼颜色略发白，颜色较为一致，故选定 L^* 值来进行其色泽的评价。随着冻藏时间的增加，复配组和对照组的 L^* 值都缓慢下降，复配组和对照组 L^* 值差异极显著（$P < 0.01$）。复配组持水力高，水分含量高，所以 L^* 值大。复配组 L^* 值较大，肉更加有光泽，说明复配保鲜剂有助于保持冻藏鱿鱼肉品的光泽度。

（6）复配保鲜剂对冻藏鱿鱼质构的影响 质构是评价食品品质的重要指标，能反映食品的软硬程度、咀嚼性和弹性。本研究采用 TPA 方法对鱿鱼肌肉组织的硬度（最大剪切力）特性进行分析。复配组和对照组的最大剪切力都随冻藏时间的延长而降低（图 4–20），复配组的下降速度低于对照组，复配组和对照组差异显著（$P < 0.05$）。影响剪切力的因素有很多，pH、脂质氧化、酶水解、预处理方式、甲醛的形成、碳酸盐和冷冻保护剂等都会对剪切力产生影响。复配保鲜剂对于减缓鱿鱼质构变化有一定的作用，但其对鱿鱼咀嚼性和弹性方面的影响仍需进一步研究。

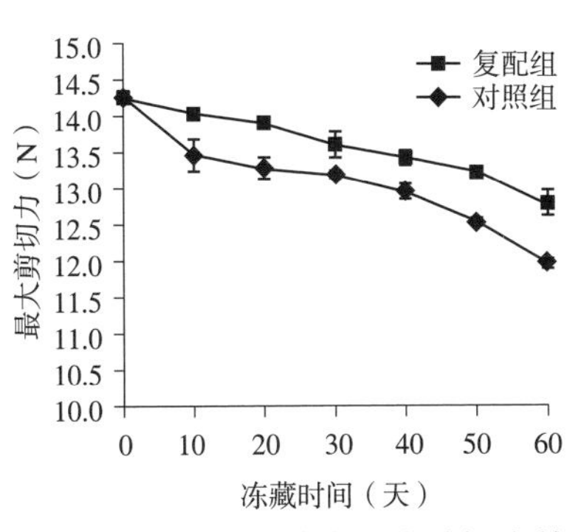

图 4–20 鱿鱼冻藏中最大剪切力的变化

4.4.2.3 小结

选取保鲜效果较好的海藻糖、乳酸钠和混合磷酸盐进行复配，通过 3 因素 3 水平的 $L_9(3^4)$ 的正交试验，以持水率、盐溶性蛋白质含量、活性巯基含量为指标，用综合评分法分析了鱿鱼在 –20℃

冻藏条件下的品质变化。根据正交试验结果和方差分析，各因素对冻藏鱿鱼保鲜效果影响的主次顺序为：海藻糖＞乳酸钠＞混合磷酸盐。海藻糖和乳酸钠的添加量对正交试验结果有极显著的影响（$P < 0.01$），混合磷酸盐添加量对试验有显著影响（$P < 0.05$）。实验得出的复配保鲜剂的最佳配比浓度是：海藻糖 5%、乳酸钠 6%、混合磷酸盐 0.5%。

在 –20℃冻藏 60 天后，复配组和对照组的持水力、盐溶性蛋白、活性巯基含量分别为 87.76%、77.04%；28.86 mg/g、14.96 mg/g；5.16×10^{-5} mol/g、3.15×10^{-5} mol/g。复配组和对照组持水力和盐溶性蛋白含量呈极显著差异（$P < 0.01$），活性巯基含量差异显著（$P < 0.05$）。色差试验显示复配组和对照组 L^* 值差异极显著（$P < 0.01$），质构试验显示复配组和对照组最大剪切力差异显著（$P < 0.05$）。通过验证，发现复配保鲜剂对于提高冻藏鱿鱼的持水率，减缓盐溶性蛋白含量和活性巯基含量的下降速率有显著的作用。同时复配保鲜剂有助于保持冻藏鱿鱼肉品的光泽度，减缓鱿鱼质构变化。说明复配保鲜剂对 –20℃贮藏条件下的鱿鱼保鲜效果显著。

4.5 深加工技术研究

4.5.1 鱿鱼足酶法去皮工艺优化

以秘鲁外海茎柔鱼足为原料，选用动物蛋白水解酶、中性蛋白酶、碱性蛋白酶、木瓜蛋白酶酶解去除鱿鱼足表皮，确定优选酶。进而对酶的物料比、酶解温度、时间、酶加量进行考察，优化鱿鱼足去皮工艺。

4.5.1.1 样品处理

将秘鲁外海茎柔鱼足流水解冻，选取粗细相同，表皮色泽相近的鱿鱼足，清洗干净，切成 20 cm 左右的小段备用。

4.5.1.2 实验方法

（1）**蛋白酶活力的测定及筛选**　根据文献［Kamarudlin M S,

Jones D A, Vay L L, et al. Ontogenetic change in digestive enzyme activity during larval development of macro brachium rosenbergii［J］. Aquaculture, 1994, 123（30）: 323–330.］测定酶活力并在料液比 2∶10（m∶V）、加酶量 0.30% 的条件下，选用中性蛋白酶、木瓜蛋白酶、碱性蛋白酶、动物蛋白水解酶 4 种蛋白酶分别在各自最适作用条件下对鱿鱼足进行酶解去皮 30 min，以酶解去皮后 L^* 和感官评分为指标进行比较，选取最优酶。

（2）**优选酶酶解工艺的单因素实验** 考虑到实际生产的便利性和优选酶动物蛋白水解酶作用特性，实验 pH 选为 7。以感官评分和色差中的 L^* 值为评价指标，考察物料比、温度、时间、加酶量对鱿鱼足酶解去皮效果的影响。基本条件为温度 60℃、时间 30 min、加酶量 0.20%，改变其中一个条件，其他条件不变，分别考察各因素影响水平。其中各因素水平梯度为：物料比 1∶10、2∶10、3∶10、4∶10、5∶10、6∶10（m∶V）；温度 45℃、50℃、55℃、60℃、65℃、70 ℃；加酶量 0.05%、0.10%、0.15%、0.20%、0.25%、0.30%；时间 10 min、20 min、30 min、40 min、50 min、60 min。在单因素的基础上，设计响应面优化酶解鱿鱼足去皮工艺。

（3）**色差的测定** 使用美国 Microptix Corporation S560 型色差仪测定样品的 L^*、a^*、b^* 值。其中，L^* 表示亮度，即样品黑白度；$+a^*$ 表示红，$-a^*$ 表示绿；$+b^*$ 表示黄，$-b^*$ 表示蓝。

（4）**感官评定方法** 由 12 人组成评定小组采用双盲法，并以肌肉色泽、皮肉脱离程度、组织硬度为感官评定指标对酶解产品进行打分，评定之前需对评价员进行培训，明确本实验的目的意义以及感官评定的指标（表 4–31）。评测过程中，各位评价员之间不允许讨论交流。

（5）**对照组和优化组质构和颜色对比验证** 将未经处理的对照组和实验最终优化得到的样品切成 20 mm × 20 mm × 20 mm 大小的方块，使用 TMS–Pro 型质构仪对样品进行 TPA 试验，采用 P/5 柱形探头，测试速度为 60 mm/min，应变量为 50%，触发力为 0.2 N，每

表 4–31 鱿鱼足感官评分标准

皮肉分离效果	分 值	肌肉颜色	分 值	肌肉组织硬度	分 值
较差	0 ~ 8	斑状红较多	0 ~ 8	较软	0 ~ 3
差	9 ~ 16	粉红，尚有少量斑状红	9 ~ 16	软	4 ~ 7
较好，尚有少量肉带皮	17 ~ 25	微红	17 ~ 25	微软	8 ~ 11
基本分离	26 ~ 34	白	26 ~ 34	硬	12 ~ 15
完全分离	35 ~ 40	较白	35 ~ 40	较硬	16 ~ 20

组平均测定 10 次。使用便携式色差仪对对照组和优化组鱿鱼足肌肉直接进行颜色（RGB）测定。

4.5.1.3 数据分析

单因素实验数据用 Microsoft Excel 2007 进行分析，测定数据每组至少采用 9 个平行。结果以平均值 ± 标准偏差表示。响应面优化实验用 Design-expert 8.0.6 软件对数据进行相关分析。

4.5.1.4 结果与分析

酶的种类对 L^* 值和感官评分的影响如表 4–32。由表可以看出，不同酶水解鱿鱼足去皮效果有明显的不同，其中动物蛋白水解酶效果最好，碱性蛋白酶效果最差。这可能是由于动物蛋白水解酶主要由蛋白内切酶、外切酶和风味酶等组成，可通过内切酶从中间切断

表 4–32 酶的种类对鱿鱼足 L^* 值和感官评分的影响

蛋白酶种类	最适 pH	最适温度（℃）	L^* 值	感官评分
木瓜蛋白酶	3.0 ~ 9.5	45 ~ 60	45.14 ± 0.14	69.74 ± 0.44
动物蛋白水解酶	7.0 ~ 8.5	50 ~ 60	59.25 ± 0.31	77.64 ± 0.23
中性蛋白酶	6.0 ~ 7.5	35 ~ 55	55.10 ± 0.07	72.00 ± 0.05
碱性蛋白酶	6.0 ~ 8.5	50 ~ 60	36.82 ± 0.13	63.25 ± 0.40

蛋白内部的肽链和外切酶从短肽链的末端切断释放氨基酸，从而使酶作用更具有效率。根据比较结果，实验选取动物蛋白水解酶作为鱿鱼足去皮工艺的优选酶。

图 4-21 ~ 图 4-24 是优选酶（动物蛋白水解酶）酶解工艺的单因素实验结果。由图 4-21 可看出，当物料比在 1∶10 ~ 2∶10 时，L^* 值和感官评分随物料比的增加而迅速增长，当物料比大于 2∶10 时，感官评分逐渐减小，L^* 值变化不明显。在工厂实际生产中，料液比极难控制在特定数值上，而且参考徐锦等和马小燕等在动物蛋白水解酶水解肉类产品的研究中物料比均为 2∶10，故本实验物料比确定为 2∶10，而不再做进一步的响应面优化分析。

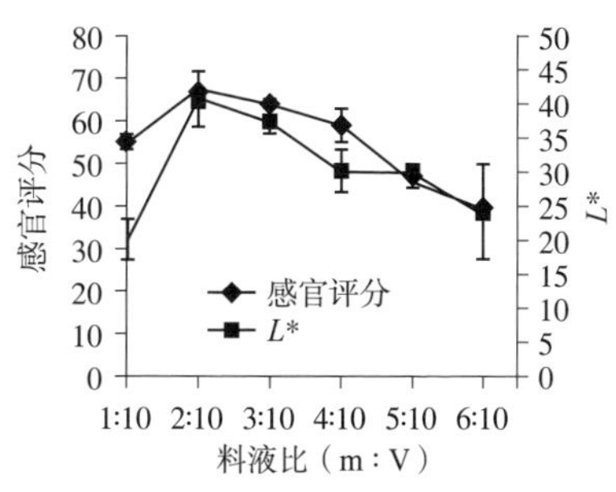

图 4-21　L^* 值和感官评分随物料比变化曲线

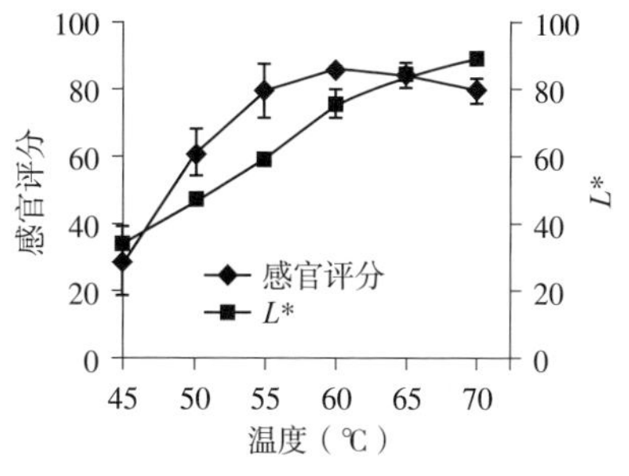

图 4-22　L^* 值和感官评分随温度变化曲线

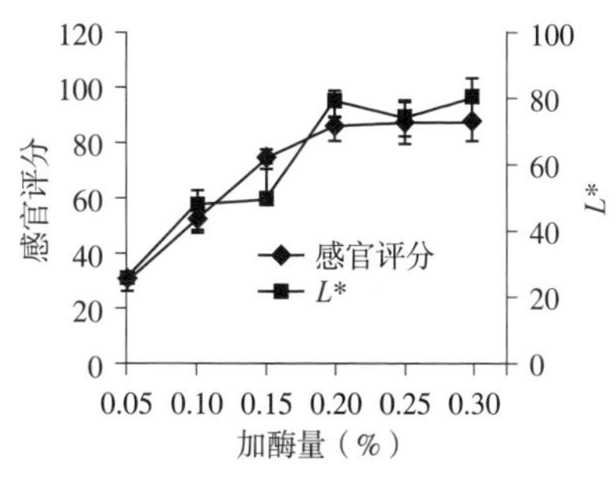

图 4-23　L^* 值和感官评分随加酶量变化曲线

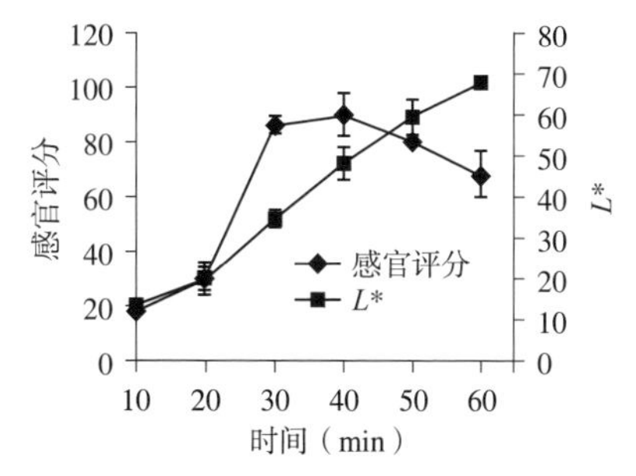

图 4-24　L^* 值和感官评分随时间变化曲线

选取对酶解效果影响较大的加酶量（A）、温度（B）、时间（C）作为考察变量，L^*（Y_1）、感官评分（Y_2）为响应值，利用响应曲面分析法优化鱿鱼足酶法去皮工艺，实验设计因素水平见表 4–33。用 Design–expert 8.0.6 软件拟合并考虑实际工艺的成本和可行性，将酶解工艺参数修正为加酶量 0.25%、温度 61℃、时间 45 min，根据修正后的最优工艺进行 3 次重复试验，其 L^* 值为 88.67，感官评分为 97.32，此时感官效果为皮肉完全分离，色泽洁白明亮，肉质与原料无差。并经过质构及 RGB（表 4–34）验证在此条件下酶解去皮后鱿鱼足效果明显，可直接用于企业生产环节，具有实际应用意义。

表 4–33　鱿鱼足酶解去皮响应面设计因素和水平

编码水平	因素		
	A 加酶量（%）	B 酶解温度（℃）	C 酶解时间（min）
1	0.15	55	30
0	0.20	60	40
–1	0.25	65	50

表 4–34　对照组和优化组 RGB 和质构特性比较

	R	G	B	硬度（N）	内聚性	弹性（mm）	胶黏性（N）	咀嚼性（mJ）
对照组	54	50	57	33.90 ± 0.34	0.42 ± 0.24	3.06 ± 0.45	14.15 ± 0.09	29.88 ± 0.23
优化组	253	250	245	27.90 ± 0.15	0.41 ± 0.39	2.71 ± 0.16	9.05 ± 0.17	36.06 ± 0.07

4.5.2　水分含量对软烤鱿鱼足片质构和色泽的影响

在软烤鱿鱼足片工艺中，水分含量是影响产品贮藏性和质地的关键因素，通过分析不同水分含量下软烤鱿鱼足片质构和色泽的变化，结合感官评分，以确定软烤鱿鱼足片工艺的最适水分含量，旨在为鱿鱼足片的加工提供一定的参考数据。

4.5.2.1 样品制备

制备流程：冷冻北太平洋柔鱼足→解冻→酶法去皮→蒸煮→冷却→沥水→切片→大小分级→调味浸渍（10℃以下放置 24 h）摆盘→焙干（70℃）→冷却→烘烤（170℃，5 min）→冷却→真空包装→二次杀菌（90℃，50 min）→冷却吹干→包装

在干燥过程中，控制干燥时间，得到不同水分含量的样品。

4.5.2.2 实验方法

（1）**水分含量测定** 常压（103 ± 2）℃加热干燥法，将样品在该温度下干燥至恒重。平行测定 2 次。

（2）**水分活度测定** 将样品捣碎平铺于样品盒，以完全覆盖样品盒底为标准，样品盒打开盖放入水分活度仪中，（25 ± 0.1）℃进行测定，当读数稳定时即可从显示屏上直接读出样品的水分活度。平行测定 2 次。

（3）**色泽与 TPA 测定** 方法同 3.1.2.3 和 3.1.2.5。

（4）**感官评定方法** 由 6 名经过培训的评价员组成感官评价小组，评价样品的色泽、质地、口味和气味，采用 10 分制评分：10 分为最好品质，5 分为可接受点，0 分为极差。评分规则见表 4–35。

表 4–35 软烤鱿鱼足片感官评定规则

项目	10 分标准	5 分标准	0 分标准
色泽	足片有光泽，稍泛黄	足片稍有光泽	足片没有光泽，颜色稍褐
质地	硬度适中，足片有一定弹性	较硬，足片稍有弹性	非常硬，足片无弹性，易碎
口味	味鲜美，有回味	味道一般，回味不足	鲜味不足，味淡
气味	有鱿鱼烤片固有的香味	香味不足	有油烧味

4.5.2.3　数据处理

试验过程中随机取样，每项指标至少取 3 组样品进行平行测定，数据采用 Microsoft Excel 2007 统计软件进行处理分析。

4.5.2.4　结果与分析

从实验结果（图 4–25、图 4–26，表 4–36、表 4–37）可以看出软烤鱿鱼足片的硬度、胶黏性、咀嚼性随着水分含量的增加而降低，而且有明显的线性关系。弹性虽然随水分含量的增加而升高，但是变化规律不明显，内聚性基本不随水分含量的变化而变化。用 Lab 和 RGB 颜色空间分别表示软烤鱿鱼足片不同水分含量下其色泽的变化。Lab 中 L^* 随着水分含量的增加而缓慢升高；a^* 随着水分含量的增加亦有下降的趋势，但是差别都不显著（$P > 0.05$）；b^* 随水分含量的增加而降低，差别显著（$P < 0.05$）。L^* 的大小表示光泽度，而 $+b^*$ 表示黄度。水分含量为 37%、39%、43% 和 41% 时，软烤鱿鱼足片颜色属于黄色系；水分含量为 45% 时的色泽太浅，不及前四者。从感官评定中可以看出，随着水分含量的增加，软烤鱿鱼足片制品的质地、色泽、口味、气味的评分都有所上升。水分含量为 43% 时，制品的质地、色泽、口味和气味都要优于其他水分含量时。

通过对不同水分含量软烤鱿鱼足片质构、色泽的分析，结合感官评定，认为水分含量为 43% 时品质最佳。

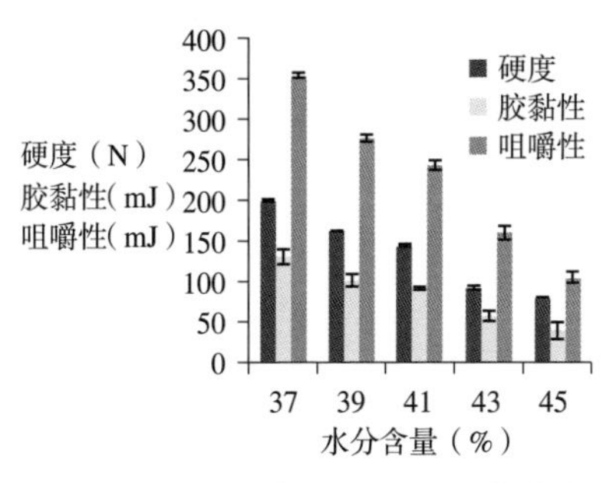

图 4–25　水分含量对硬度、胶黏性、咀嚼性的影响

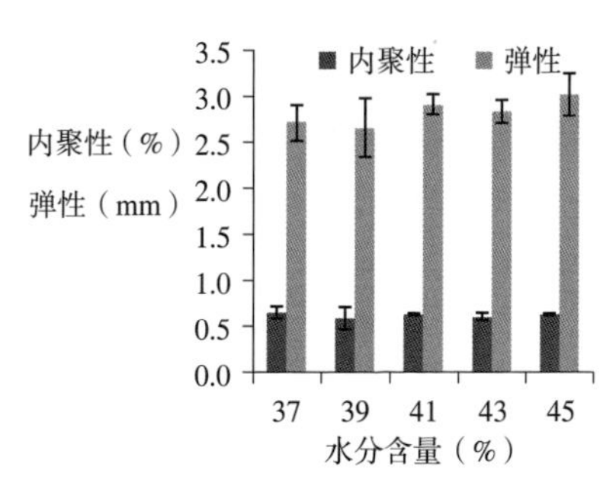

图 4–26　水分含量对内聚性和弹性的影响

表 4–36 不同水分含量对软烤鱿鱼足片色泽的影响

水分含量（%）	L^*	a^*	b^*	R	G	B
37	92	5	45	241	239	186
39	93	4	28	244	233	201
41	93	2	19	241	245	199
43	95	2	10	250	246	197
45	95	0	1	241	246	202
对照组	97	0	0	255	250	250

表 4–37 不同水分含量软烤鱿鱼足片的感官评分

水分含量（%）	质地	色泽	口味	气味	综合评分
37	4.08 ± 0.32	9.21 ± 0.33	6.31 ± 0.34	6.12 ± 0.52	6.42
41	7.89 ± 0.12	8.89 ± 0.13	7.13 ± 0.12	7.38 ± 0.64	7.82
43	9.13 ± 0.45	8.65 ± 0.54	8.56 ± 0.65	8.28 ± 0.25	8.66
45	9.45 ± 0.31	5.12 ± 0.46	8.04 ± 0.13	8.18 ± 0.31	7.70

4.5.3 响应面法优化鱿鱼内脏酶解工艺的研究

4.5.3.1 材料与方法

秘鲁外海茎柔鱼为捕捞船于 2013 年 10 月在赤道公海区域捕捞，船上冻结后在 –20℃条件贮藏运输至实验室，在室温流水解冻，取出鱿鱼内脏绞碎后于 –80℃贮藏备用。

（1）**鱿鱼内脏酶解工艺流程** 鱿鱼内脏 40 g →流水解冻→加 40 g 水匀浆→ 100℃水浴加热 10 min →冷却后加水 80 g →调节 pH →在设定恒温水浴中预热 20 min，加酶酶解→ 100℃水浴 20 min，灭酶→离心 12 000 rpm/min，40 min →收集上清液，备用。

（2）**酶解工艺最优参数的确定** 在单因素实验时，依次改变

pH、温度、酶解时间、蛋白酶添加量等因素，以水解度作为评价指标，进行研究分析，并确定因素水平的最佳参数进行响应面分析。

4.5.3.2 结果与讨论

（1）**蛋白酶对鱿鱼内脏水解效果分析** 由于生物蛋白酶的专一特性，不同的蛋白酶对同一作用底物具有不同的酶解效果。本研究采用6种蛋白酶，酶加量均为0.5%，分别在其最适温度和pH条件下，对鱿鱼内脏进行保温酶解5 h，以水解液的水解度和氮收率为指标，探讨不同蛋白酶对鱿鱼内脏的水解效果。由表4–38可知，胰蛋白酶酶解鱿鱼内脏的水解度最高达71.0%，中性蛋白酶次之为61.5%，木瓜蛋白酶水解度最低仅为41.7%。蛋白质的水解度是指蛋白质在水解过程中被裂解的肽键数与给定蛋白质肽键数总数之比，因此水解度越高，水解效果越好。水解液中水解度越大，氮收率亦越高；其中胰蛋白酶和中性蛋白酶作用下的鱿鱼内脏水解液中的氮收率最高，分别高达52.7%和52.0%。由于目前鱿鱼内脏的深加工主要为首先分解成短肽或氨基酸，然后进行鱿鱼内脏制品的加工。因此，综合这两个指标，确定最适合于鱿鱼内脏水解的蛋白酶为胰蛋白酶。研究还表明，木瓜蛋白酶、中性蛋白酶对于鱿鱼的酶解效果更为显著。本结论与之前文献报道结论是不符的，可能与鱿鱼的品种，酶解底物的处理方式，以及胰蛋白酶的来源和酶活性等原因有关。

表4–38 蛋白酶对鱿鱼内脏水解效果

蛋白酶	最适温度（℃）	最适 pH	水解度（%）	氮收率（%）
胰蛋白酶	50	8.0	71.0	52.0
中性蛋白酶	50	7.0	61.5	52.7
碱性蛋白酶	50	8.0	57.5	46.5
风味蛋白酶	50	7.0	51.0	45.6
木瓜蛋白酶	55	5.5	41.7	44.8

（2）**pH 对鱿鱼内脏水解效果的影响** 利用胰蛋白酶水解鱿鱼内脏过程中，控制体系的酶解温度为 50℃，酶加量为 0.5%，酶解时间为 5 h，设置不同的 pH。鱿鱼内脏的水解度和氮收率随着 pH 的升高，呈现先增后减的趋势：pH 在 < 8.0 时，鱿鱼内脏的水解效果随 pH 的升高，缓慢提高；在 pH 为 8.0 时，水解效果最佳；当 pH > 8.5 时，鱿鱼内脏的水解度急剧下降，酶解效果明显减弱（图 4–27）。综合考虑两项评价指标的最佳 pH，选取 7.5、8.0、8.5 继续对鱿鱼内脏酶解做响应面分析，并确定最佳的 pH。

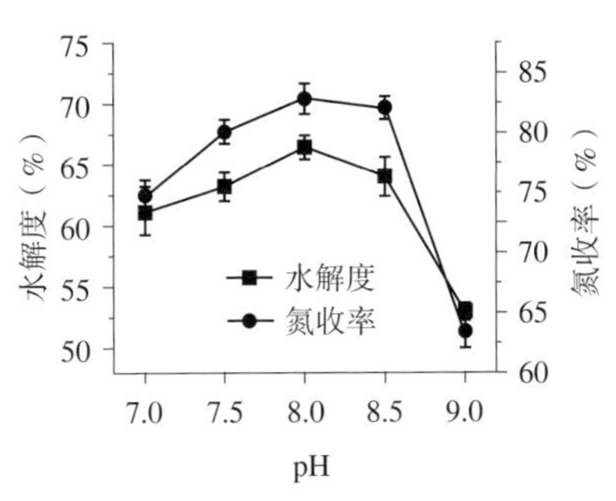

图 4–27 pH 对鱿鱼内脏水解效果的影响

（3）**酶解温度对鱿鱼内脏水解效果的影响** 利用胰蛋白酶酶解鱿鱼内脏过程中控制体系 pH 为 8.0，酶加量为 0.5%，酶解时间为 5 h，设置不同的酶解温度，研究酶解温度对鱿鱼内脏水解效果的影响。随着酶解温度的提高，鱿鱼内脏的水解程度逐渐提高。当酶解温度达到 45℃时，水解度和氮收率均达到最大值，分别为 66.4% 和 84%。当酶解温度超过 45℃时，水解度和氮收率两项指标均呈现明显下滑趋势，但仍高于 35℃时的指标数值（图 4–28）。综合考虑两评价指标的最佳酶解温度，选取 40℃、45℃、50℃继续对鱿鱼内脏酶解做响应面分析，以确定最佳酶解温度。

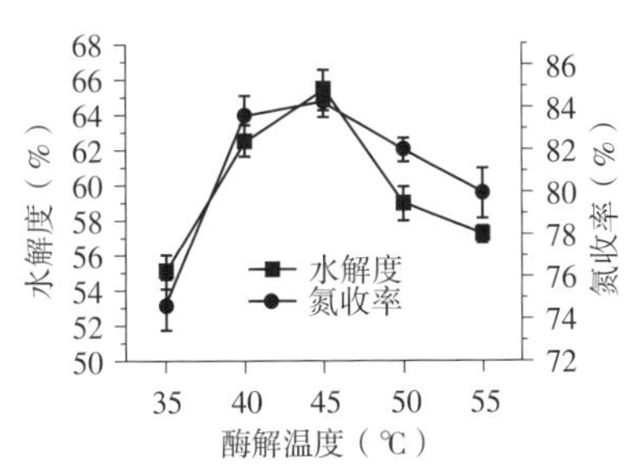

图 4–28 酶解温度对鱿鱼内脏水解效果的影响

（4）**酶解时间对鱿鱼内脏水解效果的影响** 利用胰蛋白酶酶解鱿鱼内脏过程中控制体系 pH 为 8.0，酶加量为 0.5%，酶解温度为 45℃，设置不同的酶解时间，研究酶解时间对鱿鱼内脏水解效果的影响。在酶解时间小于 4 h 时，鱿鱼内脏的水解程度随着酶解时间的延长逐渐提高。当酶解时间超过 4 h 时，水解度和氮收率并未随着酶解时间的延长而提高。酶解时间为 4 h 时，鱿鱼内脏的酶解效果最佳（图 4–29）。考虑到工厂实际生产需要以及节约工时，并结合两评价指标的最佳酶解时间，选取 3 h、4 h、5 h 继续对鱿鱼内脏酶解做响应面分析，并确定最佳的酶解时间。

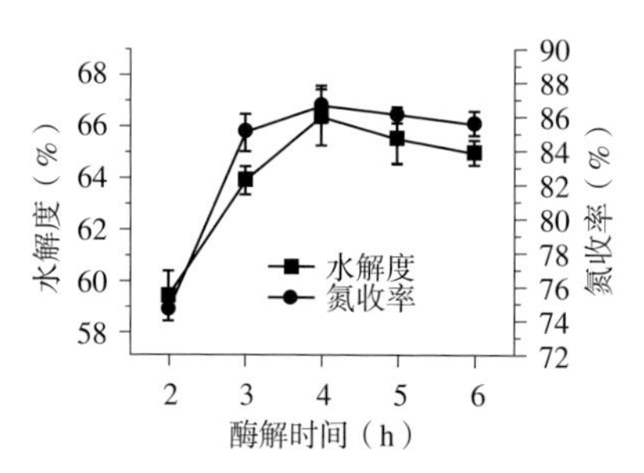

图 4–29　酶解时间对鱿鱼内脏水解效果的影响

（5）胰蛋白酶添加量对鱿鱼内脏水解效果的影响　利用胰蛋白酶酶解鱿鱼内脏过程中控制体系 pH 为 8.0，酶解温度为 45℃，酶解时间为 4 h，设置不同的酶添加量，研究酶添加量对鱿鱼内脏水解效果的影响。当胰蛋白酶的添加量为 0.3% 时，鱿鱼内脏酶解后的水解度和氮收率均达到最大值，且随着酶添加量的提高，鱿鱼内脏酶解后的两个指标基本呈稳定状态，变化较小（图 4–30）。由此可表明，当酶添加量为 0.3% 时，鱿鱼内脏蛋白酶解较为充分。为节约生产成本，并结合两评价指标的最佳酶添加量，选取 0.2%、0.3%、0.4% 继续对鱿鱼内脏酶解做响应面分析，并确定最佳的酶添加量。

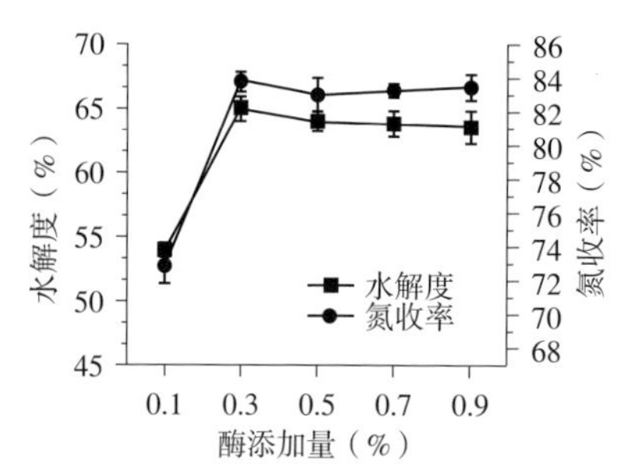

图 4–30　酶添加量对鱿鱼内脏水解效果的影响

（6）响应面法酶解条件优化　根据 Box–Behnken 中心组合实验设计原理，综合分析单因素实验，确定适合于鱿鱼内脏水解的蛋白酶为胰蛋白酶，选取对鱿鱼内脏水解影响的 4 个因素（胰蛋白酶添加量、pH、酶解温度、酶解时间）设计了 4 因素 3 水平的响应面分析实验。根据回归方程，做出响应面分析图，考察所拟合的相应曲面的形状，分析 pH、酶解温度、酶解时间和酶添加量对鱿鱼内脏酶解水解度的影响（图 4–31 ~ 图 4–36）。

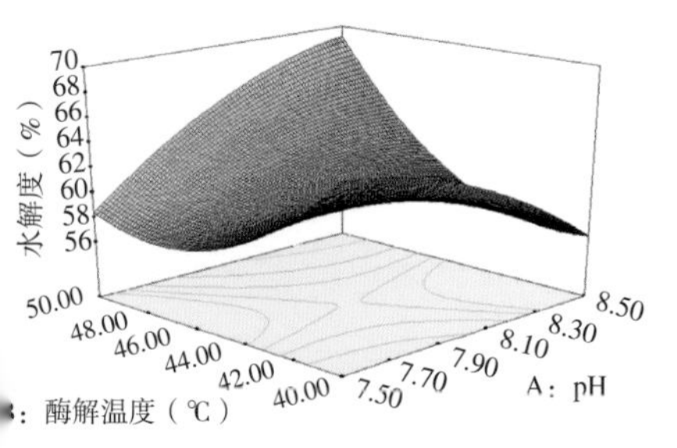

图 4–31　pH 和酶解温度对水解度影响的响应面

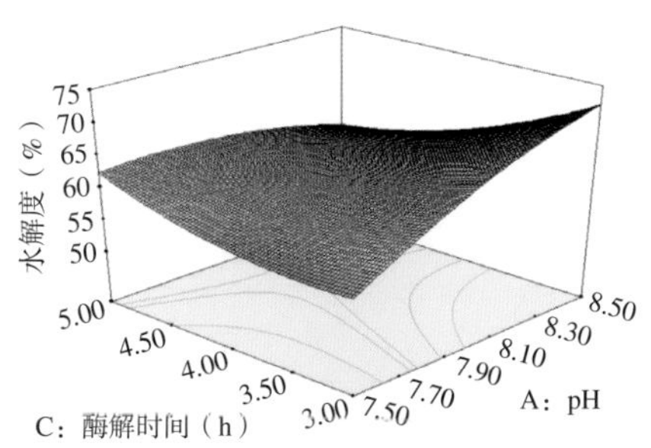

图 4–32　pH 和酶解时间对水解度影响的响应面

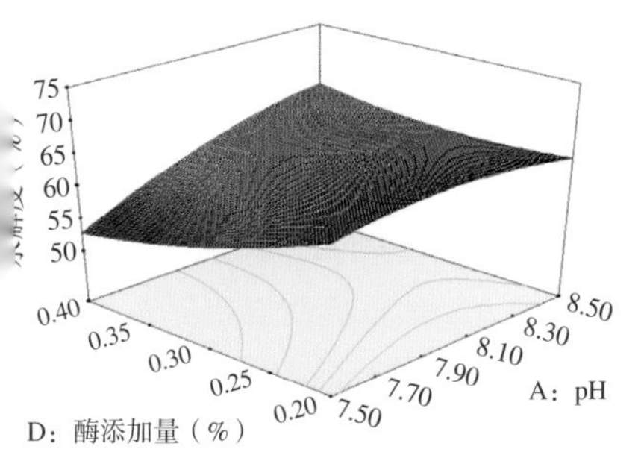

图 4–33　pH 和酶添加量对水解度影响的响应面

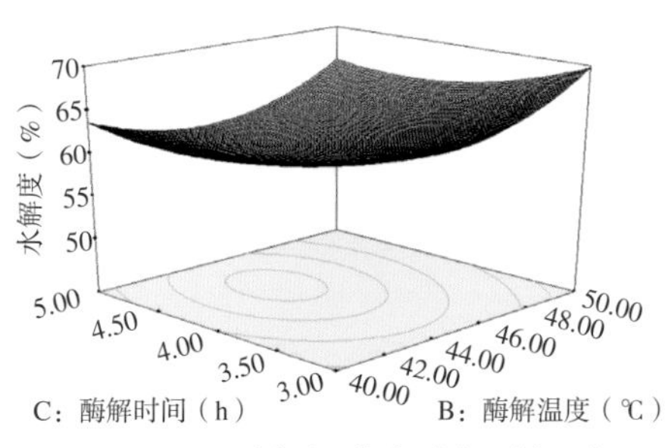

图 4–34　酶解温度和酶解时间对水解度影响的响应面

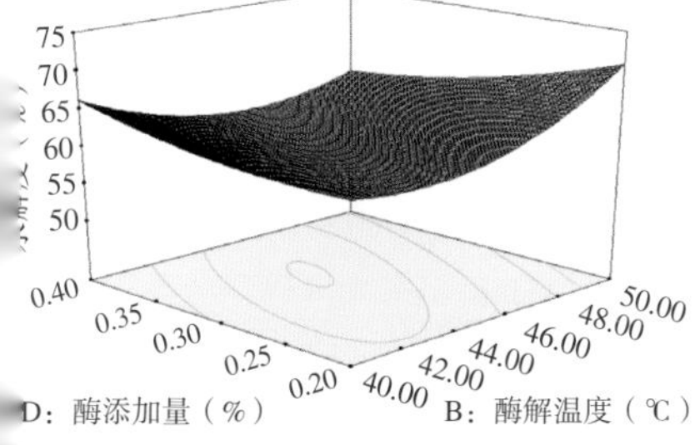

图 4–35　酶解温度和酶添加量对水解度影响的响应面

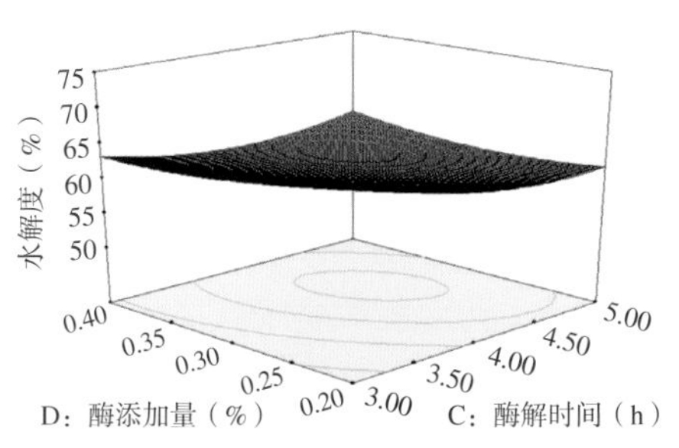

图 4–36　酶解时间和酶添加量对水解度影响的响应面

由 Design Expert 8.0.6 软件分析得到胰蛋白酶酶解鱿鱼内脏的最佳工艺条件为 pH 8.06，酶解温度 43℃，酶解时间 4.15 h，酶添加量 0.27%，鱿鱼内脏酶解后的水解度为 72.62%。为验证响应面模型的可行性，采用修正后的最佳工艺条件，即 pH 8.0，酶解温度 43℃，酶解时间 4.0 h，酶添加量 0.27% 进行鱿鱼内脏酶解验证试验，3 次平行试验水解度的实际值为 73.58%，与回归方程所得预测值相对偏差为 1.32%。该数值表明，通过响应面优化后得到的回归方程能够较好地反映各因素对鱿鱼内脏酶解的影响，回归模型可靠，具有一定的实践指导意义。

4.5.3.3 小结

以鱿鱼内脏为研究对象，选用水解度和氮收率作为衡量鱿鱼内脏酶解工艺的指标，首先筛选出胰蛋白酶最有利于鱿鱼内脏的酶解。在单因素基础上，选用 pH、酶解温度、酶解时间、酶添加量等作为自变量，以水解度作为响应值，利用 Box–Behnken 中心组合设计原理，以及响应面分析方法，模拟得到二次多项式回归方程的预测模型。根据该模型并结合实际，确定鱿鱼内脏酶解的最佳工艺条件为 pH 8.0，酶解温度 43℃，酶解时间 4.0h，酶添加量 0.27%，预测响应值为 72.62%。在此条件下，鱿鱼内脏酶解后的水解度平均值为 73.58%，与预测值的相对偏差为 1.32%，说明通过响应面优化后得出的回归方程高度显著，具有良好的指导意义。通过模型系数显著性检验，得到因素的主效应关系为：酶解时间＞酶解温度＞酶添加量＞ pH。

4.6 综合利用技术研究

4.6.1 利用茎柔鱼废弃物酿制鱼露的研究

以智利外海茎柔鱼废弃物为原料，采用保温（加盐 20%）、加曲保温（加盐 10%，酱油种曲 10%）、加酶保温（加盐 10%，中性蛋白酶 0.15%）等速酿方法和常温自然酿制法（加盐 25%）制备鱼露，料液比均为 1∶1，保温温度为 40℃。酿制过程中，每 5 天测定氨基酸态氮。酿制 30 天后，从色泽、黏稠度和气味等 3 个方面对速酿鱼露作感官评价，并测定保温速酿鱼露中组胺及砷、汞、铅、镉的含量。

酿制过程中氨基酸态氮的变化情况如图 4–37 所示。从图中可以看出，对于速酿样品来说，酿制的前 20 天，各样品的氨基酸态氮增加较为显著，其浓度增加了 15 mg/mL 左右，从 1 ~ 2 mg/mL 上升至 15 ~ 18 mg/mL 左右，20 天后，变化趋缓。加曲和加酶的鱼露氨基酸态氮略高于保温的样品，但三者之间差别不大。对于自然酿制的鱼露，氨基酸态氮呈缓慢上升的趋势，30 天后，仅从初始的 1 mg/mL 左右上升到 6 mg/mL 左右。由此可见，自然酿制的鱼露中蛋白质水解的进程比速酿鱼露缓慢得多。

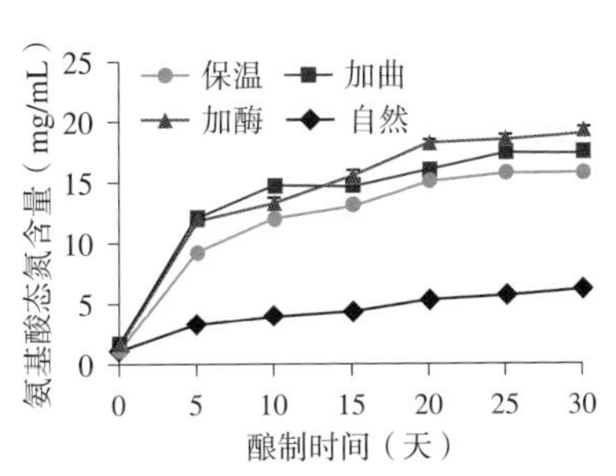

图 4–37　鱼露酿制中的氨基酸态氮含量变化

pH 变化是鱼露酿制过程中发生的复杂生化反应结果的综合体现，在酿制初期，各种生化反应进行得最为明显，pH 变化剧烈。实验结果表明，对于速酿样品来说，20 天内，pH 变化显著，上升速度较快，从弱酸性（pH 5.9 ~ 6.1）升至中性或弱碱性（pH 7.1 ~ 7.5），20 天后，pH 趋于稳定。对于自然酿制的鱼露，虽然 pH 在酿制过程中呈上升趋势，但上升速度缓慢，30 天后，仅从酿制初期的 pH 6.0 左右上升到 pH 6.4 左右。说明在室温下各种反应发生的速度比 40℃保温条件下慢。

酿制 30 天后，对速酿鱼露作感官评价，结果表明 3 个速酿样品在色泽、黏稠度和气味等三个方面有较为明显的差别（表 4–39）。保温和加曲保温速酿的样品香气较浓郁，而加酶速酿的鱼露腥气较重，气味不佳。

表 4-39 感官评价结果

	保温速酿鱼露	加曲速酿鱼露	加酶速酿鱼露
色泽	黄褐色	红褐色	棕褐色
黏稠度	较黏稠	黏稠	黏度较低
气味	酱香、较浓鱼香	鱼香、较浓酱香	较浓鱼腥气

组胺含量是评价水产品质量的常用指标之一，其产生与加工和贮藏环境条件如温度、pH、贮藏时间、含盐度、供氧量以及添加剂等有很大的关系，因食用水产品而导致组胺中毒的事件时有发生。许多国家和地区都对进出口水产品中的组胺含量提出了明确规定，如欧盟和澳大利亚规定水产品中组胺限量标准不得高于 100 mg/kg，美国 FDA 规定进出口水产品中组胺含量不得高于 50 mg/kg，我国规定鲐鱼中组胺含量不得超过 100 mg/100g，其他红肉鱼类中组胺含量不得超过 30 mg/100g。

茎柔鱼属于软体动物，由于其生活习性和生活环境的影响，相比于鱼类，体内更容易富集对人体有害的重金属，如：铅、镉、砷、汞等。《食品中污染物限量》（GB 2762—2005）规定：我国鱼类产品中铅含量不得超过 0.5 mg/kg；镉含量不得超过 0.1 mg/kg；以鲜重计的贝类、虾蟹类及其他水产食品砷标准限量值为 0.5 mg/kg，鱼最高限量值为 0.1 mg/kg，以干重计的贝类及虾蟹类为 1.0 mg/kg；食肉鱼类中甲基汞的限量值为 1.0 mg/kg，其他所有水产品（不包括食肉鱼类）中甲基汞的限量值为 0.5 mg/kg；《无公害食品水产品中有毒有害物质限量》（NY 5073—2006）亦规定我国贝类和头足类铅的限量值为 1.0 mg/kg，镉含量不得超过 1.0 mg/kg。

试验对保温速酿鱼露中组胺及重金属含量进行了测定，结果为：组胺 1 450 mg/kg，铅 0.14 mg/kg，镉 15.60 mg/kg，砷 1.76 mg/kg，汞 0.09 mg/kg，其中组胺、砷和镉的含量均已超标，尤其是镉含量超标 10 倍以上。因此，如不能采取有效方法降低或去除这些有害物质，从安全性考虑，用智利外海茎柔鱼废弃物酿制的鱼露不适于直接作为调味品食用。

4.6.2 利用阿根廷滑柔鱼酿制鱼露的研究

阿根廷滑柔鱼原料经过解冻后，绞碎，分成 3 份，每份重 3 kg。根据三种不同的实验方案进行酿制，各自加入不同比例的食盐和酶，再按照 1∶1（g∶g）的料液比加入水。三种实验方案如下。

（1）**常温酿制** 置于常温（10 ~ 20 ℃），加盐量为 25%（即 750g），加水 3 750 mL

（2）**保温酿制** 置于 40 ℃保温箱，加盐量为 15%（即 450g），加水 3 450 mL

（3）**保温加酶酿制** 置于 40 ℃保温箱，加入 0.3% 的中性蛋白酶（即 10 g），加盐 10%（即 300 g），加水 3 310 mL

加料完毕后，用玻璃棒搅拌使其分布均匀。选用 pH 以及氨基酸态氮作为酿制期间的指标，指标每 7 天测定 1 次。氨基酸组分和重金属含量作为酿制后期指标。

4.6.2.1 pH 变化分析

酿制过程中的 pH 变化如图 4–38 a 所示，可以看出在酿制初期，pH 的增长较为迅速，变化幅度较大，至第 6 周时，渐渐趋于平缓。酿制初期，3 个样品的 pH 均在 6.00 左右，但随着酿制过程的不断进行，pH 逐渐增大，6 周后可达 7.20 左右。

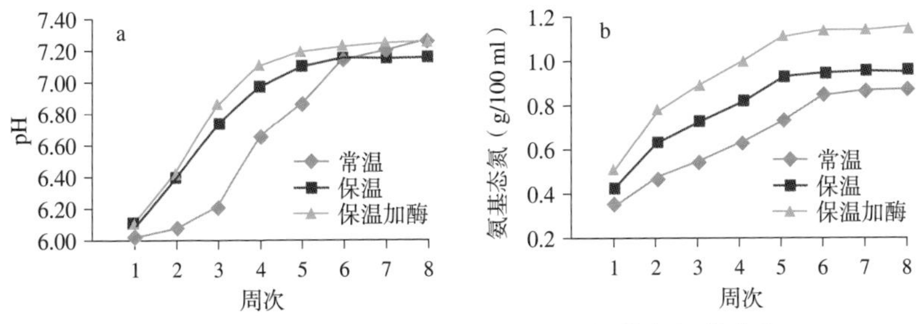

图 4–38 鱼露在酿制过程中 pH 和氨基态氮的变化

4.6.2.2 氨基态氮变化分析

酿制过程中的氨基态氮变化如图 4–38b 所示，可以看出在酿制初期，氨基态氮含量增长较快，至第六周时趋于平缓。3 个样品的氨基态氮含量大小为：保温加酶法＞保温法＞常温法，保温加酶的样品氨基态氮含量最高，8 周时达到了 1.16 g/100 mL，而保温样品和常温样品分别为 0.96 g/100 mL 和 0.88 g/100 mL。这说明常温酿制的鱼露蛋白质水解进程最为缓慢，而保温和加酶的方法都可以起促进作用。

4.6.2.3 氨基酸组分评价

鱼露中的游离氨基酸除营养作用外，还有呈味与增香的作用，其种类和数量决定了鱼露的品质，因此鱼露中游离氨基酸含量是评价鱼露质量好坏的重要指标。

测定结果显示，鱼露中含有多种氨基酸（表 4–40），其中 7 种是人体必需氨基酸：赖氨酸、苯丙氨酸、蛋氨酸（甲硫氨酸）、苏氨酸、异亮氨酸、亮氨酸、缬氨酸；还有半必需氨基酸精氨酸。值得一提的是，氨基乙磺酸（即牛磺酸）是水产动物的特有成分也是鱼露中的特有成分，普通酱油中并不含有该营养成分。

表 4–40 鱼露酿制 8 周后各种游离氨基酸含量（mg/100g）

种类	常温	保温	保温加酶
牛磺酸（Tau）	353.1	668.7	1 384.8
天冬氨酸（Asp）	11.3	91.2	102.9
苏氨酸（Thr）	193.7	228.2	419.5
谷氨酸（Glu）	327.6	762.9	1 830.3
甘氨酸（Gly）	164.9	331.4	365.2
丙氨酸（Ala）	229.5	298.7	721.4
胱氨酸（Cys）	61.3	98.6	326
缬氨酸（Val）	288.4	453.9	993.1

（续表）

种　类	常　温	保　温	保温加酶
甲硫氨酸（Met）	185	312.8	459.7
异亮氨酸（Ile）	277.6	527.6	755.6
亮氨酸（Leu）	434.8	912	1 342
酪氨酸（Tyr）	138.8	0	134.3
苯丙氨酸（Phe）	252.1	358.1	503.1
赖氨酸（Lys）	499.2	728.1	1 749.7
精氨酸（Arg）	85.6	37.5	54.3
脯氨酸（Pro）	0	171.4	0
总氨基酸	3 502.9	5 981.2	11 141.9
必需氨基酸	2 130.9	3 520.8	6 222.7
必需氨基酸占比	61%	59%	56%

3个样品的游离氨基酸含量大小关系为：保温加酶>保温>常温，说明保温加酶的双重作用使鱼露中氨基酸分解的速度加快，游离氨基酸含量较高。必需氨基酸在总氨基酸中所占的比例与前处理方法、样品的酿制条件无明显关系，都在60%左右。

4.6.2.4　安全性评价

试验对保温速酿鱼露中组胺及重金属含量进行了测定，结果为：组胺< 50 mg/kg，铅0.13 mg/kg，镉2.06 mg/kg，砷< 0.04 mg/kg，汞0.071 7 mg/kg，其中，镉的含量超标。柔鱼属于软体动物，由于其生活习性和生活环境的影响，相比于鱼类，体内更容易富集对人体有害的重金属，如：铅、镉、砷、汞等，尤其是镉，一般鱿鱼的镉含量普遍偏高。但重金属大部分存在于内脏中，对于日常食用没有影响。

4.6.3 鱿鱼蛋白短肽的制备和抗氧化特性研究

4.6.3.1 鱿鱼头蛋白酶解工艺的研究

为充分利用鱿鱼加工中产生的废弃物——鱿鱼头，分析了鱿鱼头的一般化学组成，并以其为原料，以水解度为检测指标，研究了酶的种类、加酶量、料水比、pH、温度及酶解时间对水解度（DH）的影响。研究结果表明，风味蛋白酶（Flavourzyme 500 MG）是最佳的酶解鱿鱼头蛋白的酶制剂，在单因素实验基础上，以水解度和超氧阴离子清除率为指标，采用正交实验对其酶解工艺进行了优化，制备水解度较高且抗氧化能力较强的鱿鱼头蛋白水解物的最佳条件为：温度43℃，时间7 h，加酶量800 U/g，料水比1∶3。在此条件下进行验证实验，测得水解度为43.93%，超氧阴离子清除率为52.31%。

4.6.3.2 鱿鱼头蛋白酶水解物抗氧化性研究

采用Flavourzyme 500 MG蛋白酶对鱿鱼头蛋白进行酶解，制备不同水解度的水解物，优化鱿鱼水解物的体外活性检测方法，并测定水解物的抗氧化活性，试图阐明鱿鱼蛋白水解度与其短肽液体外活性强弱的规律。结果表明：随着水解度的逐渐升高，水解物的超氧阴离子自由基清除能力、DPPH自由基清除能力、羟自由基清除能力、还原能力、抗氧化能力、亚铁离子螯合能力、短肽和氨基酸总量等都逐渐增加，在水解度为39.80%时，其各项活性则达到最佳，分别为40.04%、32.72%、45.4%、1.449 mg/mL、0.697 mg/mL、43.34%、12.97 mg/mL和4.49 mg/mL。表明鱿鱼头蛋白水解物具有良好抗氧化作用，有着重要的应用价值。

采用高效凝胶分子排阻色谱法，确定了鱿鱼头蛋白进行酶解物中的肽段分子量大小及含量分布。结果表明，依次选用不同的紫外检测波长、凝胶柱型号、洗脱液流速、上样浓度和洗脱液种类对Sephadex G-50凝胶色谱分离鱿鱼头蛋白酶解物的条件进行了优化，优化结果如下：层析柱1.6 × 70 cm、上样浓度20 mg/mL、蒸馏水洗脱流速 0.5 mL/min、紫外检测波长 220 nm、上样量 3 mL、8 min 收集 1 管。经验证，在此条件下得到的峰图易于分辨且利于收集各个组分。

最后，测定初步分离的不同组分的抗氧化活性。在优化条件下多次富集几种分离组分，并测定不同质量浓度下各样品的抗氧化活性。结果表明，在实验加样浓度范围内，凝胶色谱分离鱿鱼头蛋白酶解物收集得到的 3 种组分（按洗脱时间的先后依次命名为组分 A、组分 B、组分 C，分离前的样品命名为未分离组）均具有一定的抗氧化活性。其中，超氧阴离子清除能力大小为：Vc 最高，组分 C ＞组分 B ＞未分离组 > 组分 A。硫脲促进超氧阴离子的生成，羟自由基清除能力大小为：硫脲最高，组分 C ＞组分 A ＞未分离组＞组分 B，Vc 最低；DPPH 自由基清除能力大小为：Vc 最高，组分 C ＞未分离组＞组分 B ＞组分 A。肽谱分析结果表明，组分 C 中，2.7 ~ 10 kD 的肽段组成占 68%；1.0 ~ 2.7 kD 的肽段含量占 24.38%；1.0 kD 以内的肽段含量占 7.45%。而组分 B 中，3 ~ 10 kD 的肽段组成占 20% ~ 30%；1.0 ~ 2.7 kD 的肽段含量占 13% ~ 22%；1.0 kD 以内的肽段含量占 48% ~ 60%。结合各组分的活性分析，鱿鱼肽水解过度，也就是小分子肽段含量过高，反而对其体外抗氧化活性提高有副作用。鱿鱼活性肽的分子量范围以 2 ~ 10 kD 的范围内比较适宜，鱿鱼肽中最佳活性的分子肽段分子量范围有待于进一步实验确认。

通过南美白对虾饲养实验，得知鱿鱼蛋白酶解物具有促进对虾生长性能。已经验证，在投喂含鱿鱼酶解物的特制饲料 2 ~ 3 周后，具有提高摄食量、增重率的趋势，并具有提高其抗白斑综合征病毒（WSSV）的能力。

4.6.4　鱿鱼内脏制备功能性短肽的初步研究

4.6.4.1　**材料与方法**

秘鲁外海茎柔鱼于 2013 年 10 月在赤道公海区域捕捞，船上冻结后 -20℃贮藏运输至实验室，室温流水解冻，取出鱿鱼内脏绞碎

后于 -80℃贮藏备用。

水解实验方法为选取碱性蛋白酶、中性蛋白酶、胰蛋白酶、动物蛋白酶、风味蛋白酶、木瓜蛋白酶 6 种鱿鱼内脏水解酶，分别把鱿鱼内脏浆放入三角瓶并置于恒温水浴锅，将温度调到 55℃，恒温预热；再向三角瓶中加入定量的蛋白酶，放入事先调节好温度的恒温水浴锅内，计时进行水解。每隔 10 min 用玻璃棒搅拌一次。水解结束后，水解液立即置于沸水浴中加热 10 min，冷却后离心（8 000 r/min，10 min，4℃）得到鱿鱼内脏水解液，冷藏保存，备用。

4.6.4.2 结果与讨论

（1）**水解液总氮含量** 鱿鱼内脏水解液过程中，测定总氮含量与氨基氮含量以筛选较优蛋白酶（表 4-41）。蛋白酶对鱿鱼内脏水解后的水解液总氮量及氨基态氮含量各不相同，动物蛋白酶的水解液总氮量最高 0.806 mg/100 mL，其次是碱性蛋白酶和胰蛋白酶分别为 0.634 mg/100 mL、0.627 mg/100 mL；水解液的氨基态氮含量以胰蛋白酶水解液最高 0.448 mg/100 mL，其次是碱性蛋白酶和中性蛋白酶分别为 0.391 mg/100 mL、0.357 mg/100 mL。

表 4-41 各蛋白水解液的氮含量

酶　制　剂	总氮含量（mg/100 mL）	氨基态氮含量（mg/100 mL）
胰蛋白酶	0.627	0.448
中性蛋白酶	0.622	0.357
碱性蛋白酶	0.634	0.391
动物蛋白酶	0.806	0.336
风味蛋白酶	0.560	0.322
木瓜蛋白酶	0.549	0.280

（2）**蛋白酶的筛选** 蛋白质的水解度是水解液中的总氨基氮量与水解液中的总氮量之比，氮收率为水解液中的总氮量与原料中的总氮量之比，水解得率为原料质量减去残渣质量后与原料质量的比

值。蛋白质的水解度能够有效地反映蛋白质的水解程度，氮收率和水解得率能够有效反映蛋白质的水解效果（表 4–42）。

表 4–42　各种蛋白酶的水解结果（%）

名　称	水 解 度	氮 收 率	水 解 得 率
胰蛋白酶	71.0	52.0	64.4
中性蛋白酶	61.5	52.7	75.0
碱性蛋白酶	57.5	46.5	58.7
动物蛋白酶	57.4	51.6	61.9
风味蛋白酶	51.0	45.6	40.7
木瓜蛋白酶	41.7	44.8	64.3

由于生物蛋白酶的专一特性，不同的蛋白酶对同一作用底物具有不同的酶解效果。采用 6 种蛋白酶，分别在其最适温度和 pH 条件下，对鱿鱼内脏进行保温酶解 5 h，以水解液的水解度和氮收率为指标，探讨不同蛋白酶对鱿鱼内脏的水解效果。6 种蛋白酶的水解度以胰蛋白酶最高为 71.0%，其次为中性蛋白酶和碱性蛋白酶分别为 61.5%、57.5%；氮收率以中性蛋白酶最高 52.7%，其次为胰蛋白酶和动物蛋白酶分别为 52.0%、51.6%；水解得率以中性蛋白酶最高为 75.0%，其次为胰蛋白酶和木瓜蛋白酶，分别为 64.4%、64.3%。综上可知，胰蛋白酶为水解鱿鱼内脏的最优蛋白酶。

（3）不同洗脱梯度短肽分子量分析　胰蛋白酶水解液经 20%、60%、80% 甲醇 – 水梯度洗脱后短肽分子量分布情况见图 4–39。经 20%、60%、80% 甲醇洗脱后的所得短肽分子量分别分布于 100 ~ 1 500、100 ~ 1 400、100 ~ 2 400，不同洗脱梯度所得短肽分子量主要分布区域基本一致，为 100 ~ 800。但 20% 甲醇洗脱后分子量分布最高点在 200 以下，60% 甲醇洗脱后最高分布点在 300 左右，80% 甲醇洗脱后最高分布点与 60% 相似，但存在分子量大于 2 000 的短肽。常见的单个氨基酸分子量在 75.05 ~ 240.33，因此得知水解液中短肽的氨基酸含量在 2 个以上。比较 20%、60%、80% 甲醇梯度洗脱图可知，经 20% 甲醇洗脱后短肽分子量在 1 400 以上有分布点，而经 80% 甲醇洗脱后短肽分子量在 1 600 以上有分布点，而经 60% 甲醇洗脱后短肽分子量在 1 200 以上的分布点相比 20%、80% 甲醇梯度洗脱液其分布点较少，而实验的目的是收集短肽分子，分子量的分布范围应该控制在 150 ~ 1 200，为了提高纯净度，因此综合比较可知 60% 甲醇梯度洗脱更有利于收集目标短肽。

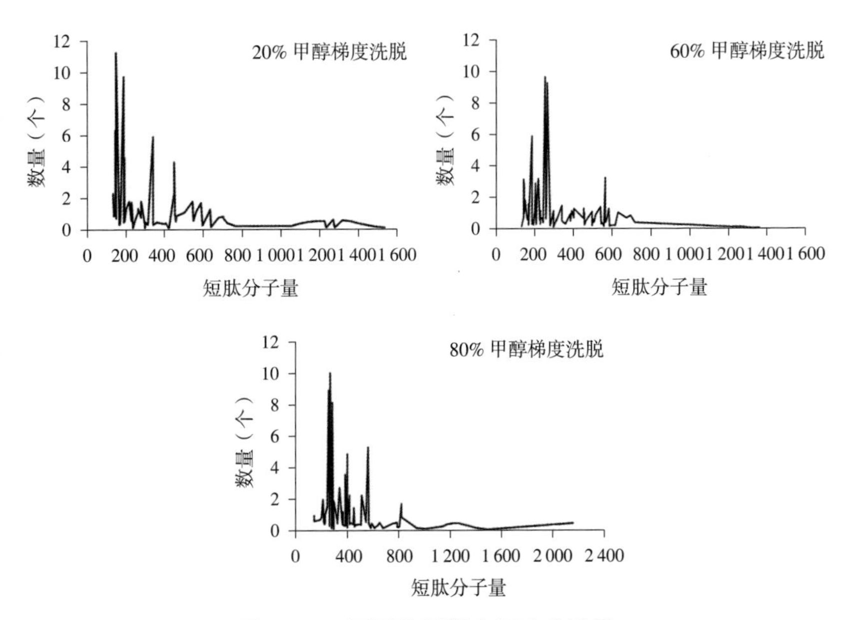

图 4–39　不同洗脱梯度短肽分子量

（4）**不同洗脱梯度短肽 DPPH 自由基清除能力分析**　DPPH 以深紫色稳定自由基的形式存在于乙醇中，它的稳定性是因为 3 个苯环的共振作用形成的稳定的空间障碍，从而使得存在于氮原子之间的孤对电子不能成对相互作用，并且其孤对电子在 517 nm 波长有较强的吸收值，当乙醇溶液中的 DPPH 与抗氧化剂所释放的氢相结合，反应体系的颜色将由紫色逐渐转变为淡黄色，吸光度会降低。当反应达到终点时体系中就会得到稳定的 DPPH–H，而吸光度降低的幅度与自由基清除率呈线性关系，因此可以作为活性物质抗氧化性的评价指标。对照组中的成分为无机盐、水分等，抗氧化成分很少，基本可以忽略不计。60% 洗脱组对 DPPH 自由基的清除能力表现出较强的活性，DPPH 自由基清除率为 40.21%，而 20% 与 80% 洗脱组的 DPPH 自由基清除率分别为 34.68%、36.83%，低于 60% 甲醇洗脱组，这说明鱿鱼内脏水解液中具有一定的抗氧化成分（图 4–40）。

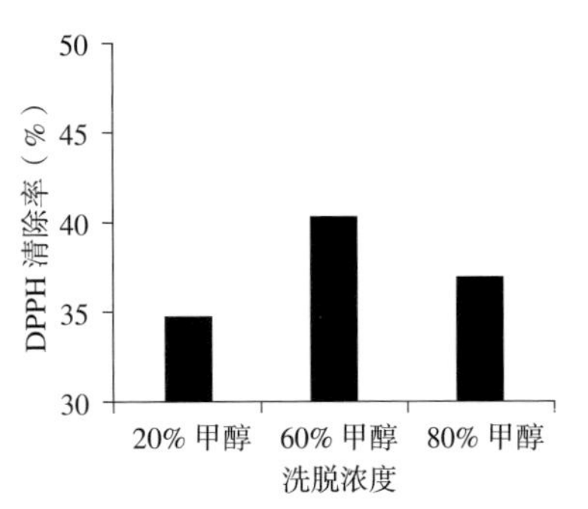

图 4–40　不同洗脱梯度短肽 DPPH 自由基清除率

4.6.4.3　小结

为了选取水解鱿鱼内脏效果较优的蛋白酶，并对鱿鱼内脏的水解液进行分析，测定水解液的分子量分布范围，并对洗脱液的 DPPH 自由基清除能力进行分析。试验测定了碱性蛋白酶、中性蛋白酶、胰蛋白酶、动物蛋白酶、风味蛋白酶、木瓜蛋白酶，对鱿鱼内脏的水解能力，可以得知胰蛋白酶的水解得率较高，经 20%、60%、80% 甲醇洗脱后，质谱分析得知鱿鱼内脏水解液所得短肽分子量在 100 ~ 1 200 之间，其中以分子量 200 左右较多，且 60% 甲醇洗脱后所得短肽的分子量较为适中；不同洗脱梯度短肽 DPPH 自由基清除能力分析得知，60% 甲醇洗脱后所得短肽 DPPH 自由基清除能力较强。由于短肽较氨基酸更易被人体吸收，且鱿鱼资源丰富，因此水解鱿鱼内脏制备功能性短肽可以大幅提高鱿鱼的利用率，能够为海洋资源开发提供新的方向。

4.6.5 鱿鱼精巢开发利用的可行性研究

4.6.5.1 鱿鱼鱼精蛋白提取工艺研究

根据已报道的鱿鱼、鲑鱼、乌鱼、鲤、鲢鱼等鱼精蛋白提取方法设计不同技术路线，从鱿鱼精巢中提取鱿鱼鱼精蛋白。

① 根据孙屏等研究结果，研究鱿鱼精蛋白的分离纯化及其抗菌性，设计技术路线为：柠檬酸分离细胞核法，HCL 提取，TCA 沉淀鱼精蛋白粗品。结果为：1.5%（w/w）柠檬酸匀浆破鱿鱼精巢细胞，低温离心和蔗糖密度梯度离心分离得不到相对纯净的细胞核。不似其他鱼类，鱿鱼精巢解冻后，整个组织非常黏稠，结构致密；匀浆过程中，柠檬酸液体与精巢组织质量比达 40 ~ 100 倍，仍不能获得良好的破碎细胞的效果。后续通过精氨酸坂口反应法测定，所提取的鱼精蛋白获得率极低（$< 1\%$）。

② 鉴于鱿鱼精巢组织在匀浆过程中遇到的问题，结合生物酶解法的原理，试图对鱿鱼精巢组织匀浆后的混合物加入商品蛋白酶进行酶解，观察是否有助于鱿鱼精巢组织破碎和细胞分裂。设计技术路线为：柠檬酸匀浆，生物酶解，1.5 mol 的 H_2SO_4 酸解提取，0.15 mol 的 NaCl 抽提，分级沉淀鱼精蛋白粗品。结果为：所选择的风味蛋白酶（Flavourzyme 500 MG）和复合蛋白酶（proteinase）对鱿鱼精巢组织几乎没有酶解作用，后续提取和沉淀工作以及鱼精蛋白提取率方面未显示出明显优势。

③ 根据钟立人等研究结果，鱿鱼鱼精蛋白的提取、纯化及其生化特性，设计技术路线为：柠檬酸匀浆，1.5 mol 的 H_2SO_4 酸解提取，0.15 mol 的 NaCl 抽提，分级沉淀鱼精蛋白粗品（具体为上清液中加 95% 的冷乙醇沉淀，上清液继续用 30% ~ 50% 的 TCA 沉淀鱼精蛋白粗品）。具体提取鱼精蛋白流程如下：在精巢组织液中加入 0.1 M 柠檬酸后匀浆 10 min，采用 0.1 ~ 0.3 M H_2SO_4，40℃水浴酸解一定时间，0.15 mol/L NaCl 按照不同体积比进行抽提，过滤后上清液与等量 95% 冰乙醇混合，冷藏一夜，去除沉淀的杂蛋白，上清液用真空旋转浓缩仪进行浓缩，去除大部分乙醇和水后，上清液直接冷冻

冻干作为产品A；或者添加等体积30%的TCA沉淀，去除上清液后，将沉淀鱼精蛋白用丙酮清洗2次，去除残留的TCA，将沉淀蛋白进行冷冻冻干，作为产品B。通过在鱿鱼鱼精蛋白的提取过程中采取不同的匀浆时间，不同的酸解时间，酸解温度，以及酸解所用硫酸的不同浓度进行对比实验，对其提取工艺进行优化。正交试验设计选取酸解硫酸浓度，酸解时间，酸解温度3个提取工艺因素作3因素3水平正交实验。酸解硫酸浓度3水平定为1.0 mol/L、1.5 mol/L、2.0 mol/L，酸解时间3水平定为90 min、120 min、150 min，酸解温度3水平定为30℃、40℃和50℃。以提取液中的总氮含量（凯氏定氮法），总蛋白含量（考马斯亮蓝法），精氨酸含量（坂口反应）为指标，优化提取工艺。经试验证明，最优提取条件为：酸解所用硫酸浓度为1.0 mol/L，酸解时间为120 min，酸解温度为50℃。实验提取结果得率在0.4% ~ 0.8%。对产品A和B进行杀菌实验，结果表明，所提取的鱼精蛋白产品需要在较高浓度（0.5 mg/ml）以上的浓度下才有一定的杀菌活性。故想要获得杀菌活性更强、得率更高的鱼精蛋白产品，还需要对提取工艺进一步改进。

实验证实，用已报道的鲑鱼、乌鱼、鲤鱼、鲢鱼等提取鱼精蛋白的方法来提取鱿鱼鱼精蛋白并不适用，而文献报道的关于鱿鱼鱼精蛋白的提取方案，我们也无法复制出相似的实验结果。如文献中报道4 ~ 5倍的柠檬酸对鱿鱼精巢组织进行匀浆，实际实验中，即使柠檬酸添加到鱿鱼精巢组织的40 ~ 100倍，获得的鱿鱼精巢组织匀浆产物仍为黏滞的糊状物。另外，我们实验中最后获得的蛋白粗提物无法顺利溶解在水中。而根据其他研究者的发现：鱼精蛋白以DNA–蛋白质的形态存在，可用硫酸使其分离，制成鱼精蛋白硫酸盐不溶于酒精或乙醚，但易溶于水。本研究中推测实验中最后所得鱼精蛋白产物虽然用丙酮进行反复洗涤、离心，但是仍旧有少量的TCA渗入分子内部而使之较难被完全除去，从而影响下游的开发利用。鱼精蛋白提取纯化工作中，最迫切需要解决的问题是鱼精蛋白的得率太低（笔者课题组反复实验，得率未能超过1%）。

4.6.5.2 鱿鱼精巢开发利用的可行性研究

鉴于前期提取鱿鱼鱼精蛋白工作中存在的问题，笔者查阅国外与鱼类精巢利用的相关文献获知，国外对鲑鱼精巢的开发，主要作为人类的保健品，且精巢组织的处理方式不同，得到的产物也有差异。因此笔者也对鱿鱼精巢组织的直接利用做了一定的探索工作，结果如下。

实验表明，鱿鱼精巢组织去掉结缔组织后的样本，经 105℃烘干后，干物质含量在 26.26% ~ 29.73% 之间（表 4–43）。精巢组织在烘干前进行一定的 80℃水浴前处理，水浴 3 min，随着处理时间的延长，获得的干物质的百分比逐渐降低，这可能是因为随着水浴时间的延长，鱿鱼精巢组织中少量可溶性成分随着水蒸气而流失。

表 4–43　干物质含量随时间的变化

水浴处理时间（min）	0	3	6	9	12	15
干物质含量（%）	27.23	29.73	27.89	27.04	26.54	26.26

100 克鱿鱼精巢组织在烘干前进行 80℃水浴 6 min，然后组织经 85℃烘干 10 h，而不经处理的组织烘干时间为 15 h。这一实验结果表明，经处理的鱿鱼精巢组织在处理过程中，组织细胞间紧密的联系被或多或少地打断，使其在烘干处理中，组织细胞里的水分子更易被加热逸出，故这种处理方式在后期加热烘干样品时所需热能低。如果在未来的工业化生产中，可据此对生产线的节能设计起到重要的参考意义。

通过同时对两种烘干后的鱿鱼精巢组织干样中氨基酸组成进行测定（表 4–44），结果表明：与常见海产品相比（58% ~ 90%），鱿鱼精巢组织中氨基酸总量低（仅为 38.26% ~ 40.42%），且经过处理样品的氨基酸总量（∑TAA）略高于未处理组样品。两种样品的 ΣEAA/ΣAA 均大于 40%；ΣEAA/ΣNEAA 均大于 60%，按照 FAO/WHO 建议的氨基酸评分标准模式，鱿鱼精巢组织属于优质蛋白源。水浴处理后可略微增加样品中必需氨基酸总量（ΣEAA）、

表 4–44　水浴对鱿鱼精巢组织水解氨基酸营养成分的影响（g/100 g，干样）

		水浴处理 1 号	直接干燥 2 号
必需氨基酸（EAA）	蛋氨酸（Met）	0.063	0.162
	酪氨酸（Tyr）	1.473	1.279
	苏氨酸（Thr）	3.961	4.021
	苯丙氨酸（Phe）	1.544	1.38
	异亮氨酸（Ile）	2.981	3.031
	缬氨酸（Val）	1.851	1.723
	亮氨酸（Leu）	1.428	1.593
	赖氨酸（Lys）	3.28	2.796
	ΣEAA	16.581	15.985
半必需氨基酸（HEAA）	组氨酸（His）	0.687	0.499
	精氨酸（Arg）	1.729	1.536
	ΣHEAA	2.416	2.035
非必需氨基酸（NEAA）	色氨酸（Trp）	2.36	2.3
	牛磺酸（Tau）	1.271	1.253
	胱氨酸（Cys）	3.33	3.25
	丝氨酸（Ser）	1.299	1.239
	脯氨酸（Pro）	2.644	2.53
	甘氨酸（Gly）	1.582	1.416
	丙氨酸（Ala）	1.207	1.125
	天冬氨酸（Asp）	4.182	3.822
	谷氨酸（Glu）	3.548	3.305
	ΣNEAA	21.423	20.24

（续表）

		水浴处理 1 号	直接干燥 2 号
总计及占比	ΣAA	40.42	38.26
	ΣEAA/ΣAA	41.02%	41.78%
	ΣEAA/ΣNEAA	77.40%	78.98%
	ΣDAA	10.519	9.668
	ΣDAA/ΣAA	26.024%	25.269%

半必需氨基酸（ΣHEAA）、非必需氨基酸总量（ΣNEAA）、鲜味氨基酸总量（ΣDAA）、鲜味氨基酸总量在氨基酸总量中的百分比（ΣDAA/ΣAA）以及总氨基酸含量（ΣAA），但水浴处理后样品的必需氨基酸总量与非必需氨基酸总量的比值（ΣEAA/ΣNEAA）以及必需氨基酸总量在氨基酸总量中的比值（ΣEAA/ΣAA）略有下降。以上差异均不显著，说明水浴处理后不会改变鱿鱼精巢组织的氨基酸营养组成。

文献报道，鱿鱼酮体中含量最丰富的是赖氨酸，而本研究测得，鱿鱼精巢中含量丰富的氨基酸种类是天冬氨酸（9.99% ~ 10.35%）、苏氨酸（9.80% ~ 10.51%）、谷氨酸（8.64% ~ 8.78%）和胱氨酸（8.24% ~ 8.49%）。据相关文献报道，鱼精蛋白中主要含有精氨酸、甘氨酸、丙氨酸、丝氨酸、脯氨酸等，而本研究中发现，鱿鱼精巢中碱性氨基酸（精氨酸、赖氨酸、组氨酸）的含量，除了赖氨酸（7.31% ~ 8.12%）外，精氨酸和组氨酸的相对含量百分比却不高，分别为 4.01% ~ 4.28%；1.30% ~ 1.70%。说明鱼精蛋白和精巢组织在氨基酸组成上存在一定差距。

对两种鱿鱼精巢组织干物质中各类脂肪酸绝对含量和相对含量的测定结果如下（表 4–45）。鱿鱼精巢组织中主要脂肪酸组成模式与鱿鱼酮体中相近，鱿鱼精巢组织中，共检测出 18 种脂肪酸（而其他水生动物的脂肪酸种类多在 21 种以上），其中 5 种饱和脂肪酸（SFA，24.60% ~ 28.29%）、6 种单不饱和脂肪

表 4–45　鱿鱼精巢组织中脂肪酸绝对含量和相对百分比

脂　肪　酸	脂肪酸绝对含量（g/kg，干物质）		脂肪酸相对百分比（%）	
	1 处理样品	2 未处理样品	1 处理样品	2 未处理样品
C14:0	0.24	0.26	0.34	0.44
C15:0	0.18	0.21	0.26	0.35
C16:0	14.39	10.38	20.03	17.12
C17:0	0.99	0.75	1.37	1.24
C18:0	4.55	3.32	6.30	5.45
饱和脂肪酸（∑SFA）	20.35	14.93	28.29	24.60
C14:1	0.25	0.05	0.35	0.07
C16:1	0.16	0.15	0.22	0.25
C18:1n9t	0.10	0.08	0.14	0.13
C18:1n9c	2.89	2.00	4.00	3.29
C20:1n9	10.96	9.20	15.11	15.05
C22:1n9	0.16	0.12	0.22	0.19
单不饱和脂肪酸（∑MUFA）	14.51	11.60	20.04	18.97
C18:2n6c	0.27	0.19	0.38	0.30
C20:2	0.36	0.31	0.49	0.51
C20:3n3	0.10	0.10	0.13	0.16
C20:4n6	4.45	3.70	6.12	6.02
C20:5n3（EPA）	17.32	14.85	23.75	24.14
DPA	0.66	0.49	0.91	0.81
C22:6n3（DHA）	14.52	15.08	19.89	24.49
多不饱和脂肪酸（∑PUFA）	37.67	34.72	51.67	56.44
脂肪酸总量	72.53	87.77	100.00	100.00
EPA+DHA	31.83	29.93	43.64	48.63

酸（MUFA，18.97% ~ 20.04%）、7 种多不饱和脂肪酸（PUFA，51.67% ~ 56.44%）。其中，棕榈酸（C16∶0）是主要的饱和脂肪酸种类（17.12% ~ 20.13%），且加热处理会显著增加样品中棕榈酸含量。据文献报道，棕榈酸可以激活机体免疫模式识别受体 PGRP 蛋白的表达，鱿鱼精巢组织中棕榈酸含量较高，是否意味着可以将其作为特殊的营养强化剂？这一推论还需要进一步实验验证。贡多酸（C20∶1n9）是主要的单不饱和脂肪种类（15.05% ~ 15.11%），而该种脂肪酸在其他生物中含量较低（如南极磷虾中该种脂肪酸占脂肪酸总量中的含量低于 1%），这里可能意味着鱿鱼精巢组织据有与其他海洋生物不同的营养特性和生物学功能。EPA 和 DHA 是主要的 PUFA 种类，占脂肪酸总量的 43.64% ~ 48.63%。与鱿鱼酮体中 ∑ PUFA（46.75% ~ 48.21%）和 EPA 和 DHA 含量（38.23% ~ 39.79%）相比，鱿鱼精巢中不仅 ∑ PUFA（51.67% ~ 56.44%）和 EPA 和 DHA 含量均更丰富（43.64% ~ 48.63%），说明鱿鱼精巢蛋白对人体具有保健功能，可开发作为高不饱和脂肪酸源。值得注意的是，鱿鱼精巢组织中未检测到亚麻酸和亚油酸（C18∶2n6）的存在。

从营养学角度看，鱿鱼精巢组织的前处理方式对多不饱和脂肪酸含量具有一定的影响，未来应进一步开展最大限度保持鱿鱼精巢组织最佳营养特性的最优化前处理方式。

对两种鱿鱼精巢组织干物质中无机元素的测定结果如下（表 4–46，表 4–47）。鱿鱼精巢中钾、钠、磷、钙含量丰富，另外还含有锌、硒、铁等对免疫有益的金属元素。此外，有害重金属离子（如铅、锡、镍、铬）含量低于食品安全国家标准之食品中污染物限量标准（GB 2762–2012），但鱿鱼精巢中镉、汞、砷含量高于食品中污染物限量标准，因此在开发利用鱿鱼精巢作为人类保健食品前需进行相应的处理以降低镉、汞、砷含量。

核蛋白为核酸和碱性蛋白质天然结合物，而核酸为生命生长、发育、遗传的基本物质之一。充足的核酸营养对活化细胞功能，调节细胞新陈代谢，延缓细胞衰老，提高机体的免疫功能有重要意义。

表 4–46 鱿鱼精巢组织中无机常量元素含量（mg/100g，干样品）

	钾（mg/100 g）	钠（mg/100 g）	钙（mg/100 g）	镁（mg/100 g）	磷（mg/100 g）
1 处理样品	940	920	170	140	240
2 未处理样品	810	7700	150	130	210

表 4–47 鱿鱼精巢组织中无机微量元素和重金属元素含量（mg/kg，干样品）

	铜	铁	锰	锌	硒	铅	铬	锡	镍	砷	汞	镉
1 处理样品	9.9	2.1	4.3	8.3	1.8	0.079	0.14	21	0.12	2.6	1.7	2.0
2 未处理样品	13	5.1	3.8	7.6	1.9	0.048	0.15	12	0.10	2.6	1.1	2.8
食品中污染物限量标准	—	—	—	—	—	1.0	2.0	250	1.0	0.5	1.0	2.0

精氨酸具有强化肝功能，刺激下丘脑和垂体释放促性腺激素功能，可用作辅助治疗男性不育症的药物。丰富的微量元素如锌、锰、铁、铜等大多是酶类和功能蛋白及细胞活性物质的辅基和重要活性成分，对活化性细胞酶系、调节体内生化反应、维持机体机能，提高抗病能力起到重要的生理作用。而鱿鱼精巢组织同时含有核蛋白、酶类、微量元素等多种生物活性成分，且多种活性成分的协同作用使其相对于其他人工调配物质有无可比拟的优势，因此在营养、保健、天然药物产品研发中有广阔的应用开发前景。在产业化应用中，除了将鱿鱼精巢水浴处理后低温烘干的加工方式外，还可将鱿鱼精巢匀浆后直接低温冷冻干燥，既提高提取率，又保持其原有的生化成分和生物活性，且能精简工艺步骤，节约提取成本。

4.7 小结

第一，开展了鱿鱼营养成分分析。北太平洋柔鱼和智利外海茎柔鱼是高蛋白低脂肪的水产品蛋白质资源，可作为水产加工的原料加以开发利用。两者的蛋白质、脂肪、灰分含量均相近，水分含量前者显著高于后者（$P < 0.05$）。按照FAO/WHO建议的氨基酸评分标准模式，两者均属于优质蛋白质。两种鱿鱼含量最高的氨基酸均为谷氨酸，两种鱿鱼含有多种不饱和脂肪酸，与其他海产品相比较，鱿鱼的DHA含量较高，营养丰富，是具有较高开发前景的优质海产品。北太平洋柔鱼的可食部占体重的72.4%，与其他鱿鱼相比含量较低，废弃物所占比重较大，加工利用时应充分考虑这一特性，以保证一定的经济效益。北太平洋柔鱼和茎柔鱼的胴体水分含量较高，但蒸煮加热时保水能力较强，可考虑干制品以外的加工方法。

第二，研制了一种船钓鱿鱼海上初加工方法及其专用设备，提高水产品品质，减轻鱿钓船的储存压力和回运成本，并提高鱿鱼加工的机械化程度。海上初加工专用设备的优点是：①采用了冷却海水暂存方法，降低了鱼体温度，抑制了微生物繁殖，同时进行鱼体初步清洗；②采用了边钓鱿鱼边加工的方法，减少了冷冻的贮存时间，减轻了储存压力，保证了鱼体的新鲜度；③海上初加工中去除了容易变质的鱿鱼内脏，减少了内脏对鱼体的污染；④由于去除了鱿鱼内脏等无用部分，整体回运量减少15%以上，降低了回运成本；⑤利用结构紧凑、体积小、占地面积小的鱿鱼初加工集成设备，降低了人工成本和体力劳动，船上员工将有足够的休息时间，以充沛的精力投入生产。

第三，研究了鱿鱼冷藏、冻结过程中的品质变化规律及其影响因素，并根据鱿鱼品质变化规律，制定了鱿鱼海上预处理操作技术规范和北太平洋冷冻柔鱼品质标准。从pH、TVB–N、TMA、甲醛和K值等指标的测定结果来看，去内脏后冻结的北太平洋柔鱼品质优于原条冻结样品，说明内脏的存在会加快柔鱼鲜度下降的速度。同样前处理条件的北太平洋柔鱼，其各可食部分中头足的鲜度最优，鳍次之，胴体最差。捕获后6 h入冻的原条北太平洋柔鱼胴体，其TVB–N含量达到临界值，TMA和甲醛含量均超过限定值；捕获后

12 h 入冻的原条北太平洋柔鱼，其 TVB–N、TMA 和甲醛含量均超过限定值，K 值也超过 60%，进入初期腐败阶段。捕获后 12 h 去内脏冻结的北太平洋柔鱼，其 TVB–N、TMA 和甲醛含量均未超过限定值，但 K 值已接近 60%。据此，建议北太平洋柔鱼在捕获后 6 h 内原条冻结，或 12 h 内去内脏冻结。

从 pH、TVB–N、TMA 和 K 值等指标的测定结果来看，随着入冻时间的延长，茎柔鱼的鲜度也会下降。捕获后 8 h 入冻的茎柔鱼胴体，其 TMA 含量超过限定值，但 K 值仍处于可加工原料的范围内；捕获后 10 h 入冻的茎柔鱼胴体，其 TVB–N 含量超过限定值，K 值也超过 60%，进入初期腐败阶段。据此，建议茎柔鱼在捕获后 8 h 内入冻，以保证较高的鲜度和品质。在茎柔鱼的三个可食部分中，头足的鲜度最优，鳍次之，胴体最差，这说明胴体品质劣变与内脏有很大关系。船上人员合理调度及保证经济效益的前提下可综合考虑是否去内脏处理。

0℃、5℃、10℃、25℃贮藏，鱿鱼高品质期分别为 357 h、180 h、118 h、19 h，货架期分别为 425 h、234 h、142 h、28 h。贮藏过程中鱿鱼 b^* 值、pH、TVB–N、TMA、TVC 都不断增加，FA 随着贮藏时间呈先下降后上升的趋势，感官向恶劣方向变化，且贮藏温度越高，鱿鱼腐败速率越快，各指标达到可接受临界点的时间越短。因此控制鱿鱼的加工流通温度至关重要，产品在贮藏流通中，要尽可能不脱离冷却链温度，而冷却链流通的最佳方式就是冰藏。

北太平洋柔鱼在 4 组不同冻藏温度（–10℃、–20℃、–30℃、–40℃）条件下，鱿鱼的 pH 在 6.4 ~ 7.0 之间，各温度之间无显著差异（$P > 0.05$），低于 –10℃的冻藏温度，鱿鱼的 pH 不随温度的变化而显著变化。因此，pH 不能作为评价鱿鱼品质变化的指标。四组冻藏温度条件下，鱿鱼的盐溶性蛋白含量、活性巯基含量和 Ca^{2+}–ATPase 活性都随冻藏时间的延长而显著降低，冻藏的温度越低，冷冻对蛋白质的功能特性影响就越小，盐溶性蛋白、活性巯基含量和 Ca^{2+}–ATPase 活性显著提高，从而使鱿鱼的失水率降低，鱿鱼的品质越好。同时，鱿鱼的 FA 含量和 TBARS 值也降低。从这一点看，–30℃和 –40℃的冻藏条件对鱿鱼品质的保护要显著优于 –10℃和 –20℃，结合冻藏的经济性及储藏时间，本研究建议，采用 –30℃的冻藏温度对鱿鱼进行保存比较合适。

第四，掌握了不同保鲜方法和工艺条件对鱿鱼渔获品质的影响。D– 山梨醇、乳酸钠、三聚磷酸钠、混合磷酸盐、海藻糖对冻藏期间鱿鱼的持水力、盐溶性蛋白含量、活性巯基含量和 Ca^{2+}–ATPase 活性均有提高作用，且不同浓度的三组保鲜剂中，浓度Ⅲ组作用效果最好，各保鲜剂组与对照组相比差异性极显著（$P < 0.01$）。本次对鱿鱼保鲜剂验证温度、浓度仍单一，且单一保鲜剂难以实现对鱿鱼综合品质的保持，所以保鲜剂对不同贮藏温度、添加不同浓度保鲜剂条件下鱿鱼品质的影响以及复合保鲜剂的研制需要进一步的探讨。

选取保鲜效果较好的海藻糖、乳酸钠和混合磷酸盐进行复配，通过 3 因素 3 水平的 $L_9(3^4)$ 的正交试验，以持水率、盐溶性蛋白质含量、活性巯基含量为指标，用综合评分法分析了鱿鱼在 –20℃冻藏条件下的品质变化。根据正交试验结果和方差分析，各因素对冻藏鱿鱼保鲜效果影响的主次顺序为：海藻糖 > 乳酸钠 > 混合磷酸盐。海藻糖和乳酸钠的添加量对正交试验结果有极显著的影响（$P < 0.01$），混合磷酸盐添加量对试验有显著影响（$P < 0.05$）。实验得出的复配保鲜剂的最佳配比浓度是海藻糖 5%，乳酸钠 6%，混合磷酸盐 0.5%。

在 –20℃冻藏 60 天后，复配组和对照组的 WHC、SSP、活性巯基含量分别为 87.76%、77.04%；28.86 mg/g、14.96 mg/g；5.16×10^{-5} mol/g、3.15×10^{-5} mol/g。复配组和对照组 WHC 和 SSP 含量呈极显著差异（$P < 0.01$），活性巯基含量差异显著（$P < 0.05$）。色差试验显示复配组和对照组 L^* 差异极显著（$P < 0.01$），质构试验显示复配组和对照组最大剪切力差异显著（$P < 0.05$）。通过验证，发现复配保鲜剂对于提高冻藏鱿鱼的持水率，减缓盐溶性蛋白含量和活性巯基含量的下降速率有显著的作用。同时复配保鲜剂有助于

保持冻藏鱿鱼肉品的光泽度，减缓鱿鱼质构变化。说明复配保鲜剂对 −20℃贮藏条件下的鱿鱼保鲜效果显著。

第五，开展了鱿鱼深加工研究。确定动物蛋白水解酶为鱿鱼足去皮的优选酶，响应面法优化酶解鱿鱼足去皮工艺最佳参数为：料液比 2∶10（$m:V$）、加酶量 0.25%、酶解温度 61℃、酶解时间 45 min，并经过感官评分、L^*、质构及 RGB 验证，在此条件下酶解去皮后鱿鱼足效果明显，可直接用于企业生产环节，具有实际应用意义。

软烤鱿鱼足片质构特性中的硬度、胶黏性、咀嚼性随着水分含量的增加而降低，且呈现明显的线性关系，弹性亦随水分含量的升高而增加，内聚性基本不受水分含量的影响。L^* 随着水分含量的增加有上升的趋势，a^* 随着水分含量的增加亦有下降的趋势，但是差别都不显著（$P > 0.05$），b^* 随水分含量的增加而降低，差别显著（$P < 0.05$）。从用 Lab 和 RGB 颜色空间来看，水分含量为 37% ~ 43% 时，制品色泽为黄色系，45% 时制品色泽较差。从质地、色泽、口味和气味进行感官评定，确定水分含量为 43% 时制品质量最佳。

以鱿鱼内脏为研究对象，选用水解度和氮收率作为衡量鱿鱼内脏酶解工艺的指标，首先筛选出胰蛋白酶最有利于鱿鱼内脏的酶解。在单因素基础上，选用 pH、酶解温度、酶解时间、酶添加量等作为自变量，以水解度作为响应值，利用 Box−Behnken 中心组合设计原理，以及响应面分析方法，模拟得到二次多项式回归方程的预测模型。根据该模型并结合实际，确定鱿鱼内脏酶解的最佳工艺条件为 pH 8.0，酶解温度 43℃，酶解时间 4.0 h，酶添加量 0.27%，预测响应值为 72.62%。在此条件下，鱿鱼内脏酶解后的水解度平均值为 73.58%，与预测值的相对偏差为 1.32%，说明通过响应面优化后得出的回归方程高度显著，具有良好的指导意义。通过模型系数显著性检验，得到因素的主效应关系为：酶解时间＞酶解温度＞酶添加量＞ pH。

第六，利用鱿鱼加工过程中的废弃物，开展了鱿鱼废弃物综合利用研究。以茎柔鱼废弃物为原料，采用保温、加曲保温、加酶保温等速酿方法和常温自然酿制法制备鱼露。速酿鱼露在酿制20天内，氨基酸态氮的浓度也显著增加，上升了15 mg/mL以上，20天后趋于稳定。感官评定的结果表明，酿制30天后，保温和加曲保温速酿的样品香气较浓郁，优于加酶保温的样品。对保温速酿鱼露中组胺和重金属含量测定结果为：组胺1 450 mg/kg，铅0.14 mg/kg，镉15.60 mg/kg，砷1.76 mg/kg，汞0.09 mg/kg，其中组胺、砷和镉的含量均已超标，尤其是镉含量超标10倍以上。因此，如不能采取有效方法降低或去除这些有害物质，从安全性考虑，用茎柔鱼废弃物酿制的鱼露不适于直接作为调味品食用。

为了选取水解鱿鱼内脏效果较优的蛋白酶，对鱿鱼内脏的水解液进行分析，测定水解液的分子量分布范围，并对洗脱液的DPPH自由基清除能力进行分析。试验测定了碱性蛋白酶、中性蛋白酶、胰蛋白酶、动物蛋白酶、风味蛋白酶、木瓜蛋白酶对鱿鱼内脏的水解能力，可以得知胰蛋白酶的水解得率较高，经20%、60%、80%甲醇洗脱后，质谱分析得知鱿鱼内脏水解液所得短肽分子量在100～1 200之间，其中以分子量200左右较多，且60%甲醇洗脱后所得短肽的分子量较为适中；不同洗脱梯度短肽DPPH自由基清除能力分析得知，60%甲醇洗脱后所得短肽DPPH自由基清除能力较强。短肽较氨基酸更易被人体吸收，鱿鱼资源丰富，水解鱿鱼内脏制备功能性短肽，可以大幅提高鱿鱼的利用率，能够为海洋资源开发提供新的方向。

鱼精蛋白提取纯化工作中，最迫切需要解决的问题是鱼精蛋白的得率太低（实验得率未能超过1%）。从营养学角度看，鱿鱼精巢组织的前处理方式对多不饱和脂肪酸含量具有一定的影响，未来应进一步开展最大限度保持鱿鱼精巢组织的最佳营养特性的最优化前处理方式。在产业化应用中，除了将鱿鱼精巢水浴处理后低温烘干的加工方式外，还可将鱿鱼精巢匀浆后直接低温冷冻干燥，既提高提取率，又保持其原有的生化成分和生物活性，且能精简工艺步骤，节约提取成本。

参考文献

[1] 马克斯波恩[德]，埃米尔沃尔夫[美]. 光学原理（第七版）[M]. 北京：电子工业出版社，2009：32-35.

[2] Blaxter JHS. The eyes of larval fish [M] //Vision in fishes. Springer, 1975：427-443.

[3] Block D. L., Puerari I., Knapen J. H., et al. The gravitational torque of bars in optically unbarred and barred galaxies [J]. Astronomy & Astrophysics, 2001, 375（3）：761-769.

[4] Brennan C A, Mandel M J, Gyllborg M C, et al. Genetic determinants of swimming motility in the squid light-organ symbiont Vibrio fischeri [J]. Microbiology Open, 2013, 2（4）：576-594.

[5] Choi J. S., Choi S. K., Kim S. J., et al. Photoreaction analysis of squids for the development of a LED-fishing lamp：Proceedings of the 2nd International Conference on Maritime and Naval Science and Engineering（Brasov, Romania, 2009）, 2009 [C].

[6] Choi JS, Choi SK, Kim SJ, et al. Photoreaction analysis of squids for the development of a LED-fishing lamp [C]. In：Proceedings of the 2nd international conference on maritime and naval science and engineering. Brasov, Romania, September 24–26；2009：92–95.

[7] Choi S., Nakamura Y. Analysis of the optimum light source output and lighting management in coastal squid jigging boat [J]. Fisheries Engineering（Japan），2003.

[8] Colyn Marc, Gautier-Hion Annie, Verheyen Walter. A re-appraisal of palaeoenvironmental history in Central Africa：evidence for a major fluvial refuge in the Zaire Basin [J]. Journal of Biogeography, 1991：403–407.

[9] Demura M. 燃油価格高騰の漁業への影響 [EB/OL]. [2015.05.03]. http：//www.nochuri.co.jp/report/pdf/nri0809re2.pdf.

[10] Fisheries FAO. Aquaculture Department [R]. 2011.

[11] Godinho Alexandre L., Kynard Boyd. Migratory fishes of Brazil：life history and fish passage needs [J]. River Research and Applications, 2009, 25（6）：702-712.

[12] Hsu C Y, Lan W H, Yew C, et al. Effect of thermal annealing of Ni/Au ohmic contact on the leakage current of GaN based light emitting diodes [J]. Appl. Phys. Lett. 2003, 83（12）：2447-2449.

[13] Jacob P, Kunz A, Nicoletti G. Reliability and wearout characterisation of LEDs [J]. Microelectron Reliab, 2006, 46：1711–1714.

[14] Lindemann Stephan, Tolley Neal D., Dixon Dan A., et al. Activated platelets mediate inflammatory signaling by regulated interleukin 1 β synthesis [J]. The Journal of cell biology, 2001, 154（3）：485–490.

[15] Matsushita, Y., T. Azuno, Y. Yamashita：Fuel reduction in coastal squid jigging boats equipped with various combinations of conventional metal halide lamps and low-energy LED panels, Fisheries Research, 2012（125–126）：14–19.

[16] Matsushita, Y., Y. Yamashita：Effect of a stepwise lighting method termed "stage reduced lighting" using LED and metal halide fishing lamps in the Japanese common squid jigging fishery, Fisheries Science, 2012, 78：977–983.

[17] McCormick L R, Cohen J H. Pupil light reflex in the Atlantic brief squid, Lolliguncula brevis [J]. The Journal of experimental biology, 2012, 215（15）：2677–2683.

[18] Okamoto T, Takahashi K, Ohsawa H, et al. Application of LEDs to fishing lights for Pacific saury [J]. Journal of Light and Visual Environment, 2008, 32（2）：88–92.

[19] Shen S C, Huang H J, Chao C C, et al. Design and analysis of a high-intensity LED lighting module for underwater illumination [J]. Applied Ocean Rearch, 2012,（39）：89–96.

[20] Tyedmers P. H., Watson R., Pauly D. Fueling global fishing fleets [J]. AMBIO, 2005, 34（8）：635–638.

[21] Yamashita Yukiko, Matsushita Yoshiki, Azuno Toru. Catch performance of coastal squid jigging boats using LED panels in combination with metal halide lamps [J]. Fisheries Research, 2012, 113（1）：182–189.

[22] Yamashita, Y., Y. Matsushita：Evaluation of Impacts of Environmental Factors and Operation Conditions on Catch of the Coastal Squid Jigging Fishery—Does the Amount of Light Really Matter? Fisheries Engineering, 2013, 50（2）：103–112.

[23] Zhuang Ping, Kynard Boyd, Zhang Longzhen, et al. Comparative ontogenetic behavior and migration of kaluga, Huso dauricus, and Amur sturgeon, Acipenser schrenckii, from the Amur River [J]. Environmental biology of fishes, 2003, 66（1）：37–48.

[24] 長峯嘉之. 色けい光ランプの集魚効果について [J]. 照明学会雑誌, 1967, 51 (9): 528–530.
[25] 陈军. 光学电磁理论 [M]. 北京: 清华大学出版社, 2000: 26–48.
[26] 陈新军, 钱卫国, 郑奕. 鱿钓船灯光有效利用的初步研究 [J]. 上海水产大学学报, 2004, 13 (2): 176–179.
[27] 陈新军. 白天使用水下灯钓捕大型柔鱼的初步试验 [J]. 中国水产科学, 2000, 7 (2): 119–120.
[28] 陈宇, 黄帆, 严华锋, 等. 通过加速老化实验对 LED 器件可靠性的研究 [J]. 照明工程学报, 2011, 22 (3): 45–47.
[29] 崔淅珍, 荒川久幸, 有元贵文, 等. 线光源モデルを用いた小型イカ钓り渔船集鱼灯の水中照度分布解析. 日本水产学会誌, 2003, 69 (1): 44–51.
[30] 崔雪亮, 张伟星. 新型 LED 集鱼灯节能效果实船验证及推广 [J]. 浙江海洋学院学报 (自然科学版), 2013, 32 (2): 169–172.
[31] 戴天元, 沈长春, 冯森, 等. 光诱渔船集鱼灯的光照度分布及其适渔性能分析 [J]. 福建水产, 2007, 1 (1): 27–31.
[32] 稲田博史. LED 渔灯による未来の渔業を语るシンポジウム [J]. Journal of Fishing Boat & System Engineering Association of Japan, 2010, 92 (25): 79–83.
[33] 官文江, 钱卫国, 陈新军. 应用 Monte Carlo 方法计算水上集鱼灯向下辐照度在一类海水中的分布. 水产学报, 2010, 34 (10): 140–151.
[34] 靳展, 刘铮, 林玉池. 光电传感器特性参数测试系统的设计 [J]. 传感技报 . 2012, 25 (12): 1678–1683.
[35] 酒井拓宏. LED 渔灯の現狀と今後の課題 [J]. Journal of Fishing Boat & System Engineering Association of Japan, 2009, 88 (2): 100–108.
[36] 孔祥洪, 郭阳雪. 大学物理实验 [M]. 上海: 同济大学出版社, 2012: 20–36.
[37] 廖玲. 菲涅尔现象及其在 Maya 中的应用 [J]. 中国科技创新导刊, 2012, (17): 78–79.
[38] 刘学, 郝长中. 功率型 LED 阵列可靠性计算的 Matlab 实现 [J]. 沈阳理工大学学报, 2011, 30 (2): 17–18.
[39] 罗会明, 郑微云. 鳗鲡幼鱼对颜色光的趋光反应 [J]. 淡水渔业, 1979, 2 (08): 9–16.
[40] 罗清平, 袁重桂, 阮成旭, 等. 孔雀鱼幼苗在光场中的行为反应分析

［J］. 福州大学学报（自然科学版），2007，（04）：631-634.
［41］毛兴武，张艳雯，周建军，等. 新一代绿色光源 LED 及其应用技术［M］. 北京：人民邮电出版社，2009：1-36.
［42］倪谷来. 我国鱿钓业中集鱼灯应用的现状［J］. 上海水产大学学报，1996，5（1）：38-42.
［43］欧攀. 高等光学仿真（MATLAB 版）—光波导激光［M］. 北京：北京航空航天大学出版社，2011：9-19.
［44］齐凤河，刘楚明. 基于 BH1710 的照度计设计. 大庆师范学院学报，2011，31（6）：14-17.
［45］钱卫国，陈新军，雷林. 300W 型绿光 LED 集鱼灯的光学特性［J］. 大连海洋大学学报，2012，27（5）：471-476.
［46］钱卫国，陈新军，钱雪龙，等. 300W 型 LED 集鱼灯光学特性及其节能效果分析. 海洋渔业，2011，33（1）：99-105.
［47］钱卫国，陈新军，钱雪龙，等. 国产 LED 水下集鱼灯光学特性与节能分析［J］. 渔业现代化，2010，37（6）：56-61.
［48］钱卫国，陈新军，孙满昌. 两种水下集鱼灯水中光强分布及其比较研究［J］. 中国水产科学，2005（2）：173-178.
［49］钱卫国，陈新军，田思泉 . 鱿钓船水上集鱼灯的光照度分布及钓捕效果分析［J］. 水产学报 , 2005，29（3）：392-397.
［50］钱卫国，官文江，陈新军. 1kW 国产金属卤化物灯光学特性及其应用［J］. 上海海洋大学学报，2012，21（3）：439-444.
［51］钱卫国，孙满昌. 水下灯在鱿钓作业中的集鱼效果［J］. 渔业现代化，2000，（6）：10-11.
［52］钱卫国，王飞. 集鱼灯海面照度计算方法的比较研究［J］. 浙江海洋学院学报（自然科学版），2004，23（4）：285-290.
［53］钱卫国. 鱿钓渔业中集鱼灯的优化配置研究［D］. 上海水产大学，2005：1-146.
［54］沙锋，钱卫国，吴仲琪，等. 鲐鱼灯光围网渔船水上集鱼灯水中照度分布及优化配置的理论计算［J］. 海洋学研究，2013，31（1）：85-90.
［55］石顺祥. 刘继芳. 孙艳玲. 光的电磁论：光波的传播和控制［M］. 陕西：西安电子科技大学出版社，2006：11-58.
［56］侍炯，钱卫国，杨卢明. 鲐鱼灯光围网渔船合适作业间距的理论研究［J］. 南方水产科学，2013，9（4）：82-86.
［57］王飞，钱卫国. 智利外海茎柔鱼渔场集鱼灯灯光的配置［J］. 水产学报，2008，32（2）：279-286.

[58] 王萍，桂福坤，吴常文，等. 光照对眼斑拟石首鱼行为和摄食的影响[J]. 南方水产，2009, 5 (5): 57–62.
[59] 王淑凡. LED 光质对植物生长特性影响及光源优化设计[D]. 天津工业大学，2013: 1–71.
[60] 王亚盛，张丽燕，刁生. 大功率 LED 加速寿命试验及问题分析[J]. 半导体技术，2009，30 (4): 13–14.
[61] 王尧耕，陈新军. 世界头足类资源开发现状和中国远洋鱿钓渔业发展概况[J]. 上海水产大学学报，1998，7 (04): 283–287.
[62] 王莹莹，徐玉珍，洪耀，等. 光照度检测仪的设计[J]. 电子测试，2012 (5): 70–72，84.
[63] 魏开建，张桂蓉，张海明. 鳜鱼不同生长阶段中趋光特性的研究[J]. 华中农业大学学报，2001，20 (2): 164–168.
[64] 翁建军，周阳. 海上光污染对船舶夜航安全的影响及对策分析[J]. 武汉理工大学学报 (交通科学与工程版)，2013，37 (3): 550–552.
[65] 吴海彬，王昌铃. 白光 LED 封装材料对其光衰影响的实验研究[J]. 光学学报，2005，25 (8): 45–46.
[66] 肖海清，饶丰，杨帆，等. LED 光衰色偏与伏安特性曲线[J]. 科技技术与工程，2012，12 (32): 12–14.
[67] 肖启华，张丽蕊. 光诱渔业中光强分布的理论研究及其应用[J]. 上海水产大学学报，2007，16 (6): 613–617.
[68] 小倉通男，名角辰郎. 火光利用の釣漁業[J]. 日本水産学会誌，1972，38 (8): 881–889.
[69] 许传才，伊善辉，陈勇. 不同颜色的光对鲤的诱集效果[J]. 大连水产学院学报，2008，23 (1): 20–23.
[70] 薛定宇，陈阳泉. 高等应用数学问题的 MATLAB 求解[M]. 北京：清华大学出版社，2004: 1–120.
[71] 叶守建，周劲望，杨铭霞，等. 全球头足类资源开发现状分析及发展建议[J]. 渔业信息与战略，2014，29 (01): 11–17.
[72] 伊佐良信. 二つの集魚灯の効力についての一考察[J]. 日本水産学会誌，1961，27 (6): 493–500.
[73] 俞文钊，何大仁，郑玉水. 兰国鲹、鲐鱼对等能光谱色的趋光反应[J]. 厦门大学学报 (自然科学版)，1979，25 (02): 126–130.
[74] 俞文钊. 鱼类的趋光行为研究[J]. 心理科学通讯，1981，5 (02): 39–48.
[75] 张帆. LED 集成模组光衰特性分析与建模[D]. 哈尔滨理工大学，

2014，3：23.

[76] 张志涌. 精通 MATLAB6.5 版 [M]. 北京：北京航空航天大学出版社，2003：17–134.

[77] 赵阿玲，尚守锦，陈建新. 大功率白光 LED 光衰试验及失效分析 [J]. 照明工程学报，2001，34 (1)：45–48.

[78] 赵志杰. 高亮度 LED 模组于水下光场之设计与分析 [D]. 台湾成功大学，2010：1–64.

[79] 郑国富. 诱鱼灯光场计算及其对光诱鱿鱼浮拖网作业的影响 [J]. 台湾海峡. 1999，18 (2)：215–220.

[80] 周金官，陈新军，刘必林. 世界头足类资源开发利用现状及其潜力 [J]. 海洋渔业，2008，30 (03)：268–275.

[81] 周丽. LED 光衰特性及机制的研究 [J]. 东南大学学报，2009，32 (2)：10–12.

[82] 周群益，侯兆阳，刘让苏. MATLAB 可视化大学物理学 [M]. 北京：清华大学出版社，2010：226–251.

[83] 周太明. 光源原理与设计 [M]. 上海：复旦大学出版社，2004，15–275.

[84] 周志良. 光场成像技术研究 [D]. 中国科学技术大学，2012：1–114.

[85] 庄国华. 大功率白光 LED 老化机制及老化模型研究 [J]. 福建师范大学，2011，23 (1)：13–14.

[86] 佐々木忠義. 水中光源に關する研究 [J]. 日本海洋学会誌，1950，5 (2–4)：116–129.

[87] Voss G L. Cephalopod resources of the world [M]. Rome：FAO Fish Circ., 1973：10–75.

[88] Sweeney M J, Roper C F E, et al. “Larval” and Juvenile Cephalopods：A Manual for Their Identification [M]. Washington, D. C：Smithsonian Institution Press, 1992：282.

[89] 崔利锋，许柳雄. 世界大洋性渔业概况 [M]. 北京：海洋出版社，2011：98–134.

[90] 张鹏，杨吝，张旭丰. 南海金枪鱼和鸢乌贼资源开发现状及前景 [J]. 南方水产，2010, 6 (1)：68–74.

[91] Siriraksophon S, Yoshihiko N. Exploration of purpleback flying squid, Sthenoteuthis oualaniensis resources in the South China Sea [C]. Samutprakan, Thailand：Southeast Asian Fisheries Development Center, 2001：1–81.

[92] Siriraksophon S, Yoshihiko N. Ecological aspects of the purpleback flying squid, Sthenoteuthis oualaniensis in the west coast of Philippines: International Conference on the International Oceanographic Data and Information Exchange in the Western Pacific (IO-D-EWESTPAC) ICIWP, 99, Langkawi (Malaysia), November1-4,199 [C]. Bangk Thailand: Southeast Asian Fisheries Development Center, 2001: 187–194.

[93] 张引. 南海产南鱿资源之渔业声学研究 [D]. 台湾大学海洋研究所, 2005: 1–54.

[94] 贾晓平, 李永振, 李纯厚, 等. 南海专属经济区和大陆架渔业生态环境与渔业资源 [M]. 北京: 科学出版社, 2004: 18–19, 389 391.

[95] 李永振, 陈国宝, 赵宪勇, 等. 南海北部海域小型非经济鱼类资源声学评估 [J], 中国海洋大学学报 · 自然科学版, 2005, (2): 206–212.

[96] Ohshimo S. Acoustic estimation of biomass and school character of anchovy (Engraulis japonicus) in the East China sea and the Yellow sea [J]. Fisheries Science, 1996, 62 (3): 344–349.

[97] Young R E. Vertical distribution and photosensitive vesicles of pelagic cephalopods from Hawaiian waters [J]. Fishery Bulletin, 1978, 76 (3): 583–615.

[98] Nesis K N. Population structure of oceanic ommastrephids, with particular reference to Sthenoteuthis oualaniensis: A review [M]. Tokyo: Tokai University Press , 1993: 375–384.

[99] 陈新军, 刘金立, 利用形态学方法分析印度洋西北部海域鸢乌贼种群结构 [J], 上海水产大学学报, 2007, 16 (2): 174–180.

[100] Foote K G. Summary of methods for determining fish target strength at ultrasonic frequencies [J]. ICES Journal of Marine Science, 1991, 48 (2): 211–217.

[101] Misund O A. Underwater acoustics in marine fisheries and fisheries research [J]. Reviews in Fish Biology and Fisheries, 1997, 7 (1): 1–34.

[102] Miyashita K, Inagaki T. Swimming behavior and target strength of isada krill (Euphausia Pacifica) [J]. ICES Journal of Marine Science, 1996, 53 (2): 303–308.

[103] Francis D T I. Modeling the target strength of Meganyctiphanes norvegica [J]. Journal of the Acoustical Society of America, 1999, 105 (2): 1111.

[104] Francis D T I. Modeling the target strength of Calanus finmarchicus [J]. Journal of the Acoustical Society of America, 1999, 105 (2): 1050.

[105] Gauthier S, Rose G A. An in situ target strength model for Atlantic redfish [J]. Journal of the Acoustical Society of America, 1998, 103 (5): 2958.
[106] Loeffler C M. Target strength of fluid-filled spherical shells related to material parameters and alternate filling fluids [J]. Journal of the Acoustical Society of America, 1995,98 (5): 2989.
[107] Ehrenberg J E. A review of in situ target strength estimation techniques [M]. Rome: FAO Fish. Rep, 1983: 85–90.
[108] Foote K G. Fish target strengths for use in echo integrator surveys [J]. Journal of the Acoustical Society of America, 1987, 82 (3): 981–987.
[109] Zhao X Y, Chen Y Z, Li X S, et al. Acoustic estimation of multi-species marine fishery resources [J]. Acta Oceanologica Sinica, 2003, 25 (Suppl 1): 192–202.
[110] Foote K G, Aglen A, Nakken O. Measurement of fish target strength with a split-beam echo sounder [J]. Journal of the Acoustical Society of America, 1986, 80 (2): 612–621.
[111] Demer DA, Martin L V. Zooplankton target strength: Volumetric or areal dependence [J]. Journal of the Acoustical Society of America, 1995, 98 (2): 1111–1118.
[112] Lipinski M R, Soule M A. A new direct method of stock assessment of the loliginid squid [J]. Reviews in Fish Biology and Fisheries, 2007, 17 (2–3): 437–453.
[113] 赵宪勇，陈毓桢．狭鳕(Theragra chalcogramma Pallas)目标强度的现场测定 [J]. 中国水产科学，1996，3 (4)：20–28.
[114] 陈次颖，章淑珍．应用水声方法考察底栖鱼类和DSL (深海散射层) 的垂直移动 [J]. 海洋科学，1994 (3): 53–56.
[115] 龚丽辉，冯雷，王长红，等．利用声相关流速剖面仪观测深水散射层 [J]. 声学技术，2008，27 (6): 807.
[116] Simmonds E J, MacLennan D N. Fisheries acoustics: theory and practice [M]. Oxford: Wiley-Blackwell Publishing, 2005: 127–162.
[117] 陈炎，陈丕茂．南沙群岛金枪鱼资源初探 [J]. 远洋渔业，2000 (2): 7–10.
[118] 杨吝，卢伙胜，吴壮，等．南海区海洋渔具渔法 [M]. 广州：广东科技出版社，2002：164–167.
[119] 杨吝，张旭丰，谭永光，等．南海北部灯光罩网渔获组成及其对渔

业资源的影响［J］. 南方水产，2009，5(4)：41–46.
［120］颜云榕，冯波，卢伙胜. 中、西沙海域两种灯光作业渔船的捕捞特性及其技术效率分析［J］. 南方水产，2009，5(6)：59–64.
［121］冯波，许永雄，卢伙胜. 南沙北部灯光罩网与金枪鱼延绳钓联合探捕［J］. 广东海洋大学学报，2012，32(4)：54–58.
［122］颜云榕，冯波，卢伙胜，等. 南沙群岛北部海域鸢乌贼(Sthenoteuthis oualaniensis)夏季渔业生物学研究［J］. 海洋与湖沼，2012，32(6)：1177–1185.
［123］许柳雄，王敏法，叶旭昌，等. 金枪鱼围网沉降特性［J］. 中国水产科学，2011，18(5)：1161–1169.
［124］许柳雄，兰光查，叶旭昌，等. 下纲重量和放网速度对金枪鱼围网下纲沉降速度的影响［J］. 水产学报. 2011，35(10)：1563–1569.
［125］MISUND O, DICKSON W, BELTESTAD A. Optimization of purse seines by large-meshed sections and low lead weight. Theoretical considerations, sinking speed measurements and fishing trials［J］. Fisheries Research(Netherlands), 1992, 14(4)：305–317.
［126］冯维山. 围网下纲沉降特性试验研究［J］. 大连水产学院学报，1990，5(3)：37–43.
［127］励仲年. 围网网具的沉降性能［J］. 海洋渔业，1987，9(4)：181–182.
［128］薛毅，陈立萍. 统计建模与R软件［M］. 北京：清华大学出版社，2007：267–304.
［129］周成，许柳雄，张新峰，等. 金枪鱼围网沉降性能影响因子的多元回归分析［J］. 中国水产科学，2013,(3)：672–681.
［130］唐浩，许柳雄，周成，等. 基于GAM模型研究金枪鱼围网沉降性能影响因素［J］. 水产学报，2013,(6)：944–950.
［131］王春雷. 中西太平洋1 664.5 m × 394.3 m金枪鱼围网沉降性能研究［D］：上海海洋大学，2008：1–71.
［132］刘维，张羽翔，陈积明，等. 南沙群岛春季灯光围网渔业资源调查初步分析［J］. 上海海洋大学学报，2012,(1)：105–109.
［133］杨吝，张旭丰，张鹏，等. 南海区海洋小型渔具渔法［M］. 广州：广东科技出版社，2007：103–115.
［134］晏磊，张鹏，杨吝，等. 2011年春季南海中南部海域灯光罩网渔业渔获组成的初步分析［J］. 南方水产科学，2014，10(3)：97–103.
［135］张鹏，曾晓光，杨吝，等. 南海区大型罩网渔场渔期和渔获组成分

析［J］. 南方水产科学，2013，9(3)：74–79.
［136］晏磊，张鹏，杨吝，等. 南海灯光罩网沉降性能研究［J］. 上海海洋大学学报，2014，23（1）：146–153.
［137］孙泰昌，崔国平，邹惠君，等. 绳拖网与普通拖网阻力对比分析［J］. 中国水产科学，1998，5（2）：84–89.
［138］叶振江，邢智良，高志军. 两种结构延绳钓渔具使用效果的比较研究——以金枪鱼（*Thunnus*）为例［J］. 青岛海洋大学学报，2000，30（4）：603–608.
［139］唐浩，许柳雄，王学昉，等. 两种典型渔法金枪鱼围网网具的性能差异［J］. 水产学报，2015，39（2）：275–283.
［140］徐鹏翔，许柳雄，孟涛，等. 日韩小网目南极磷虾拖网性能对比分析［J］. 中国水产科学，2015，22（4）：837–846.
［141］李杰，晏磊，陈森，等. 灯光罩网网口沉降与闭合性能研究［J］. 南方水产科学，2015，11（5）：117–124.
［142］王海燕，杨方廷，刘鲁. 标准化系数与偏相关系数的比较与应用［J］. 数量经济技术经济研究，2006，(9)：150–155.
［143］钱卫国，陈新军，郑波. 集鱼灯灯光分布及茎柔鱼钓捕效果分析［J］. 中国水产科学，2007，16（6）：580–585.
［144］陈清香，熊正烨，谭中明，等. 两种LED灯光诱蓝圆鲹和竹筴鱼的渔获比较［J］. 南方水产，2013，9（3）：80–84.
［145］程济生. 黄海无脊椎动物资源结构及多样性［J］. 中国水产科学，2005，12（1）：68–75.
［146］Bower J R, Ichii T. The red flying squid (Ommastrephes bartramii): A review of recent research and the fishery in Japan［J］. Fisheries Research, 2005, 76（1）: 39–55.
［147］罗福才，贾复，陈龙. 中国远洋鱿钓渔业的发展与前景［J］. 大连水产学院学报，2000，15（2）：138–144.
［148］Chen X, Liu B, Chen Y. A review of the development of Chinese distant-water squid jigging fisheries［J］. Fisheries Research, 2008, 89（3）: 211–221.
［149］黄欣，周应祺. 我国远洋鱿钓渔业发展浅析［J］. 山西农业科学，2009，37（10）：77–80.
［150］傅恩波. 中国のイカ釣り漁業［J］. 日本水産学会誌，1999，65（2）：306.
［151］倪谷来. 几种日产鱿鱼钓机剖析及我国鱿鱼钓机的发展方向［J］. 渔

业机械仪器，1996，(3)：26–31.
[152] 周洪亮，杜维．抗干扰设计在鱿鱼钓机控制器中的应用[J]．电气自动化，2002，24(4)：64–67.
[153] 孙满昌，陈新军．北太平洋柔鱼脱钩率研究[J]．水产学报，1996，20(2)：144–150.
[154] 陈新军．光诱鱿钓的基础研究[J]．中国水产，2000，(2)：48–49.
[155] 田思泉，钱卫国，陈新军．印度洋西北部海域鸢乌贼渔获量、渔获率和脱钩率的初步研究[J]．上海水产大学学报，2004，13(3)：224–229.
[156] 郑基，王兴国．北太平洋中部渔场鱿鱼钓渔具渔法的初步研究[J]．浙江海洋学院学报：自然科学版，2007，26(1)：78–82.
[157] 五十嵐脩蔵，見上隆克，小林喜一郎．漁業機械に関する研究：Ⅱ自動いか釣機械について 1）釣針の運動[J]．北海道大學水産學部研究彙報，1968，18(4)：357–364.
[158] 五十嵐脩蔵，見上隆克．いか釣漁業の機械化に関する研究：Ⅱ手巻ドラムと自動いか釣機による釣針の運動の比較[J]．北海道大學水産學部研究彙報，1978，29(1)：19–24.
[159] 五十嵐脩蔵．いか釣漁業の機械化に関する研究：Ⅲ道具より機械への発達[J]．北海道大學水産學部研究彙報，1978，29(1)：25–37.
[160] 五十嵐脩蔵．いか釣漁業の機械化に関する研究：Ⅳ自動いか釣機械の発達[J]．北海道大學水産學部研究彙報，1978，29(3)：250–258.
[161] 片岡千賀之．長崎県におけるイカ釣り漁業の戦後展開[J]．長崎大学水産学部研究報告，2002，83：33–58.
[162] 稲田博史．イカ釣り漁業における漁獲技術に関する研究[J]．日本水産学会誌，2005，71(5)：717–720.
[163] 陳瑞輝，戸田勝喜，矢田貞美．収集用シュート内におけるイカの吸盤吸着防止方法[J]．日本水産学会誌，2006，72(1)：13–20.
[164] 芳村康男，南浦択次．自動イカ釣機の釣針速度制御に関する研究[J]．日本水産工学会学術講演会講演論文集，2006，18：255–256.
[165] 山下秀幸，黒坂浩平，越智洋介，等．アカイカ釣りにおける釣り落としと船体動揺との関係[J]．日本水産学会誌．2008，74(4)：697–699.
[166] 黒坂浩平，山下秀幸，越智洋介．自動イカ釣機の釣具ライン巻き上げ速度がアカイカの擬餌針捕捉行動に及ぼす影響(短報)[J]．日本水産学会誌，2009，75(1)：83–85.

[167] 東和電機製作所. 自動イカ釣り機 [EB/OL]. [2012-03-10]. http://www.towa-denki.co.jp/products/squid/index.html.
[168] 三明電子産業株式会社. イカ釣り機紹介 [EB/OL]. [2012-03-10]. http://www.sanmei-ele.co.jp/products/p_ika.html.
[169] LC-TEK Corporation. LG–7500C Product Description [EB/OL]. [2012–03–10]. http://lctekco.en.ecplaza.net.
[170] Forman Tech Corporation of Korea. Jigging Machine NBJ–2002 [EB/OL]. [2012-03-10]. http://forman.en.ec21.com/Jigging_Machine_NBJ_2002_Korean--35419_131936.html.
[171] Belitronic Sweden AB. English manual for BJ5000 [EB/OL]. [2012–02–14]. http://www.belitronic.se.
[172] Mustad Longline AS of Norway. Deep Sea System and Select Fish System [EB/OL]. [2012-03-10]. http://mustad-autoline.com/products.
[173] 黄长发，鱿鱼自动钓机海上试验简介 [J]. 水产科技情报，1978，(6): 15–15.
[174] 厦门水产学院渔机厂. SYD75 型自动鱿鱼钓机 [J]. 渔业机械仪器，1977，(1): 13–16.
[175] 胡文伟，倪谷来. 鱿鱼钓机的研究设计与试验（上）[J]. 渔业机械仪器，1992，19 (1): 31–35.
[176] 倪谷来，胡文伟. 鱿鱼钓机的研究设计与试验（下）[J]. 渔业机械仪器，1992，19 (2): 39–41.
[177] 周洪亮. 基于参数辨识的直流电机调速系统及其在鱿钓机中的应用 [J]. 仪器仪表学报，2004，(z3): 661–662.
[178] 周洪亮，杜维. 抗干扰设计在鱿鱼钓机控制器中的应用 [J]. 电气自动化，2002，24 (4): 64–67.
[179] 周洪亮. 有源电力滤波控制技术的研究及应用 [D]. 浙江大学，2002.
[180] 温文波. 模糊控制在渔轮钓机中的应用研究 [D]. 浙江大学，2002.
[181] 周耀烋. 台湾のイカ釣り漁業 [J]. 日本水産学会誌，1999，65 (2): 307.
[182] 台灣大學生物産業機電工程學系. 遠洋魷釣船自動魷釣機之引進與改良 [EB/OL]. http://agriauto.bime.ntu.edu.tw/Result/fish08.htm, 2011–12–27.
[183] 倪谷来，李雅琦，钱卫国. 一种钓捕鱿鱼的方法和鱿钓机械手：中国，CN200510029009.6 [P]. 2006–3–15.

[184] 上海水产大学. 一种白天捕捞深海柔鱼的装置：中国，CN200820056562.8 [P]. 2009-1-28.
[185] 上海海洋大学. 一种钓捕巨型鱿鱼的设备：中国，CN201020690831.3 [P]. 2011-8-24.
[186] 郑基，王兴国，许贞平. 大型鱿鱼钓脱钩率问题初步研究 [J]. 中国水产，2005，(6)：76-78.
[187] 孙满昌，钱卫国. 浅析提高北太平洋鱿钓作业的捕捞技术 [J]. 海洋渔业，2001，23 (4)：178-181.
[188] 陈新军. 太平洋褶柔鱼和柔鱼的腕足断裂强度研究 [J]. 上海水产大学学报，1996，5 (2)：115-118.
[189] 陈新军，黄洪亮. 大型柔鱼钓捕技术的初步研究 [J]. 上海水产大学学报，1999，8 (2)：170-173.
[190] 马永钧，王晓晴. 阿根廷陆架坡海域的鱿鱼渔业现状及我国国鱿钓业实践与发展 [J]. 浙江水产学院学报，1998，17 (3)：208-218.
[191] 吴国峰，周应祺，陈新军. 印度洋西北部海域鸢乌贼的触腕和腕足钓捕断裂强度 [J]. 湛江海洋大学学报，2006，26 (1)：31-35.
[192] 吴国峰. 印度洋鸢乌贼钓捕脱钩率的初步研究 [D]. 上海水产大学，2006：43-45.
[193] 王晓晖，林兴国. 阿根廷—福克兰鱿钓渔场特征与渔法特点 [J]. 海洋渔业，2000，22 (1)：41-42.
[194] 王忠道. 福克兰鱿鱼钓生产技术研究 [J]. 中国水产，2001，(5)：62-64.
[195] 唐议. 西南大西洋鱿钓作业中钓钩和钓线使用的调查试验研究 [J]. 上海水产大学学报，2001，10 (4)：313-318.
[196] 青森县水产物加工研究所. いか、たこ加工品製造マニュアル [M]. 青森县水产物加工研究所，1994. 84-87.
[197] 冲绳县水产试验场. 組織的調査研究活動推進事業調査報告書 [M]. 冲绳县水产试验场，1982. 28-34.
[198] 奥積昌世、藤井建夫. イカの栄養 · 機能成分 [M]. 東京：成山堂書店，2000. 18-19.
[199] 吉中禮二. 魚 · 貝 · 海藻の栄養機能 [M]. 東京：恒星社厚生閣，1993. 20.
[200] 曲映红，陈新军，陈舜胜 . 印度洋西北海域鸢乌贼理化特性的初步分析. 上海水产大学学报 [J]，2004，13 (4)：335-338.
[201] 中华人民共和国国家卫生和计划生育委员会. 食品安全国家标准

鲜、冻动物性水产品：GB 2733-2015 [S]，2015.
[202] 沈月新. 水产食品学 [M]. 北京：中国农业出版社，2001. 79.
[203] 周德庆，马敬军，徐晶晶. 水产品鲜度评价方法研究进展. 莱阳农学院学报 [J]，2004，21 (4)：312-315.
[204] 中华人民共和国农业部. 无公害食品　水发水产品：NY 5172-2002 [S].
[205] 小関聡美，北上誠一，加藤 登. 魚介類の死後硬直と鮮度 (K 値) の変化. 東海大学紀要海洋学部，2006，4 (2)：31-46.
[206] 邢丽红，冷凯良，孙伟，等. 高效液相色谱-紫外检测法测定水产品中组胺的含量 [J]. 安徽农业科学，2011，39 (13)：7832-7834，7863.
[207] 江天久，徐轶肖，冷科明. 深圳市场水产品中重金属与农药的含量及评价 [J]. 暨南大学学报，2005，26 (3)：417-421.
[208] 吴燕燕，游刚，李来好，等. 无磷品质改良剂对阿根廷鱿鱼冷冻变性的影响 [J]. 南方水产科学，2013, 9 (5)：19-24.
[209] 金森，周逸，徐亦及，等. 秘鲁鱿鱼 (*Dosidicus gigas*) 冻品加工期间肌肉蛋白特性的变化 [J]. 食品工业科技，2012，33 (14)：353-356.
[210] Vaz-Pires P, Seixas P, Mota M, Lapa-Guimarães J, Pickova J, Lindo A, Silva T. Sensory, microbiological, physical and chemical properties of cuttlefish (Sepia officinalis) and broadtail shortfin squid (Illex coindetii) stored in ice [J]. LWT-Food Science and Technology, 2008, 41 (9): 1655-1664.
[211] 张晓艳，杨宪时，李学英，等. 辐照和保鲜剂对淡腌大黄鱼保鲜效果的研究 [J]. 现代食品科技，2012，(28)：768-771，839.
[212] Bradford MM. A rapid and sensitive method for the quantitation of microgram quantities of protein utilizing the principle of protein-dye binding [J]. Anal Biochem, 1976, 72 (12): 248-254.
[213] Benjakul S, Seymour TA, Morrissey MT, An H. Physicochemical Changes in Pacific Whiting Muscle Proteins during Iced Storage [J]. Food Science, 1997, 62 (4): 729-733.
[214] 万建荣，洪玉菁，奚印慈，等. 水产食品化学分析手册 [M]. 上海：上海科学技术出版社，1993：154-157.
[215] 潘锦锋，罗永康. 鲢鱼鱼糜在冻藏过程中理化特性的变化 [J]. 肉类研究. 2008. (9)：45-49.
[216] 李莎，李来好，杨贤庆，等. 罗非鱼片在冷藏过程中的品质变化研究 [J]. 食品科学，2010，31 (20)：444-447.